建筑与市政工程施工现场专业人员职业培训教材

安全员通用与基础知识

本书编委会 编

中国建材工业出版社

图书在版编目(CIP)数据

安全员通用与基础知识/《安全员通用与基础知识》编委会编. —— 北京：中国建材工业出版社，2016.10
(2018.10 重印)
建筑与市政工程施工现场专业人员职业培训教材
ISBN 978-7-5160-1688-6

Ⅰ.①安… Ⅱ.①安… Ⅲ.①建筑工程－工程施工－安全技术－职业培训－教材 Ⅳ.①TU714

中国版本图书馆 CIP 数据核字(2016)第 243195 号

安全员通用与基础知识
本书编委会 编

出版发行：中国建材工业出版社
地　　址：北京市海淀区三里河路1号
邮　　编：10004
经　　销：全国各地新华书店
印　　刷：北京雁林吉兆印刷有限公司
开　　本：787mm×1092mm　1/16
印　　张：17
字　　数：370千字
版　　次：2016年10月第1版
印　　次：2018年10月第4次
定　　价：47.00元

本社网址：www.jccbs.com　微信公众号：zgjcgycbs
本书如出现印装质量问题，由我社市场营销部负责调换。电话：(010)88386906

《建筑与市政工程施工现场专业人员职业培训教材》
编审委员会

主 编 单 位　中国工程建设标准化协会建筑施工专业委员会
　　　　　　　　北京土木建筑学会

副主编单位　"金鲁班"应用平台
　　　　　　　　《建筑技术》杂志社
　　　　　　　　北京万方建知教育科技有限公司

主要编审人员

吴松勤	葛恒岳	王庆生	陈刚正	袁　磊
刘鹏华	宋道霞	郭晓辉	邓元明	张　倩
宋　瑞	申林虎	魏文彪	赵　键	王　峰
王　文	郑立波	刘福利	丛培源	肖明武
欧应辉	黄财杰	孟东辉	曾　方	腾　虎
梁泰至	姚亚亚	白志忠	张　渝	徐宝双
李达宁	崔　铮	刘兴宇	李思远	温丽丹
曹　烁	李程程	王丹丹	高海静	刘海明
张　跃	吕　君	梁　燕	杨　梅	李长江
刘　露	孙晓琳	李芳芳	张　蔷	王玉静
安淑红	庞灵玲	付海燕	段素辉	董俊燕

前　言

随着工程建设的不断发展和建筑科技的进步,国家及行业对于工程质量安全的严格要求,对于工程技术人员岗位职业技能要求也不断提高,为了更好地贯彻落实《建筑与市政工程施工现场专业人员职业标准》(JGJ/T 250—2011)和2015年最新颁布的《建筑业企业资质管理规定》对于工程建设专业技术人员素质与专业技能要求,全面提升工程技术人员队伍管理和技术水平,促进建设科技的工程应用,完善和提高工程建设现代化管理水平,我们组织编写了这套《建筑与市政工程施工现场专业人员职业培训教材》。本丛书旨在从岗前考核培训到实际工程现场施工应用中,为工程专业技术人员提供全面、系统、最新的专业技术与管理知识,满足现场施工实际工作需要。

本丛书主要依据现场施工中各专业岗位的实际工作内容和具体需要,按照职业标准要求,针对各岗位工作职责、专业知识、专业技能等知识内容,遵循易学、易懂、能现场应用的原则,划分知识单元、知识讲座,这样既便于上岗前培训学习时使用,也方便日常工作中查询、了解和掌握相关知识,做到理论结合实践。本丛书以不断加强和提升工程技术人员职业素养为前提,深入贯彻国家、行业和地方现行工程技术标准、规范、规程及法规文件要求;以突出工程技术人员施工现场岗位管理工作为重点,满足技术管理需要和实际施工应用,力求做到岗位管理知识及专业技术知识的系统性、完整性、先进性和实用性相统一。

本丛书内容丰富、全面、实用,技术先进,适合作为建筑与市政工程施工现场专业人员岗前培训教材,也是建筑与市政工程施工现场专业人员必备的技术参考书。

由于时间仓促和能力有限,本书难免有谬误之处和不完善的地方,敬请读者批评指正,以期通过不断修订与完善,使本丛书能真正成为工程技术人员岗位工作的必备助手。

编委会
2016年10月

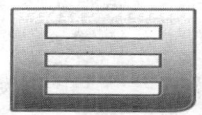

第1部分 施工项目安全管理知识 ... 1

第1单元 施工项目管理内容 ... 1
- 第1讲 施工项目管理基本概念 ... 1
- 第2讲 施工项目管理程序及内容 ... 3
- 第3讲 施工项目管理规划 ... 5

第2单元 施工项目管理组织 ... 8
- 第1讲 施工项目管理组织概述 ... 8
- 第2讲 施工项目管理组织机构设置 ... 9
- 第3讲 施工项目经理部 ... 15
- 第4讲 施工项目经理 ... 18

第3单元 施工项目安全管理 ... 22
- 第1讲 施工项目安全管理概念及目标 ... 22
- 第2讲 施工项目安全保证计划与实施 ... 26
- 第3讲 施工项目安全管理措施 ... 39
- 第4讲 施工安全法律法规要求及安全生产责任 ... 53
- 第5讲 建筑施工安全费用管理 ... 81
- 第6讲 伤亡事故的调查与处理 ... 85
- 第7讲 安全事故原因分析方法 ... 92

第4单元 施工项目节能、环保及绿色施工 ... 96
- 第1讲 项目节能减排管理 ... 96
- 第2讲 项目环境保护管理 ... 109
- 第3讲 绿色施工 ... 119

第2部分 安全员现场安全生产管理 ... 121

第1单元 安全管理 ... 121
- 第1讲 项目安全人员配备、安全生产职责 ... 121
- 第2讲 施工现场安全投入 ... 123
- 第3讲 安全生产、绿色文明施工目标 ... 124
- 第4讲 危险性较大工程专项方案编制及专家论证 ... 124
- 第5讲 施工现场危险源辨识及预案制定 ... 126

第6讲　农民工教育培训及特种作业人员持证上岗 128
　　第7讲　劳动保护用品、职业病防治 133
　　第8讲　安全管理内业资料管理 135
　　第9讲　建筑施工项目安全生产制度 140
　　第10讲　安全事故报告与处理、应急救援 141
　　第11讲　安全警示标志 142
第2单元　绿色施工 145
　　第1讲　职业健康与安全 145
　　第2讲　环境保护 151
　　第3讲　施工降水 157
第3单元　安全防护 159
　　第1讲　基槽（坑、沟）、大直径桩 159
　　第2讲　脚手架搭设及作业防护 163
　　第3讲　工具式脚手架搭设及作业防护 168
　　第4讲　"三宝"、"四口"和临边防护 171
　　第5讲　高处作业防护 176
第4单元　模板施工 176
　　第1讲　模板工程施工方案 176
　　第2讲　模板存放、吊运 178
　　第3讲　模板支撑系统安装、拆卸 179
　　第4讲　模板拆除安全 182
第5单元　卸料平台 183
　　第1讲　构配件 183
　　第2讲　构造 184
第6单元　机械安全 185
　　第1讲　基本安全要求 185
　　第2讲　起重机械 185
　　第3讲　土方机械 192
　　第4讲　桩工机械 193
　　第5讲　混凝土机械 193
　　第6讲　钢筋机械 194
　　第7讲　高处作业吊篮 196
　　第8讲　中小型机械和施工机具 197
　　第9讲　钢丝绳报废标准 198
第7单元　临时用电 203
　　第1讲　TN-S接零保护系统和防雷 203
　　第2讲　临时用电施工组织设计 206

  第3讲 安全技术档案 208
  第4讲 外电线路防护 208
  第5讲 配电室 210
  第6讲 配电线路 212
  第7讲 配电箱与开关箱 214
  第8讲 机械和手持电动工具安全用电 220
  第9讲 照明 225
 第8单元 现场施工消防安全 228
  第1讲 消防人员配备及安全职责 228
  第2讲 防火宣传标志、消防通道 229
  第3讲 防火检查和巡查 231
  第4讲 施工现场消防安全管理问题 232
  第5讲 明火作业的管理 233
  第6讲 消防器材的配备 235
  第7讲 消防设施配置及消防道路 235
  第8讲 易燃、易爆物品 238
  第9讲 施工现场临建消防 239
  第10讲 保温材料管理 239
  第11讲 消防教育和培训 240
  第12讲 消防资料 241
 第9单元 拆除工程 242
  第1讲 拆除工程施工准备 242
  第2讲 人工拆除 246
  第3讲 机械拆除 247
  第4讲 爆破拆除 247

第3部分 建筑施工安全检查、验收与评价 250

 第1单元 施工现场安全检查与验收 250
  第1讲 施工现场安全检查 250
  第2讲 现场施工安全验收 255
 第2单元 施工安全检查评价标准 257
  第1讲 施工安全检查分类与评价方法 257
  第2讲 检查评分表计分内容 258

参考文献 263

我们提供

- 图书出版
- 广告宣传
- 企业/个人定向出版
- 图文设计
- 编辑印刷
- 创意写作
- 会议培训
- 其他文化宣传

编 辑 部	010-88386119	邮箱	jccbs-zbs@163.com
出版咨询	010-68343948	网址	www.jccbs.com
市场销售	010-68001605		
门市销售	010-88386906		

发展出版传媒　　服务经济建设

传播科技进步　　满足社会需求

（版权专有，盗版必究。未经出版者预先书面许可，不得以任何方式复制或抄袭本书的任何部分。举报电话：010-68343948）

第1部分

施工项目安全管理知识

第1单元 施工项目管理内容

第1讲 施工项目管理基本概念

一、项目、建设项目

1. 项目

是指为达到符合规定要求的目标，按限定时间、限定资源和限定质量标准等约束条件完成的，由一系列相互协调的受控活动组成的特定过程。

项目的基本特征是：一次性、目标的明确性、具有独特的生命周期、整体性和不可逆性。

2. 建设项目

是项目中最重要的一类。建设项目是指需要一定量的投资，按照一定的程序，在一定时间内完成，符合质量要求的，以形成固定资产为明确目标的特定过程。一个建设项目就是一个固定资产投资项目，建设项目有基本建设项目（新建、扩建、改建、迁建、重建等扩大再生产的项目）和技术改造项目（以改进技术、增加产品品种、提高质量、治理"三废"、改善劳动安全、节约资源为主要目的的项目）。

建设项目的基本特征是：目标的明确性、整体性、程序性、约束性、一次性和风险性。

二、施工项目

施工项目是指建筑企业自施工承包投标开始到保修期满为止的全过程完成的项目。

施工项目除了具有一般项目的特征外，还具有以下特征：①施工项目是建设项目或其中的单项工程、单位工程的施工活动过程。②建筑企业是施工项目的管理主体。③施工项目的任务范围是由施工合同界定的。④建筑产品具有多样性、固定性、体积庞大的特点。

只有建设项目、单项工程、单位工程的施工活动过程才称得上施工项目,因为它们才是建筑企业的最终产品。由于分部工程、分项工程不是建筑企业的最终产品,故其活动过程不能称为施工项目,而是施工项目的组成部分。

三、项目管理、建设项目管理

1. 项目管理

是指项目管理者为达到项目的目标,运用系统理论和方法对项目所进行策划(规划、计划)、组织、控制、协调等活动过程的总称。

项目管理的对象是项目。项目管理者是项目中各项活动主体。项目管理的职能同所有管理的职能均是相同的。由于项目的特殊性,要求运用系统的理论和方法进行科学管理,以保证项目目标的实现。

2. 建设项目管理

是项目管理的一类。建设项目管理是指建设单位为实现项目的目标,运用系统的观点、理论和方法对建设项目进行的决策,计划、组织、控制、协调等管理活动。

建设项目管理的对象是建设项目。建设项目管理的职能是决策、计划、组织、控制、协调。建设项目管理的主要任务就是进行投资(成本)、质量、目标控制。

四、施工项目管理

施工项目管理是指建筑企业运用系统的观点、理论和方法对施工项目进行的决策、计划、组织、控制、协调等全过程的全面管理。

五、施工项目管理与建设项目管理的区别(见表1—1)

表1—1 施工项目管理与建设项目管理的区别

区别特征	施工项目管理	建设项目管理
管理主体	建筑企业或其授权的项目经理部	建设单位或其委托的工程咨询(监理)单位
管理任务	生产出符合需要的建筑产品,获得预期利润	取得符合要求的能发挥应有效益的固定资产
管理内容	涉及从工程投标开始到交工与保修期满为止的全部生产组织与管理及维修	涉及投资周转和建设全过程的管理
管理范围	由工程承包合同规定的承包范围,可以是建设项目,也可以是单项(位)工程	由可行性研究报告评估审定的所有工程,是一个建设项目

第 2 讲　施工项目管理程序及内容

一、施工项目管理程序（见表 1—2）

表 1—2　施工项目管理程序

序号	管理阶段	管理目标	主要工作	负责执行者
1	投标签订合同阶段	中标签订工程承包合同	·按企业的经营战略，对工程项目做出是否投标及争取承包的决策 ·决定投标后，收集掌握企业本身、相关单位、市场、现场及诸方面信息 ·编制《施工项目管理规划大纲》 ·编制既能使企业经营盈利又有竞争力，可能中标的投标书，在投标截止日期前发出投标函 ·若中标，则与招标方谈判，依法签订工程承包合同	企业决策层企业管理层
2	施工准备阶段	使工程具备开工和连续施工的基本条件	·企业正式委派资质合格的项目经理，项目经理组建项目经理部，根据工程管理需要建立机构，配备管理人员 ·企业管理层次与项目经理协商签订《施工项目管理目标责任书》，明确项目经理应承担的责任目标及各项管理任务 ·编制《施工项目管理实施规划》 ·做好施工各项准备工作，达到开工要求 ·编写开工申请报告，上报，待批开工	项目经理部企业管理层
3	施工阶段	完成合同规定的全部施工任务，运到验收、交工条件	·进行施工 ·做好动态控制工作，保证质量、进度、成本、安全目标的全面实现 ·管理施工现场，实行文明施工 ·严格履行合同，协调好与建设单位、监理、设计及相关单位的关系 ·处理好合同变更及索赔 ·做好记录、检查、分析和改进工作	项目经理部企业管理层
4	验收交工与结算阶段	对项目成果进行总结、评价，对外结清债权债务，结束交易关系	·工程收尾 ·进行试运转 ·接受正式验收 ·整理移交竣工的文件，进行工程款结算 ·总结工作，编制竣工报告 ·办理工程交接手续，签订《工程质量保修书》 ·项目经理部解体	项目经理部企业管理层
5	用后服务阶段	保证用户正确使用，促建筑产品发挥应有功能，反馈信息，改进工作，提高企业信誉	·根据《工程质量保修书》的约定做好保修工作 ·为保证正常使用提供必要的技术咨询和服务 ·进行工程回访，听取用户意见，总结经验教训发现问题，及时维修和保修 ·配合科研等需要，进行沉陷、抗震性能观察	企业管理层

二、施工项目管理的内容（表1—3）

表1—3 施工项目管理的内容

序号	项目	管理内容
1	建立施工项目管理组织	・由企业法定代表人采用适当的方式选聘称职的施工项目经理 ・根据施工项目管理组织原则，结合工程规模、特点，选择合适的组织形式，建立施工项目管理组织机构，明确各部门、各岗位的责任、权限和利益 ・在符合企业规章制度的前提下，根据施工项目管理的需要，制订施工项目经理部管理制度
2	编制施工项目管理规划	・在工程投标前，由企业管理层编制施工项目管理大纲（或以"施工组织总体设计"代替），对施工项目管理自投标到保修期满进行全面的纲领性规划 ・在工程开工前，由项目经理组织编制施工项目管理实施规划（或以"施工组织设计"代替），对施工项目管理从开工到交工验收进行全面的指导性规划
3	进行施工项目的目标控制	在施工项目实施的全过程中，应对项目的质量、进度、成本和安全目标进行控制，以实现项目的各项约束性目标。控制的基本过程是： ・确定各项目标控制标准。 ・在实施过程中，通过检查、对比，衡量目标的完成情况。 ・将衡量结果与标准进行比较，若有偏差，分析原因，采取相应的措施以保证目标的实现
4	对施工项目的生产要素管理	・分析各生产要素（劳动力、材料、设备、技术和资金）的特点 ・按一定的原则、方法，对施工项目生产要素进行优化配置并评价 ・对施工项目各生产要素进行动态管理。
5	施工项目合同管理	合同管理的水平直接涉及项目管理及工程施工的技术组织效果和目标实现。因此，要从工程投标开始，加强工程承包合同的策划、签订、履行和管理。同时，还必须注意搞好索赔，讲究方法和技巧，提供充分的证据
6	施工项目信息管理	进行施工项目管理和施工项目目标控制、动态管理、必须在项目实施的全过程中，充分利用计算机对项目有关的各类信息进行收集、整理、储存和使用，提高项目管理的科学性和有效性。
7	施工现场管理	应对施工现场进行科学有效管理，以达到文明施工，保护环境，塑造良好企业形象，提高施工管理水平之目的
8	施工项目协调	在施工项目实施过程中，应进行组织协调，沟通和处理好内部及外部的各种关系，排除种种干扰和障碍。协调为有效控制服务，协调和控制都是保证计划目标的实现。

第3讲 施工项目管理规划

一、施工项目管理规划的概念和类型

1. 施工项目管理规划的概念

施工项目管理规划是指由企业管理层或项目经理主持编制的，用来作为编制投标书的依据或指导施工项目管理的规划文件。

2. 施工项目管理规划的类型

施工项目管理规划包括两种：一种是施工项目管理规划大纲，是由企业管理层在投标之前编制的，旨在作为投标依据，满足投标文件要求及签订合同要求的管理规划文件。另一种是施工项目管理实施规划，是由项目经理在开工之前主持编制的，旨在指导施工项目实施阶段管理的计划文件。

两种施工项目管理规划的比较见表1—4。

表1—4 施工项目管理规划大纲与实施规划的比较

种类	作用	编制时间	编制者	性质	主要目标
规划大纲	编制投标书、签订合同、编制控制目标计划的依据	投标前	企业管理层	规划性	追求经济效益
实施规划	指导施工项目实施过程的管理依据	开工前	项目经理部	实施性	追求良好的管理效率和效果

二、施工项目管理规划大纲

1. 施工项目管理规划大纲的编制依据

（1）招标文件及发包人对招标文件的解释。
（2）企业对招标文件的分析。
（3）相关市场信息与环境信息。
（4）发包人提供的工程信息和资料。
（5）有关本工程投标的竞争信息。
（6）企业对本工程的投标总体战略、中标后的经营方针和策略。

2. 施工项目管理规划大纲的内容（见表1—5）

表1—5 施工项目管理规划大纲的内容表

序号	名称	内容
1	施工项目基本情况描述	施工项目范围描述，投资规模、工程规模、使用功能、工程结构与构造、建设地点、合同条件、场地条件、法规条件、资源条件
2	项目实施条件分析	发包人条件、相关市场条件、自然条件、政治、法律和社会条件、现场条件、招标条件
3	项目管理基本要求	法规要求、政治要求、政策要求、组织要求、管理模式要求、管理条件要求、管理理念要求、管理环境要求、有关支持性要求等

续表

序号	名称	内容
4	项目范围管理规划	通过工作分解结构图,既要对项目的过程范围进行描述,又要对项目的最终可交付成果进行描述
5	项目管理目标规划	施工合同要求的目标,对企业自身要完成的目标
6	项目管理组织规划	施工项目管理组织架构图(施工项目经理部)、项目经理、职能部门、主要成员人选、拟建立的规章制度等
7	项目成本管理规划	施工预算和成本计划,总成本目标,按主要成本项目进行成本分解的子目标,保证成本目标实现的技术、组织、经济、合同措施
8	项目进度管理规划	施工进度的管理体系、管理依据、管理程序、管理计划、管理实施和控制、管理协调,招标文件要求总工期目标及其分解,主要的里程碑事件及主要施工活动的进度计划安排,进度计划表,保证进度目标实现的组织、经济、技术、合同措施
9	项目质量管理规划	确定的质量目标应符合招标文件规定的质量标准,应符合法律、法规、规范的要求,质量管理体系、质量保证措施、质量控制活动,应保证质量目标的实现
10	项目职业健康安全与环境管理规划	规划职业健康安全与和安全管理体系、环境管理管理体系,要对危险源进行预测与控制,编制战略性和针对性的安全技术措施和环境保护措施计划
11	项目采购与资源管理规划	要识别与采购有关的资源和过程,包括采购什么、何时采购、询价、评价并确定参加投标的分包人、分包合同结构、采购文件的内容和编写,资源的识别、估算、分配相关资源,安排资源使用进度,进行资源控制的策划
12	项目信息管理规划	施工项目信息管理体系的建立,信息流动设计,信息收集、处理、储存、调用等构思、软件和硬件的获得及投资等
13	项目沟通管理规划	施工项目的沟通关系、沟通体系、沟通网络、沟通方式与渠道、沟通计划、沟通依据、沟通障碍与冲突管理方式,施工项目协调组织、原则和方式等
14	项目风险管理规划	根据工程实际情况对施工项目的主要风险因素作出预测,并提出相应对策措施,提出风险管理的主要原则
15	项目收尾管理规划	竣工项目的验收和移交,费用的决算核决算、合同终结、项目审计、售后服务、项目管理组织解体和项目经理解职、文件归档、项目管理总结等

三、施工项目管理实施规划

1. 施工项目管理实施规划的编制依据

(1) 施工项目管理规划大纲。

(2) 施工项目条件和环境分析资料。

(3) 工程施工合同及相关文件。

(4) 同类施工项目的相关资料。

(5)《施工项目管理目标责任书》。

（6）施工项目经理部的自身条件和管理水平。
（7）施工项目经理部掌握的新的其他信息。
（8）企业的施工项目管理体系。

2．施工项目管理实施规划的内容（见表1—6）

表1—6 施工项目管理实施规划的内容

序号	名称	内容
1	施工项目概况	项目特点具体描述，项目预算费用和合同费用，项目规模及主要任务量，项目用途及具体使用要求，工程结构与构造，地上、地下层数，具体建设地点和占地面积，合同结构图、主要合同目标，现场情况，水、电、暖气、通信、道路情况，劳动力、材料、设备、构件供应情况，资金供应情况，说明主要项目范围的工作量清单，任务分工，项目管理组织体系及主要目标
2	项目总体工作计划	该项目的质量、进度、成本及安全总目标；拟投入的最高人数和平均人数；分包计划；劳务供应计划、材料供应计划、机械设备供应计划；表示施工项目范围的项目专业工作表；工程施工区段（或单项工程）的划分及施工顺序安排等
3	项目组织方案	项目结构图、组织结构图、合同结构图、编码结构图、重点工作流程图、任务分工表、职能分工表，并进行必要说明；合同所规定的项目范围与项目管理责任；施工项目经理部人员安排；施工项目管理总体工作流程，施工项目经理部各部门的责任矩阵；工程分包策略和分包方案、材料供应方案、设备供应方案；新设置的制度一览表，引用企业已有制度一览表
4	项目施工方案	施工流向和施工顺序，施工段划分，施工方法、技术、工艺和和施工机械选择，安全施工设计
5	施工进度计划	如果是建设项目施工，应编制施工总进度计划；如果是单项工程或单位工程施工，应编制单位工程施工进度计划。包括进度图、进度表、进度说明，与进度计划相应的人力计划、材料计划、机械设备计划、大型机具计划及相应说明
6	施工准备工作计划	施工准备工作组织及时间安排；技术准备工作；施工现场准备；施工作业队伍和管理人员的组织准备；物资准备；资金准备
7	项目质量计划	策划质量目标，质量管理体系
8	项目职业健康安全与环境管理计划	职业健康安全的管理要点，识别危险源，判定其风险等级，对不同等级的风险采取不同的对策，制定安全技术措施、安全检查计划
9	成本计划	主要费用项目的成本数量及降低的数量，成本控制措施和方法，成本核算体系
10	项目资源需求供应计划	列出资源计划矩阵、资源数据表，画出资源横道图、资源负荷图和资源积累曲线图；劳动力的招雇、调遣、培训计划；材料采购订货、运输、进场、储存计划；设备采购订货、运进出场、维护保养计划；周转材料供应采购、租赁、运输、保管计划；预制品订货和供应计划；大型工具、器具供应计划等

续表

序号	名称	内容
11	项目风险管理计划	列出施工过程中可能出现的风险因素,对这些风险出现的可能性(概率)以及将会造成的损失值做出估计,对各种风险做出确认,列出风险管理的重点,对主要风险提出防范措施对策,落实风险管理责任人
12	项目信息管理计划	项目管理的信息需求种类,项目管理中的信息流程,信息来源和传递途径,信息管理人员的职责和工作程序
13	项目沟通管理计划	项目的沟通方式和途径,信息的使用权限规定,沟通障碍与冲突管理计划,项目协调方法
14	项目收尾管理计划	项目收尾计划,项目结算计划,文件归档计划、项目管理总结计划等
15	项目现场平面布置图	在施工现场范围内现存的永久性建筑,拟施工的永久性建筑,永久性道路和临时道路,垂直运输机械,临时设施,施工水电管网、平面布置图说明及管理规定
16	项目目标控制措施	保证质量目标、进度目标、安全目标、成本目标的措施,保证季节施工的措施,保护环境的措施,文明施工措施
17	技术经济指标	总工期;工程整体质量标准,分部分项工程的质量标准总造价和总成本;工程总造价或总成本,单位工程成本,成本降低率;总用工量,用料量,子项目用工量、高峰人数,节约量,机械设备使用数量,对以上指标的水平作出分析和评价,,提出对策建议

第2单元 施工项目管理组织

第1讲 施工项目管理组织概述

一、施工项目管理组织的概念

施工项目管理组织是指为实施施工项目管理建立的组织机构,以及该机构为实现施工项目目标所进行的各项组织工作的简称。

施工项目管理组织作为组织机构,它是根据项目管理目标通过科学设计而建立的组织实体—项目经理部。该机构是由有一定的领导体制、部门设置、层次划分、职责分工、规章制度、信息管理系统等构成的有机整体。作为组织工作,它则是通过该机构所赋予的权力、所具有的组织力、影响力,在施工项目管理中,合理配置生产要素,协调内外部及人员间关系,发挥各项业务职能的能动作用,确保信息畅通,推进施工项目目标的优化实现等全部管理活动。施工项目管理组织机构及其所进行的管理活动的有机结合才能充分发挥施工项目管理的职能。

二、施工项目管理组织的工作内容

施工项目管理组织的工作内容包括组织设计、组织运行、组织调整等3个环节。具体内容见表1—7。

表1—7 施工项目管理组织的工作内容

管理组织基本环节	依据	内容
组织设计	·管理目标及任务 ·管理幅度、层次 ·责权对等原则 ·分工协作原则 ·信息管理原理	·设计、选定合理的组织系统（含生产指挥系统、职能部门等） ·科学确定管理跨度、管理层次，合理设置部门、岗位 ·明确各层次、各单位、各部门、各岗位的职责和权限 ·规定组织机构中各部门之间的相互联系、协调原则和方法 ·建立必要的规章制度 ·建立各种信息流通、反馈的渠道，形成信息网络
组织运行	·激励原理 ·业务性质 ·分工协作	·做好人员配置、业务衔接，职责、权力、利益明确 ·各部门、各层次、各岗位人员各司其职、各负其责、协同工作 ·保证信息沟通的准确性、及时性，达到信息共享 ·经常对在岗人员进行培训、考核和激励，以提高其素质和士气
组织调整	·动态管理原理 ·工作需要 ·环境条件变化	·分析组织体系的适应性，运行效率，及时发现不足与缺陷 ·对原组织设计进行改革、调整或重新组合 ·对原组织运行进行调整或重新安排

第2讲 施工项目管理组织机构设置

一、施工项目管理组织机构设置的原则

在设置施工项目管理组织机构时，应遵循表1—8所列的六项原则。

表1—8 施工项目管理组织机构设置的原则

原则	说明
目的性原则	·明确施工项目管理总目标，并以此为基本出发点和依据，将其分解为各项分目标、各级子目标，建立一套完整的目标体系 ·各部门、层次、岗位的设置，上下左右关系的安排，各项责任制和规章制度的建立，信息交流系统的设计，都必须服从各自的目标和总目标，做到与目标相一致，与任务相统一
效率性原则	·尽量减少机构层次、简化机构，各部门、层次、岗位的职责分明，分工协作， ·要避免业务量不足，人浮于事或相互推诿，效率低下 ·通过考核选聘素质高、能力强、称职敬业的人员， ·领导班子要有团队精神，减少内耗；力求工作人员精干，一专多能，一人多职，工作效率高

续表

原则	说明
管理跨度与管理层次的统一原则	·根据施工项目的规模确定合理的管理跨度和管理层次，设计切实可行的组织机构系统 ·使整个组织机构的管理层次适中，减少设施、节约经费、加快信息传递速度和效率 ·使各级管理者都拥有适当的管理幅度，能在职责范围内集中精力、有效领导，同时还能调动下级人员的积极性、主动性
业务系统化管理原则	·依据项目施工活动中，各不同单位工程，不同组织、工种、作业活动，不同职能部门、作业班组，以及和外部单位、环境之间的纵横交错、相互衔接、相互制约的业务关系，设计施工项目管理组织机构 ·应使管理组织机构的层次、部门划分、岗位设置、职责权限、人员配备、信息沟通等方面，适应项目施工活动的特点，有利于各项业务的进行，充分体现责、权、利的统一 ·使管理组织机构与工程项目施工活动，与生产业务、经营管理相匹配，形成一个上下一致、分工协作的严密完整的组织系统
弹性和流动性原则	·施工项目管理组织机构应能适应施工项目生产活动单件性、阶段性、流动性的特点，具有弹性和流动性 ·在施工的不同阶段，当生产对象数量、要求、地点等条件发生改变时，在资源配置的品种、数量发生变化时，施工项目管理组织机构都能及时作出相应调整和变动 ·施工项目管理组织机构要适应工程任务的变化对部门设置增减、人员安排合理流动，始终保持在精干、高效、合理的水平上
与企业组织一体化的原则	·施工项目组织机构是企业组织的有机组成部分，企业是施工项目组织机构的上级领导 ·企业组织是项目组织机构的母体，项目组织形式、结构应与企业母体的相协调、相适应，体现一体化的原则，以便于企业对其进行领导和管理 ·在组建施工项目组织机构时，以及调整、解散项目组织时，项目经理由企业任免，人员一般都是来自企业内部的职能部门等，并根据需要在企业组织与项目组织之间流动 ·在管理业务上，施工项目组织机构接受企业有关部门的指导

二、施工项目管理组织机构设置的程序

施工项目管理组织机构设置的程序如图1—1所示。

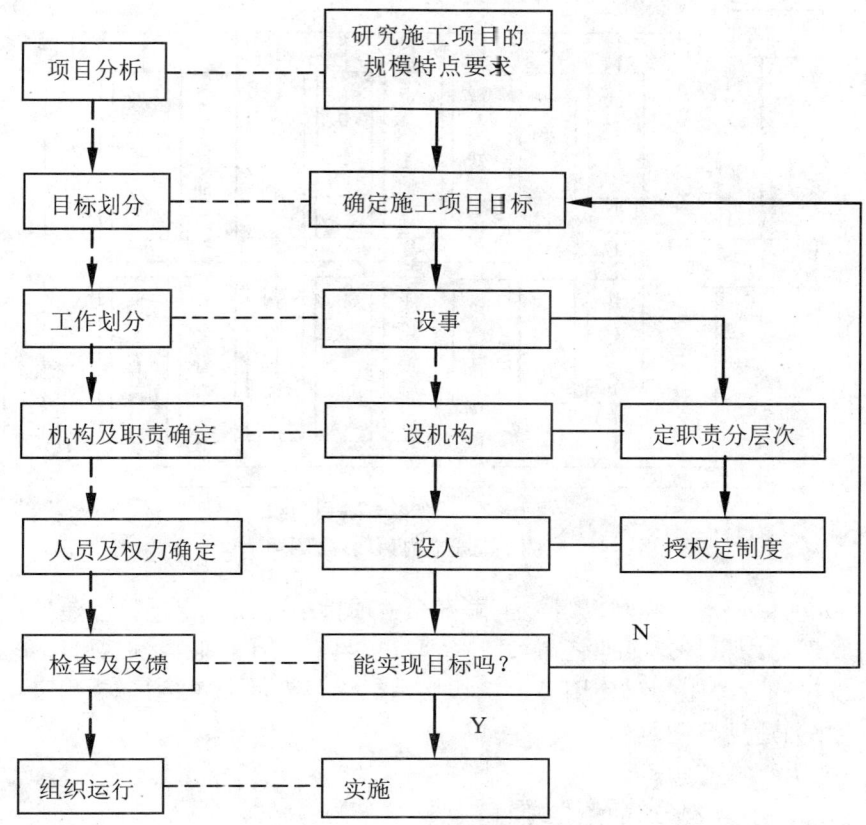

图 1—1 施工项目组织机构设置程序图

三、施工项目管理组织主要形式

施工项目管理组织形式是指在施工项目管理组织中处理管理层次、管理跨度、部门设置和上下级关系的组织结构的类型。其主要管理组织形式有工作队式、部门控制式、矩阵制、事业部制等。

1. 工作队式项目组织

（1）工作队式项目组织构成（如图1—2所示）

（2）特征

1）按照特定对象原则，由企业各职能部门抽调人员组建项目管理组织机构（工作队），不打乱企业原建制。

2）项目管理组织机构由项目经理领导，有较大独立性。在工程施工期间，项目组织成员与原单位中断领导与被领导关系，不受其干扰，但企业各职能部门可为之提供业务指导。

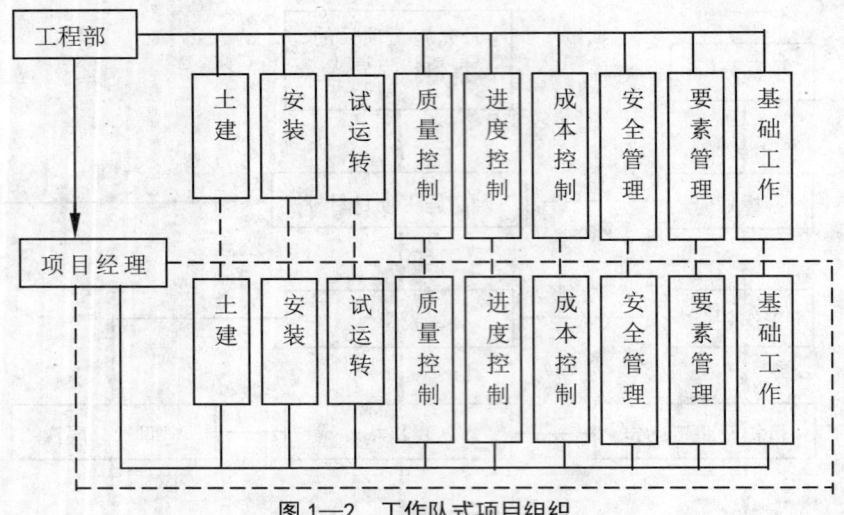

图 1—2 工作队式项目组织

注：虚线框内为项目组织机构

3）项目管理组织与项目施工同寿命。项目中标或确定项目承包后，即组建项目管理组织机构；企业任命项目经理；项目经理在企业内部选聘职能人员组成管理机构；竣工交付使用后，机构撤消，人员返回原单位。

（3）适用范围

1）大型施工项目。

2）工期要求紧迫的施工项目。

3）要求多工种多部门密切配合的施工项目。

2. 部门控制式项目组织

（1）部门控制式项目组织构成（如图 1—3 所示）

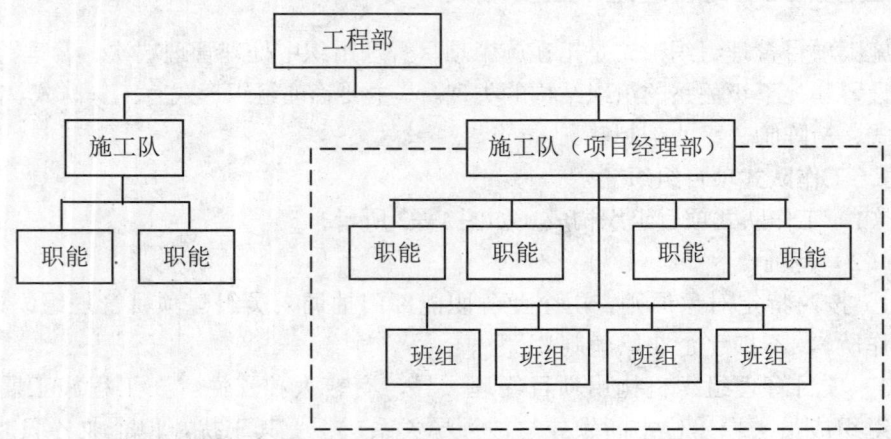

图 1—3 部门控制式项目组织

注：虚线框内为项目组织机构

（2）特征

1）按照职能原则建立项目管理组织。

2) 不打乱企业现行建制，即由企业将项目委托其下属某一专业部门或某一施工队。被委托的专业部门或施工队领导在本单位组织人员，并负责实施项目管理。

3) 项目竣工交付使用后，恢复原部门或施工队建制。

(3) 适用范围

1) 小型施工项目。

2) 专业性较强，不涉及众多部门的施工项目。

3. 矩阵制式项目组织

(1) 矩阵制式项目组织构成（如图1—4所示）

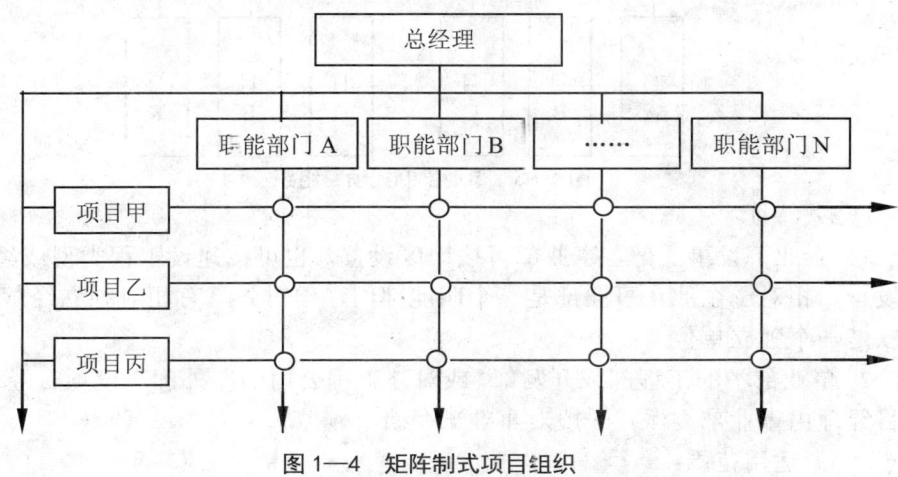

图1—4 矩阵制式项目组织

(2) 特征

1) 按照职能原则和项目原则结合起来建立的项目管理组织，既能发挥职能部门的纵向优势又能发挥项目组织的横向优势，多个项目组织的横向系统与职能部门的纵向系统形成了矩阵结构。

2) 企业专业职能部门是相对长期稳定的，项目管理组织是临时性的。职能部门负责人对项目组织中本单位人员负有组织调配、业务指导、业绩考察责任。项目经理在各职能部门的支持下，将参与本项目组织的人员在横向上有效地组织在一起，为实现项目目标协同工作，项目经理对其有权控制和使用，在必要时可对其进行调换或辞退。

3) 矩阵中的成员接受原单位负责人和项目经理的双重领导，可根据需要和可能为一个或多个项目服务，并可在项目之间调配，充分发挥专业人员的作用。

(3) 适用范围

1) 大型、复杂的施工项目，需要多部门、多技术、多工种配合施工，在不同施工阶段，对不同人员有不同的数量和搭配需求，宜采用矩阵制式项目组织形式。

2) 企业同时承担多个施工项目时，各项目对专业技术人才和管理人员都有需求。在矩阵制式项目组织形式下，职能部门就可根据需要和可能将有关人员派到一个或多个项目上去工作，可充分利用有限的人才对多个项目进行管理。

4. 事业部制式项目组织

（1）事业部制式项目组织构成（如图1—5所示）

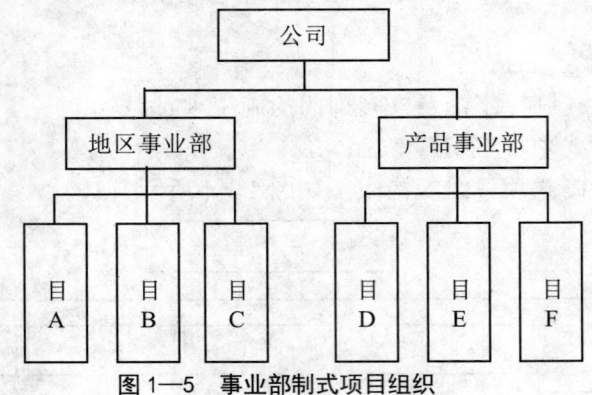

图1—5 事业部制式项目组织

（2）特征

1）企业下设事业部，事业部可按地区设置，也可按建设工程类型或经营内容设置，相对于企业，事业部是一个职能部门，但对外享有相对独立经营权，可以是一个独立单位。

2）事业部中的工程部或开发部，或对外工程公司的海外部下设项目经理部。项目经理由事业部委派，一般对事业部负责。

（3）适用范围：

1）适合大型经营型企业承包施工项目时采用。

2）远离企业本部的施工项目，海外工程项目。

3）适宜在一个地区有长期市场或有多种专业化施工力量的企业采用。

四、施工项目管理组织形式的选择

1. 对施工项目管理组织形式的选择要求

（1）适应施工项目的一次性特点，有利于资源合理配置，动态优化，连续均衡施工。

（2）有利于实现公司的经营战略，适应复杂多变的市场竞争环境和社会环境，能加强施工项目管理，取得综合效益。

（3）能为企业对项目的管理和项目经理的指挥提供条件，有利于企业对多个项目的协调和有效控制，提高管理效率。

（4）有利于强化合同管理、履约责任，有效地处理合同纠纷，提高公司信誉。

（5）要根据项目的规模、复杂程度及其所在地与企业的距离等因素，综合确定施工项目管理组织形式，力求层次简化，责权明确，便于指挥、控制和协调。

（6）根据需要和可能，在企业范围内，可考虑几种组织形式结合使用。如事业部制与矩阵制式项目组织结合；工作队式与事业部制项目组织结合；但工作队式与矩阵制式不可同时采用，否则会造成管理渠道和管理秩序的混乱。

2. 选择施工项目管理组织形式考虑的因素

选择施工项目管理组织形式应考虑企业类型、规模、人员素质、管理水平、并结合项目的规模、性质的要求等诸因素综合考虑，作出决策。表1—9所列内容可供决策时参考。

表1—9 选择施工项目管理组织形式参考因素

项目组织形式	项目性质	企业类型	企业人员素质	企业管理水平
工作队式	·大型施工项目 ·复杂施工项目 ·工期紧的施工项目	·大型综合建筑企业 ·项目经理能力强的建筑企业	·人员素质较高 ·专业人才多 ·技术素质较高	·管理水平较高 ·管理经验丰富 ·基础工作较强
部门控制式	·小型施工项目 ·简单施工项目 ·只涉及个别少数部门的项目	·小型建筑施工企业 ·工程任务单一的企业 ·大中型直线职能制企业	·人员素质较差 ·技术力量较弱 ·专业构成单一	·管理水平较低 ·基础工作较差 ·项目经理人员较缺
矩阵制式	·需多工种、多部门多技术配合的项目 ·管理效率要求高的项目	·大型综合建筑企业 ·经营范围广的企业 ·实力强的企业	·人员素质较高 ·专业人员紧缺 ·有一专多能人才	·管理水平高 ·管理经验丰富 ·管理渠道畅通信息流畅
事业部制	·大型施工项目 ·远离企业本部的项目 ·事业部制企业承揽的项目	·大型综合建筑企业 ·经营范能力强的企业 ·跨地区承包企业 ·海外承包企业	·人员素质高 ·专业人才多 ·项目经理的能力强	·经营能力强 ·管理水平高 ·管理经验丰富 ·资金实力雄厚 ·信息管理先进

第3讲 施工项目经理部

一、施工项目经理部的设置

1. 设置施工项目经理部的依据

（1）根据所选择的项目组织形式组建

不同的组织形式决定了企业对项目的不同管理方式，提供的不同管理环境，以及对项目经理授予权限的大小。同时对项目经理部的管理力量配备，管理职责也有不同的要求，要充分体现责权利的统一。

（2）根据项目的规模、复杂程度和专业特点设置

如大型施工项目的项目经理部要设置职能部、处；中型施工项目的项目经理部要设置职能处、科；小型施工项目的项目经理部只要设置职能人员即可。在施工项目的专业性很强时，可设置相应的专业职能部门，如水电处、安装处等。项目经理部的设置应与施工项目的目标要求相一致，便于管理，提高效率，体现组织现代化。

（3）根据施工工程任务需要调整

项目经理部是弹性的一次性的工程管理实体，不应成为一级固定组织，不设固定的作业队伍。应根据施工的进展，业务的变化，实行人员选聘进出，优化组合，及时调整，动态管理。项目经理部一般是在项目施工开始前组建，工程竣工交付使用后解体。

（4）适应现场施工的需要设置

项目经理部人员配置可考虑设专职或兼职，功能上应满足施工现场的计划与调度、技术与质量、成本与核算、劳务与物资、安全与文明施工的需要。不应设置经营与咨询、研究与发展、政工与人事等与项目施工关系较少的非生产性部门。

2. 施工项目经理部的部门设置和人员配置

施工项目是市场竞争的核心、企业管理的重心、成本管理的中心。为此，施工项目经理部应优化设置部门、配置人员，全部岗位职责能覆盖项目施工的全方位、全过程，人员应素质高、一专多能、有流动性。

二、施工项目管理制度

1. 施工项目管理制度的种类

施工项目管理制度是施工项目经理部为实现施工项目管理目标，完成施工任务而制订的内部责任制度和规章制度。

（1）责任制度。是以部门、单位、岗位为主体制订的制度。责任制规定了各部门、各类人员应该承担的责任、对谁负责、负什么责、考核标准以及相应的权利和相互协作要求等内容。责任制是根据职位、岗位划分的，其重要程度不同责任大小也各不相同；责任制强调创造性地完成各项任务，其衡量标准是多层次的，可以评定等级。如各级领导、职能人员、生产工人等的岗位责任制和生产、技术、成本、质量、安全等管理业务责任制度。

（2）规章制度。是以各种活动、行为为主体制订的制度。规章制度明确规定人们行为和活动不得逾越的规范和准则，任何人只要涉及或参与其事都必须遵守。规章制度是组织的法规，更强调约束精神，对谁都同样适用。执行的结果只有是与非，即只有遵守与违反两个衡量标准。如围绕施工项目的生产施工活动制订的专业类管理制度主要有：施工、技术、质量、安全、材料、劳动力、

机械设备、成本管理制度等,以及非施工专业类管理制度主要有:有关的合司类制度、分配类制度、核算类制度等。

2. 施工项目经理部的主要管理制度

施工项目经理部组建以后,首先进行的组织建设就是立即着手建立围绕责任、计划、技术、质量、安全、成本、核算、奖惩等方面的管理制度。项目经理部的主要管理制度有:

(1) 施工项目管理岗位责任制度;
(2) 施工项目技术与质量管理制度;
(3) 图纸和技术档案管理制度;
(4) 计划、统计与进度报告制度;
(5) 施工项目成本核算制度;
(6) 材料、机械设备管理制度;
(7) 施工项目安全管理制度;
(8) 文明施工和场容管理制度;
(9) 施工项目信息管理制度;
(10) 例会和组织协调制度;
(11) 分包和劳务管理制度;
(12) 内外部沟通与协调管理制度。

三、施工项目经理部的解体

企业工程管理部门是施工项目经理部组建、解体、善后处理工作的主管部门。当施工项目临近结尾时,项目经理部的解体工作即列入议事日程,其工作程序、内容如表1—10所示。

表1—10 项目经理部解体及善后工作的程序和内容

程序	工作内容
成立善后工作小组	·组长:项目经理 ·留守人员:主任工程师、技术、预算、财务、材料各一人
提交解体申请报告	·在施工项目全部竣工验收合格签字之日起15天内,项目经理部上报解体申请报告,提交善后留用、解聘人员名单和时间 ·经主管部门批准后立即执行
解聘人员	·陆续解聘工作业务人员,原则上返回原单位 ·预发两个月岗位效益工资
预留保修费用	·保修期限一般为竣工使用后一年 ·由经营和工程部门根据工程质量、结构特点、使用性质等因素,确定保修费预留比例,一般为工程造价的1.5%~5% ·保修费用由企业工程部门专款专用、单独核算、包干使用
剩余物资处理	·剩余材料原则上让售处理给企业物资设备处,对外让售须经企业主管领导批准;让售价格:按质论价、双方协商 ·自购的通讯、办公用小型固定资产要如实建立台帐,按质论价、移交企业

续表

程序	工作内容
债权债务处理	·留守小组负责在解体后3个月处理完工程结算、价款回收、加工订货等债权债务 ·未能在限期内处理完，或未办理任何符合法规手续的，其差额部分计入项目经理部成本亏损
经济效益（成本）审计	·由审计部门牵头，预算、财务、工程部门参加，以合同结算为依据，查收入、支出是否正确，财务、劳资是否违反财经纪律 ·要求解体后4个月内向经理办公会提交经济效益审计评价报告
业绩审计奖惩处理	·对项目经理和经理部成员进行业绩审计，作出效益审计评估 ·盈余者：盈余部分可按比例提成作为经理部管理奖 ·亏损者：亏损部分由项目经理负责，按比例从其管理人员风险（责任）抵押金和工资中扣除 ·亏损数额大时，按规定给项目经理行政和经济处分，乃至追究其刑事责任
有关纠纷裁决	·所有仲裁的依据原则上是双方签订的合同和有关的签证 ·当项目经理部与企业有关职能部门发生矛盾时，由企业办公会议裁决 ·与劳务、专业分公司、栋号作业队发生矛盾时，按业务分工，由企业劳动部门、经营部门、工程管理部门裁决

第4讲 施工项目经理

一、施工项目经理应具备的素质

施工项目经理作为工程项目的承包责任人，他是施工项目的决策者、管理者和组织者。一个称职的施工项目经理必须在政治水平、知识结构、业务技能、管理能力、身心健康等诸方面具备良好的素质。具体内容见表1—11。

表1—11 施工项目经理应具备的素质

素质	具体内容
政治素质	·具有高度的政治思想觉悟和职业道德，政策性强 ·有强烈的事业心责任感，敢于承担风险，有改革创新竞争进取精神 ·有正确的经营管理理念，讲求经济效益 ·有团队精神，作风正派，能密切联系群众，发扬民主作风，不谋私利，实事求是，大公无私 ·言行一致，以身作则；任人唯贤，不计个人恩怨；铁面无私，赏罚分明
管理素质	·对项目施工活动中发生的问题和矛盾有敏锐的洞察力，并能迅速作出正确分析判断和有效解决问题的严谨思维能力 ·在与外界洽谈（谈判）以及处理问题时，多谋善断的应变能力、当机立断的科学决策能力 ·在安排工作和生产经营活动时，有协调人财物力，排除干扰实现预期目标的组织控制能力 ·有善于沟通上下级关系、内外关系、同事间关系，调动各方积极性的公共关系能力 ·知人善任、任人唯贤，善于发现人才，敢于提拔使用人才的用人能力

续表

素质	具体内容
知识素质	• 具有大专以上工程技术或工程管理专业学历，受过有关施工项目经理的专门培训，取得任职资质证书 • 具有可以承担施工项目管理任务的工程施工技术、经济、项目管理和有关法规、法律知识 • 具备资质管理规定的工程实践经历、经验和业绩，有处理实际问题的能力 • 一级或承担涉外工程的项目经理应掌握一门外语
身心素质	• 年富力强、身体健康 • 精力充沛、思维敏捷、记忆力良好 • 有坚强的毅力和意志品质，健康的情感、良好的心理素质

二、施工项目经理的责、权、利（见表1—12）

表1—12 施工项目经理的责、权、利

责、权、利	具体内容
职责	• 代表企业实施施工项目管理，在管理中，贯彻执行国家和工程所在地政府的有关法律、 • 法规和政策，执行企业的各项规章制度，维护企业整体利益和经济权益 • 签订和组织履行《施工项目管理目标责任书》 • 主持组建项目经理部和制订项目的各项管理制度 • 组织项目经理部编制施工项目管理实施规划 • 对进入现场的生产要素进行优化配置和动态管理，推广和应用新技术、新工艺、新材料和新设备 • 在授权范围内沟通与承包企业、协作单位、建设单位和监理工程师的联系，协调处理好各种关系，及时解决项目实施中出现的各种问题 • 严格财经制度，加强成本核算，积极组织工程款回收，正确处理国家、企业、分包单位以及职工之间的利益分配关系 • 加强现场文明施工，及时发现和处理例外性事件 • 工程竣工后及时组织验收、结算和总结分析，接受审计 • 做好项目经理部的解题与善后工作 • 协助企业有关部门进行项目的检查、鉴定等有关工作

续表

责、权、利	具体内容
权限	·参与企业进行的施工项目投标和签订施工合同等工作 ·有权决定项目经理部的组织形式，选择、聘任有关管理人员，明确职责，根据任职情况定期进行考核评价和奖惩，期满辞退 ·在企业财务制度允许的范围内，根据工程需要和计划安排，对资金投入和使用作出决策和计划；对项目经理部的计酬方式分配办法，在企业相关规定的条件下作出决策 ·按企业规定选择施工作业队伍 ·根据《施工项目管理目标责任书》和《施工项目管理实施大纲》组织指挥项目的生产经营管理活动，进行工作部署、检查和调整 ·以企业法定代表人代理的身份，处理、调整与施工项目有关的内部、外部关系 ·有权拒绝企业经理和有关部门违反合同行为的不合理摊派，并对对方所造成的经济损失有索赔权 ·企业法人授予的其他管理权力
利益	·项目经理的工资主要包括基本工资、岗位工资和绩效工资，其中绩效工资应与施工项目的效益挂钩。 ·在全面完成《施工项目管理目标责任书》确定的各项责任目标、交工验收并结算后，接受企业的考核、审计后，应获得规定的物质奖励和相应的表彰、记功、优秀项目经理等荣誉称号等精神奖励 ·经企业考核、审计，确认未完成责任目标或造成亏损，要按有关条款承担责任，并接受经济或行政处罚

三、施工项目经理的选聘

施工项目经理的选聘方式有竞争招聘制、企业经理委任制、基层推荐内部协调制三种，它们的选聘范围、程序和特点各有不同，具体如表1—13所列。

表1—13 施工项目经理的选聘方式

选聘方式	选聘范围	程序	特点
公开竞争招聘制	·面向社会招聘 ·本着先内后外的原则	·个人自荐 ·组织审查 ·答辩演讲 ·择优选聘	·选择范围广 ·竞争性强 ·透明度高
企业经理委任制	·限于企业内部的在职干部	·企业经理提名 ·组织人事部门考核 ·企业办公会议决定	·要求企业经理知人善任 ·要求人事部门考核严格
基层推荐、内部协调制	·限于企业内部	·企业各基层推荐人选 ·人事部门集中各方意见严格考核 ·党政联席办公会议决定	·人选来源广泛 ·有群众基础 ·要求人事部门考核严格

四、施工项目经理责任制

1. 施工项目经理责任制的含义

施工项目经理责任制是指以施工项目经理为主体的施工项目管理目标责任制度。它是

以施工项目为对象，以项目经理为主体，以项目管理目标责任书为依据，以求得项目的最佳经济效益为目的，实行从施工项目开工到竣工验收交工的施工活动以及售后服务在内的一次性全过程的管理责任制度。

2. 施工项目管理目标责任书

（1）施工项目管理目标责任书的概念

施工项目管理目标责任书是企业管理层与施工项目经理部签订的明确施工项目经理部应达到的成本、质量、进度、安全和环境等管理目标及其承担责任并作为项目完成后审核评价依据的文件。

（2）施工项目管理目标责任书的依据与内容

1）项目管理目标责任书的依据

施工项目的合同文件；企业的项目管理制度；施工项目管理规划大纲；企业的经营方针和目标。

2）施工项目管理目标责任书的内容

施工项目的质量、进度、成本、职业健康安全与环境目标；企业与施工项目经理部之间的责任、权限和利益的分配；施工项目需用资源的供应方式；施工项目经理部应承担的风险；

施工项目管理目标评价的原则、内容和方法；对施工项目经理部进行奖罚的依据、标准和办法；

施工项目经理解职和施工项目经理部解体等条件和办法；法定代表人向施工项目经理委托的特殊事项。

3. 施工项目管理目标责任书的签订和实施

（1）施工项目管理目标责任书的签订

首先，由企业管理部门根据施工项目特点和企业对项目的目标要求，按照施工项目管理目标责任书的内容体系起草制订；然后，会同施工项目经理，甚至可以扩大到施工项目经理部成员，进行协商，达成一致意见，最后双方签字认可。

施工项目管理目标责任书的签订，要内容具体，责任明确，各项目标的制定要详细、全面，尽量用量化的指标表达，具有可操作性。同时施工项目管理目标责任书的各项目标水平要适中，其水平高低应综合考虑历史上完成的相关类似项目的各项指标或其他相关企业的目标水平。

（2）施工项目管理目标责任书的实施

施工项目管理目标责任书一经制订，就在施工项目管理中起强制性作用。施工项目经理应组织施工项目经理部成员及各层次人员认真学习，明确分工，制定措施，及时监督。

在日常的施工项目管理工作中，各管理层应经常检查目标责任的兑现情况，及时发现问题，并找出解决办法。

施工项目完成之后，企业管理层应对施工项目管理目标责任书完成情况进行考核，根据考核结果和项目管理目标责任书的奖惩规定，提出考核意见，应体现公平、公正的原则，确保目标责任书行为的约束性和管理的有效性。

五、注册建造师与施工项目经理的关系

注册建造师是指通过考核认定或考试合格取得中华人民共和国建造师资格证书，并按照《注册建造师管理规定》，取得注册执业证书和执业印章，担任施工单位项目负责人及从事相关活动的专业技术人员。

施工项目经理是施工企业某一具体工程项目施工的主要负责人，其职责是根据企业法定代表人的授权，对施工项目自开工准备至竣工验收，实施全面的组织管理。

注册建造师与施工项目经理都是从事建设工程的管理，但在定位上有很大不同。建造师执业的覆盖面广，可涉及工程建设项目管理的许多方面，担任施工项目经理只是建造师执业中的一项；而施工项目经理限于施工企业内某一工程的项目管理。

建造师选择工作的权力相对自主，可在社会市场上有序流动，有较大的活动空间；施工项目经理岗位则是企业设定，企业法人代表授权或聘用的一次性的工程项目施工管理者。

应指出：大中型工程项目的项目经理必须由取得建造师执业资格的建造师担任。小型工程项目的项目经理可以由不是建造师的人员担任。

第3单元 施工项目安全管理

第1讲 施工项目安全管理概念及目标

一、施工项目安全管理的概念

施工项目安全管理是在项目施工的全过程中，运用科学管理的理论、方法，通过法规、技术、组织等手段，所进行的规范劳动者行为，控制劳动对象、劳动手段和施工环境条件，消除或减少不安全因素，使人、物、环境构成的施工生产体系达到最佳安全状态，实现项目安全目标等一系列活动的总称。

二、施工项目安全管理的对象

安全管理通常包括安全法规、安全技术、工业卫生。安全法规侧重于"劳动者"的管理、约束,控制劳动者的不安全行为;安全技术侧重于"劳动对象和劳动手段"的管理,消除或减少物的不安全因素;工业卫生侧重于"环境"的管理,以形成良好的劳动条件。施工项目安全控制主要以施工活动中的人、物、环境构成的施工生产体系为对象,建立一个安全的生产体系,确保施工活动的顺利进行。施工项目安全管理的对象见表1—14。

表1—14 施工项目安全管理的对象

管理对象	措施	目的
劳动者	依法制定有关安全的政策、法规、条例,给予劳动者的人身安全、健康以法律保障的措施。	约束控制劳动者的不安全行为,消除或减少主观上的不安全隐患。
劳动手段 劳动对象	改善施工工艺、改进设备性能,以消除和控制生产过程中可能出现的危险因素、避免损失扩大的安全技术保证措施。	规范物的状态,以消除和减轻其对劳动者的威胁和造成财产损失。
劳动条件 劳动环境	防止和控制施工中高温、严寒、粉尘、噪音、震动、毒气、毒物等对劳动者安全与健康影响的医疗、保健、防护措施及对环境的保护措施。	改善和创造良好的劳动条件,防止职业伤害,保护劳动者身体健康和生命安全。

三、施工项目安全管理目标及目标体系

(1)施工项目安全管理目标

施工项目安全管理目标是在施工过程中,安全工作所要达到的预期效果。工程项目实施施工总承包的,由总承包单位负责制定。

1)制定安全目标时应考虑的因素:
①上级机构的整体方针和目标;
②危险源和环境因素识别、评价和控制策划的结果;
③适用法律法规、标准规范和其他要求;
④可以选择的技术方案;
⑤财务、运行和经营上的要求;
⑥相关方的意见。

2)安全目标的内容:
①安全目标通常包括:
②杜绝重大伤亡、设备、管线、火灾和环境污染事故;
③一般事故频率控制目标;
④安全标准化工地创建目标;
⑤文明工地创建目标;

⑥遵循安全生产、文明施工方面有关法律法规和标准规范以及对员工和社会要求的承诺；

⑦其他需满足的总体目标。

3）安全目标制定的要求

①制定的目标要明确、具体，具有针对性；针对项目经理部各层次，目标要进行分解；目标应可量化；

②技术措施及可选技术方案；

③责任部门及责任人；

④完成期限。

4）安全管理目标控制指标

施工项目安全管理目标应实现重大伤亡事故为零的目标，以及其他安全目标指标：控制伤亡事故的指标（死亡率、重伤率、千人负伤率、经济损失额等）、控制交通安全事故的指标（杜绝重大交通事故、百车次肇事率等）、尘毒治理要求达到的指标（粉尘合格率等）、控制火灾发生的指标等。

（2）施工项目安全管理目标体系

1）施工项目总安全目标确定后，还要按层次进行安全目标分解到岗、落实到人，形成安全目标体系。即施工项目安全总目标；项目经理部下属各单位、各部门的安全指标；施工作业班组安全目标；个人安全目标等。

2）在安全目标体系中，总目标值是最基本的安全指标，而下一层的目标值应略高些，以保证上一层安全目标的实现。如项目安全控制总目标是实现重大伤亡事故为零；中层的安全目标就应是除此之外还要求重伤事故为零；施工队一级的安全目标还应进一步要求轻伤事故为零；班组一级要求险肇事故为零。

3）施工项目安全管理目标体系应形成为全体员工所理解的文件，并实施保持。

四、施工项目安全管理的程序

施工项目安全管理的程序主要有：确定施工安全目标；编制施工项目安全保证计划；施工项目安全保证计划实施；施工项目安全保证计划验证；持续改进；兑现合同承诺等，如图1—6所示。

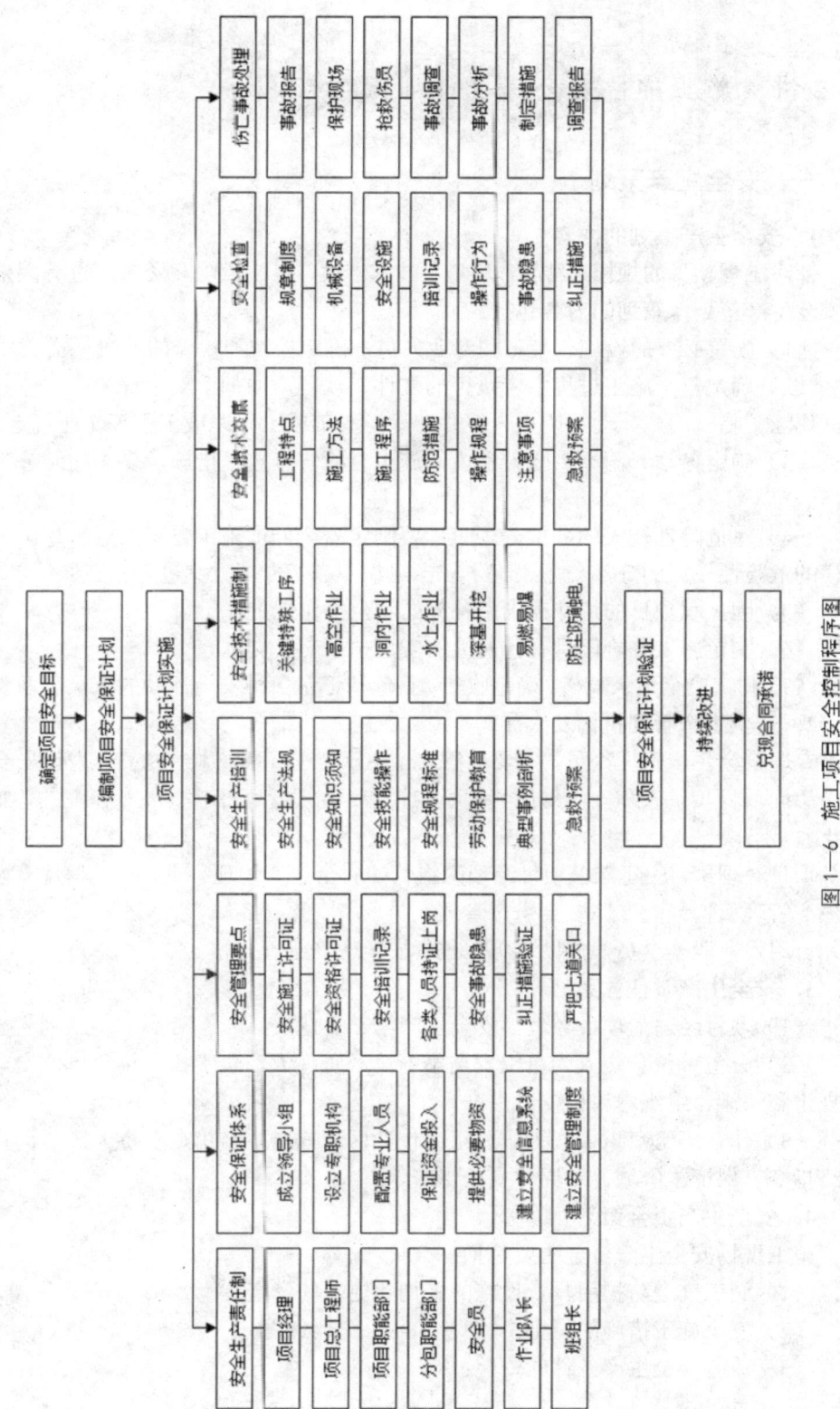

图 1—6 施工项目安全控制程序图

第 2 讲 施工项目安全保证计划与实施

一、安全生产策划

1. 安全生产策划的内容

针对工程项目的规模、结构、环境、技术方案、施工风险和资源配置等因素进行安全生产策划,策划的内容包括:

(1) 配置必要的设施、装备和专业人员,确定控制和检查的手段、措施。

(2) 确定整个施工过程中应执行的文件、规范。如脚手架工程、高空作业、机械作业、临时用电、动用明火、沉井、深挖基础施工和爆破工程等作业规定。

(3) 确定冬季、雨季、雪天和夜间施工时的安全技术措施及夏季的防暑降温工作。

(4) 对危险性较大的分部分项工程要制定安全专项施工方案;对于超出一定规模的危险性较大的分部分项工程,应当组织专家对专项方案进行论证。

(5) 因工程项目的特殊需求所补充的安全操作规定。

(6) 制定施工各阶段具有针对性的安全技术交底文本。

(7) 制定安全记录表格、确定收集、整理和记录各种安全活动的人员和职责。

2. 安全生产管理机构及人员

专职安全生产管理人员,主要负责安全生产,进行现场监督检查;发现安全事故隐患向项目负责人和安全生产管理机构报告;对于违章指挥、违章作业的,立即制止。

项目经理部,应建立以项目经理为组长的安全生产管理小组,按工程规模设安全生产管理机构或配专职安全生产管理人员。

班组设兼职安全员,协助班组长进行安全生产管理。

3. 安全生产责任体系

(1) 项目经理为项目经理部安全生产第一责任人;

(2) 分包单位负责人为单位安全生产第一责任人,负责执行总包单位安全管理规定和法规,组织本单位安全生产。

(3) 作业班组负责人作为本班组或作业区域安全生产第一负责人,贯彻执行上级指示,保证本区域、本岗位安全生产。

4. 安全生产资金策划

施工现场安全生产资金主要包括:

(1) 施工安全防护用具及设施的采购和更新的资金;

(2) 安全施工措施的资金;

(3) 改善安全生产条件的资金;

(4) 安全教育培训的资金;
(5) 事故应急措施的资金。
由项目经理部制定安全生产资金保障制度,落实、管理安全生产资金。

5. 安全生产管理制度

安全生产管理制度主要包括:
(1) 安全生产许可证制度;
(2) 安全生产责任制度;
(3) 安全生产教育培训制度;
(4) 安全生产资金保障制度;
(5) 安全生产管理机构和专职人员制度;
(6) 特种作业人员持证上岗制度;
(7) 安全技术措施制度;
(8) 专项施工方案专家论证审查制度;
(9) 施工前详细说明制度;
(10) 消防安全责任制度
(11) 防护用品及设备管理制度
(12) 起重机械和设备实施验收登记制度
(13) 三类人员考核任职制度
(14) 意外伤害保险制度
(15) 安全事故应急救援制度
(16) 安全事故报告制度

二、危险源辨识及风险评价

施工现场作业和管理业务活动中的危险源与不利环境因素很多,存在的形式也较复杂,这对识别工作增加了难度。如果把各种危险源与不利环境因素,按其在事故发生发展过程中所起的作用或特征进行分类,会对危险源与不利环境因素的识别工作带来方便。

1. 危险源的分类

危险源的分类有多种方法,通常有以下几种:
(1) 按在事故发生发展过程中的作用分类

危险源表现形式不同,但从事故发生的本质讲,均可归结为能量的意外释放或者有害物质的泄漏、散发。人类的生产和生活离不开能量,能量在受控条件下可以做有用功,一旦失控,能量就会做破坏功。如果意外释放的能量作用于人体,并且超过人体的承受能力,则造成人员伤亡;如果意外释放的能量作用于设备、设施、环境等,并且能量的作用超过其抵抗能力,则造成设备、设施的损失或环境破坏。根据在事故发生、发展过程中的作用,可把危险源分为第一类危险源和第二类危险源两大类。

1)第一类危险源

根据能量意外释放理论,能量或有害物质的意外释放是伤亡事故发生的物理本质。于是,把生产过程中存在的、可能发生意外释放的能量(能源或能量载体)或有害物质称作第一类危险源。

能量与有害物质是危险源产生的根源,也是最根本的危险源。一般地说,系统具有的能量越大,存在的有害物质的数量越多,系统的潜在危险性和危害性也越大。另一方面,只要进行施工作业活动,就需要相应的能量和物质(包括有害物质),因此所产生的危险源是客观存在的。

一切产生、供给能量的能源和能量的载体在一定条件下,都可能是危险源。例如,高处作业(如吊起的重物等)的势能,带电导体上的电能,行驶车辆或各类机械运动部件、工件等的动能,噪声的声能,电焊时的光能,高温作业的热能等,在一定条件下都能造成各类事故。静止的物体棱角、毛刺、地面等之所以能伤害人体,也是因人体运动、摔倒时的动能、势能造成的。这些都是由于能量意外释放形成的危险因素。

有害物质在一定条件下能损伤人体的生理机能和正常代谢功能,破坏设备和物品的效能,也是最根本的危险源。例如,作业场所中由于存在有毒物质、腐蚀性物质、有害粉尘、窒息性气体等有害物质,当它们直接、间接与人体或物体发生接触,导致人员的死亡、职业病、伤害、财产损失或环境的破坏等。

人体受到超过其承受能力的各种形式能量作用时受伤害的情况见表1—15。

表1—15 各种能量对人体伤害情况

施加的能量类型	产生的伤害	事故类型
机械能	移位、刺伤、割伤、撕裂、挤压皮肤的肌肉、骨折、内部器官损伤。	高处坠落、物体打击、机械伤害、起重伤害、坍塌、放炮、火药爆炸、车辆伤害、锅炉爆炸、压力容器爆炸。
热能	皮肤发炎、凝固、烧伤、烧焦、焚化、伤及全身。	一、二、三度烧伤、灼烫、火灾。
电能	干扰神经、肌肉功能、电伤、以及凝固、烧焦和焚化伤及身体任何层次。	触电、烧伤。
化学能	化学性皮炎、化学性烧伤、致癌、致遗传突变、致畸胎、急性中毒、窒息。	中毒和窒息、火灾、化学灼伤包括由于动物性和植物性毒素引起的损伤。

2)第二类危险源

正常情况下,施工生产过程中的能量或有害物质受到约束或处于受控时,不会发生意外释放,即不会发生事故。但是,一旦这些约束或限制能量或有害物质的措施受到破坏或失效(故障),处于失控状态,就会发生能量或有害物质的意外释放和泄漏，则将发生事故。导致能量或有害物质约束或限制措施破坏或失效的各种不安全因素称作第二类危险源。

第二类危险源主要包括物的故障、人的失误和环境因素三种类型。

①物包括机械、设备、设施、系统、装置、工具、用具、物质、材料等，也包括厂房、房屋。根据物在事故发生中的作用，可分起因物和致害物二种，起因物是指导致事故发生的物体或物质，致害物是指直接与人体接触（或人体暴露于其中）而造成伤害及中毒的物体或物质。用于支撑人的任何表面一般也可认为是物，如楼板、作业平台等，当然也可以成为独立的事故起因物，除非该表面作为某物体技术上（设计上）的一部分。物的故障是指机械设备、设施、系统、装置、元部件等在运行或使用过程中由于性能（含安全性能）低下而不能实现预定的功能（包括安全功能）的现象。不安全状态是存在于起因物上的，是使事故能发生的不安全的物体条件或物质条件。从安全功能的角度，物的不安全状态也是物的故障。在施工生产过程中，物的故障的发生是不可避免的，迟早都会发生；故障的发生具有随机性、渐近性或突发性，故障的发生是一种随机事件。造成故障发生的原因很复杂。可能是由于设计、制造缺陷造成的；也可能由于安装、搭设、维修、保养、使用不当或磨损、腐蚀、疲劳、老化等原因造成；可能由于认识不足、检查人员失误、环境或其他系统的影响等。但故障发生的规律是可知的，通过定期检查、维修保养和分析总结可使多数故障在预定期间内得到控制（避免或减少）。掌握各类故障发生的规律和故障率是防止故障发生造成严重后果的重要手段。发生故障并导致事故发生的这种危险源，主要表现在发生故障、误操作时的防护、保险、信号等装置缺乏、缺陷和设备、设施在强度、刚度、稳定性、人机关系上有缺陷两方面。例如超载限制或起升高度限位安全装置失效使钢丝绳断裂、重物坠落；围栏缺损、安全带及安全网质量低劣为高处坠落事故提供了条件；电线和电气设备绝缘损坏、漏电保护装置失效造成触电伤人，短路保护装置失效又造成配电系统的破坏；空气压缩机泄压安全装置故障使压力进一步上升，导致压力容器破裂；通风装置故障使有毒有害气体浸人作业人员呼吸道；有毒物质泄漏散发、危险气体泄漏爆炸，造成人员伤亡和财产损失等，都是物的故障引起的危险源。

②人的失误。人的失误是指人的行为结果偏离了被要求的标准，即没有完成规定功能的现象。人的失误会造成能量或危险物质控制系统故障，使屏蔽破坏或失效，从而导致事故发生。人的失误包括人的不安全行为和管理失误两个方面。

不安全行为：不安全行为是指违反安全规则或安全原则，使事故有可能或有机会发生的行为。违反安全规则或安全原则包括违反法律、规程、条例、标准、规定，也包括违反大多数人都知道并遵守的不成文的安全原则，即安全常识。

例如吊索具选用不当，号物绑挂方式不当使钢丝绳断裂吊物失稳坠落；起重吊装作业时，吊臂误碰触外电线路引发短路停电；误合电源开关使检修中的线路或电器设备带电,意外启动;故意绕开漏电开关接通电源等都是人的失误形成的危险源都属于不安全行为。

管理失误。施工现场安全生产保证体系管理是为了保证及时、有效地实现安全目标,在预测、分析的基础上进行策划、组织、协调、检查等工作是预防物的故障和人的失误的有效手段。管理失误表现在以下方面:

——对物的管理,有时称技术原因。包括:技术、设计、结构上有缺陷,作业现场、作业环境的安排设置不合理等缺陷,防护用品缺少或有缺陷等。

——对人的管理。包括:教育、培训、指示、对施工作业任务和施工作业人员的安排等方面的缺陷或不当。

——对施工作业程序、操作规程和方法、工艺过程等的管理失误。

——安全监控、检查和事故防范措施等方面的问题。

——对工程施工和专项施工组织设计安全的管理失误。

——对采购安全物资的管理失误。

③环境因素

人和物存在的环境,即施工生产作业环境中的温度、湿度、噪声、振动、照明或通风换气等方面的问题,会促使人的失误或物的故障发生。环境因素见表1—16。

表1—16 环境因素一览表

类别	内容
物理因素	噪声、振动、温度、湿度、照明、风、雨、雪、视野、通风换气、色彩
化学因素	爆炸性物质、腐蚀性物质、可燃液体、有毒化学品、氧化物、危险气体
生物因素	细菌、真霉菌、昆虫、病毒、植物、原生虫等

(2)按导致事故和职业危害的直接原因分类

根据《生产过程危险和危害因素分类与代码》(GB/T13861—2009)的规定,将生产过程中的危险因素与危害因素分为6类。此种分类方法所列危险、危害因素具体、详细、科学合理,适用于项目经理部对危险源识别和分析,经过适当的选择调整后,可作为危险源提示表使用。

表 1—17 导致事故直接原因分类表

类别	内容
物理性危害因素	设备、设施缺陷（强度不够、刚度不够、稳定性差、密封不良、应力集中、外形缺陷、外露运动件缺陷、制动器缺陷、控制器缺陷、设备设施其他缺陷） 防护缺陷（无防护、防护装置和设施缺陷、防护不当、支撑不当、防护距离不够、其他防护缺陷） 电危害（带电部位裸露、漏电、雷电、静电、电火花、其他电危害） 噪声危害（机械性噪声、电磁性噪声、流体动力性噪声、其他噪声） 振动危害（机械性振动、电磁性振动、流体动力性振动、其他振动） 电磁辐射（电离辐射：x射线、Y射线、α粒子、R粒子、质子、中子、高能电子束等） 非电离辐射：紫外线、激光、射频辐射、超高压电场） 运动物危害（固体抛射物、液体飞溅物、反弹物、岩土滑动、料堆垛滑动、气流卷动、冲击地压、其他运动物危害） 明火 能造成灼伤的高温物质（高温气体、高温固体、高温液体、其他高温物质） 能造成冻伤的低温物质（低温气体、低温固体、低温液体、其他低温物质） 粉尘与气溶胶（不包括爆炸性、有毒性粉尘与气溶胶） 作业环境不良（作业环境不良、基础下沉、安全过道缺陷、采光照明不良、有害光照、通风不良、缺氧、空气质量不良、给排水不良、涌水、强迫体位、气温过高、气温过低、气压过高、气压过低、高温高湿、自然灾害、其他作业环境不良） 信号缺陷（无信号设施、信号选用不当、信号位置不当、信号不清、信号显示不准、其他信号缺陷） 标志缺陷（无标志、标志不清楚、标志不规范、标志选用不当、标志位置缺陷、其他标志缺陷）
化学性危害因素	易燃易爆性物质（易燃易爆性气体、易燃易爆性液体、易燃易爆性固体、易燃易爆性粉尘与气溶胶、其他易燃易爆性物质） 自燃性物质 有毒物质（有毒气体、有毒液体、有毒固体、有毒粉尘与气溶胶、其他有毒物质） 腐蚀性物质（腐蚀性气体、腐蚀性液体、腐蚀性固体、其他腐蚀性物质） 其他化学性危害因素
生物性危害因素	致病微生物（细菌、病毒、其他致病微生物）； 传染病媒介物 致害动物 致害植物 其他生物性危害因素
行为性危害因素	指挥错误（指挥失误、违章指挥、其他指挥错误）； 操作失误（误操作、违章作业、其他操作失误）； 监护失误； 其他错误； 其他行为性危害因素。

（3）按引起的事故类型分类

根据《企业伤亡事故分类》（GB6441—1986）标准，综合考虑事故的诱导性原因、致害物、伤害方式等特点，将危险源及危险源造成的事故分为 16 类。此种分类方法所列的危险源与企业职工伤亡事故处理调查、分析、统计、职业病处理和职工安全教育的口径基本一致，为企业安全管理人员、广大职工所熟悉、易于接受和理解，便于实际应用。

1）物体打击，是指物体在重力或其他外力的作用下产生运动，打击人体造成人身伤亡事故，不包括因机械设备、车辆、起重机械、坍塌等引发的物体打击；

2）车辆伤害，是指施工现场内机动车辆在行驶中引起的人体坠落和物体倒塌、飞落、挤压伤亡事故，不包括起重设备提升、牵引车辆和车辆停驶时发生的事故；

3）机械伤害，是指机械设备运动（静止）部件、工具、加工件直接与人体接触引鄰的夹击、碰撞、剪切、卷人、绞、碾、割、刺等伤害，不包括车辆、起重机械引起的机械伤害；

4）起重伤害，是指各种起重作业（包括起重机安装、检修、试验）中发生的挤压、坠落、（吊具、吊重）物体打击和触电；

5）触电，包括雷击伤亡事故；

6）淹溺，包括高处坠落淹溺，不包括矿山、井下透水淹溺；

7）灼烫，是指火焰烧伤、高温物体烫伤、化学灼伤（酸、碱、盐、有机物引起的体内外灼伤）、物理灼伤（光、放射性物质引起的体内外灼伤），不包括电灼伤和火灾引起的烧伤；

8）火灾；

9）高处坠落，是指在高处作业中发生坠落造成的伤亡事故，不包括触电坠落事故；

10）坍塌，是指物体在外力或重力作用下，超过自身的强度极限或因结构稳定性破坏而造成的事故，如挖沟时的土石塌方、脚手架坍塌、堆置物倒塌等，不适用于车辆、起重机械、爆破引起的坍塌；

11）放炮，是指爆破作业中发生的伤亡事故；

12）火药爆炸，是指火药、炸药及其制品在生产、加工、运输、贮存中发生的爆炸事故；

13）化学性爆炸，是指可燃性气体，粉尘等与空气混合形成爆炸性混合物，接触引爆能源时，发生的爆炸事故（包括气体分解、喷雾爆炸）；

14）物理性爆炸，包括锅炉爆炸、容器超压爆炸、轮胎爆炸等；

15）中毒和窒息，包括中毒、缺氧窒息、中毒性窒息；

16）其他伤害，是指除上述以外的危险因素，如摔、扭、挫、擦、刺、割伤和非机动车碰撞、轧伤等（坑道作业、矿山、井下还有冒顶片帮、透水、瓦斯爆炸等危险因素）。

2．危险源与不利环境因素识别的方法

（1）项目经理部识别施工现场识别危险源与不利环境因素方法有许多，如现场调j工作任务分析、安全检查表、危险与可操作性研究、事件树分析、故障树分析等，项目经理主要采用调查的方法。

（2）现场调查方法（表 1—18）

表 1—18 危险源现场调查方法

现场调查的形式	询问、交谈。对于项目经理部的某项工作和作业有经验的人，往往能指出其工种作业中的危险源和不利环境因素，从中可初步分析出该项工作和作业中存在的各类危险源与不利环境因素现场观察。通过对施工现场作业环境的现场观察，可发现存在的危险源与不利环境因素，但要求从事现场观察的人员具有安全、环保技术知识、掌握职业健康安全与环的法律法规、标准规范查阅有关记录。查阅企业的事故、职业病记录，可从中发现存在的危险源与不环境因素。 获取外部信息。从有关类似企业、类似项目、文献资料、专家咨询等方面获取有关危险源与不利环境因素信息，加以分析研究，有助于识别本工程项目施工现场有关的危险源与不利环境因素检查表。运用已编制好的检查表，对施工现场进行系统的安全环境检查，可识别出存在的危险源与不利环境因素
现场调查的具体步骤	组织相关人员进行危险源与不利环境因素识别知识培训，并进行现场实地练习。 对作业与管理业务活动分类和危险源与不利环境因素分类作出规定，编制相应的调查、识别表式，由相关人员逐类调查，找出危险源与不利环境因素，并按表式内容进行记录。必要时可以在企业或社会中寻求帮助。危险源与不利环境因素可按作业与管理活动分类汇总记录，也可按引发的事故鱼类汇总记录由专人对调查内容进行汇总、确认、登记，建立项目经理部总的危险源识别消不利环境因素识别清单。本章后附[例 5-1]至[例 5-8]可供参考 项目经理部根据内外环境的变化，及时识别新出现的危险源、不利环境因素，对相应清单进行更新定期对危险源和不利环境因素识别结果的充分性进行评审，必要时应进行调整

3．危险源与不利环境因素识别的注意事项

（1）应充分了解危险源与不利环境因素的分布。

1）从范围上讲，应包括施工现场内受到影响的全部人员、活动与场所，以及受到影响的社区、排水系统等。包括可施加影响的供应商和分包商等相关方的人员、活动与场所。

2）从状态上讲，应考虑到以下三种状态：

正常状态，指固定、例行性且计划中的作业与程序；

异常状态，指在计划中、然而不是例行性的作业，如机械的例行维修保养；

紧急状态，指可能或已发生的紧急事件，如恶劣的突发性气候或事故。

3）从时态上讲，应考虑到以下三种时态：

过去，以往发生或遗留的问题；

现在，现在正在发生的、并持续到未来的问题；

将来，不可预见什么时候发生且对安全和环境造成较大影响，如：新材料的使用、工艺变化、法律法规变化带来的问题。

4）从内容上讲，应包括涉及所有可能的伤害与影响。包括人为失误，物料与设备过期、老化、性能下降造成的问题。

(2) 弄清危险源或不利环境因素伤害与影响的方式或途径。
(3) 确认危险源和不利环境因素伤害与影响的范围。
(4) 要特别关注重大危险源与不利环境因素,防止遗漏。
(5) 对危险源与不利环境因素保持高度警觉,持续进行动态识别。
(6) 充分发挥员工对危险源与不利环境因素识别的作用,广泛听取每一个员工,包括供应商、分包商的员工的意见和建议,必要时还可征求上级单位、设计、监理和政府主管部门的意见。

4. 危险源安全风险评价

(1) 评价方法

评价应围绕可能性和后果两个方面综合进行。项目管理人员通过定量和定性相结合的方法进行危险源的评价,通过全体员工参与,筛选出应优先控制的重大危险源,具体讲主要采取专家评估法直接判断,必要时可采用作业条件危险性评价法、安全检查表判断。

1) 专家评估方法

组织有丰富知识,特别是有系统安全工程知识的专家,熟悉本工程管理施工生产工艺的技术和管理人员组成评价组,通过专家的经验和判断能力,对管理、人员、工艺、设备、环境等方面已识别的危险源,评价出对本工程项目施工安全有重大影响的重大危险源。

作业条件危险性评价法(LEC 法)。危险性分值(D)取决于以下三个因素的乘积:

$$D = L \times E \times C$$

式中　L——发生事故的可能性大小,其取值见 L 值表;
　　　E——人体暴露于危险环境的频繁程度,其取值见 E 值表;
　　　C——发生事故可能造成的后果,其取值见 C 值表。

其中,将 L 值用概率表示时,绝对不可能发生的事故概率为 0,但是,从系统安全角度考虑。绝对不发生事故是不可能的,所以,认为的将发生事故可能性极小的分数定为 0.1,最大定为 10,在 0.1~10 之间定出若干个中间值,见表 1—19。

表 1—19　L 值表

事故发生的可能	分数值	事故发生的可能性	分数值
完全可能预料	10	很不可能,可以设想	0.5
相当可能	6	极不可能	0.2
可能,但不经常	3	实际不可能	0.1
可能性小,完全意外	1		

将 E 值最小定为 0.5,最大定为 10,在 0.5~10 之间定出若干个中间值,见

表1—20。

表1—20 E值表

暴露于危险于危险环境频繁程度	分数值	暴露于危险于危险环境频繁程度	分数值
连续暴露	10	每月一次暴露	2
每天工作时间内暴露	6	每年几次暴露	2
每周一次暴露或偶然暴露	3	非常罕见地暴露	0.5

将需要救护的轻微伤害C规定为1,将造成多人死亡的可能性值规定为100,其他情况为1~100之间,见下表1—21。

表1—21 C值表

发生事故产生的后果	分数值	发生事故产生的后果	分数值
大灾难,许多人死亡	100	严重,重伤	7
灾难,数人死亡	40	重大,致残	3
非常严重,一人死亡	15	引人注目,需要救护	1

D值为危险分值。根据其大小分为以下几个等级,见表1—22。

表1—22 D值表

危险程度	分数值	危险程度	分数值
极其危险,不可能继续作业	>320	一般危险,需要注意	20~70
高度危险,要立即整改	160~320	稍有危险,可以接受	<20
显著危险,需要整改	70~160		

2)安全检查表

列出个层次的不安全因素,确定检查项目,以提问的方式把检查项目按过程的组成顺序编制成表,按检查项目进行检查或评审。

(2)重大危险源的判定依据

1)严重不符合法律法规、标准规范和其他要求;

2)相关方有合理抱怨的要求;

3)曾发生过事故,且没有采取有效防范控制措施;

4)直接观察到可能导致危险的错误,且无适当控制措施;

5)通过作业条件危险性评价方法,总分高于160分高度危险的。

(3)安全风险评价结果应形成评价记录,一般可与危险源识别结果合并记录,通常列表记录。对确定的重大危险源还应另列清单,并按优先考虑的顺序排列。

三、施工安全应急预案

工程项目经理部应针对可能发生的事故制定相应的应急救援预案,准备应急救援的物资,并在事故发生时组织实施,防止事故扩大,以减少与之有关的伤害和不利环境影响。

1. 应急预案的编制要求

应急预案的编制应与安保计划同步编写。根据对危险源与不利环境因素的识别结果,确定可能发生的事故或紧急情况的控制措施失效时所采取的补充措施和抢救行动,以及针对可能随之引发的伤害和其他影响所采取的措施。

应急预案是规定事故应急救援的工作的全过程。

应急预案适用于项目部施工现场范围内可能出现的事故或紧急情况的救援和处理。

(1) 应急预案中应明确:应急救援组织、职责和人员的安排,应急救援器材、设备的准备和平时的维护保养。

(2) 在作业场所发生事故时,如何组织抢救,保护事故现场的安排,其中应明确如何抢救,使用什么器材和设备。

(3) 应明确内部和外部联系的方法、渠道,根据事故性质,规定由谁及在多少时间内向企业上级、政府主管部门和其他有关部门上报、需要通知有关的近邻及消防、救险、医疗等单位的联系方式。

(4) 工作场所内全体人员如何疏散的要求。

2. 应急预案的主要内容

(1) 应急救援组织和人员安排,应急救援器材、设备的配备与维护,应急组织机构如图1—7。

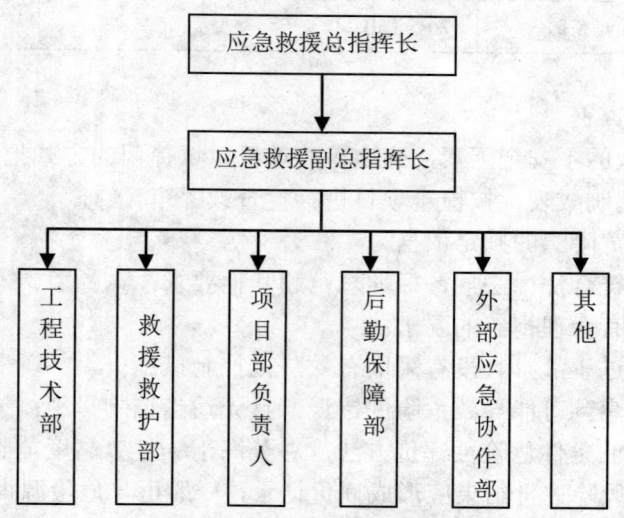

图1—7 应急救援组织机构图

（2）在作业场所发生事故时，保护现场、组织抢救的安排，其中应明确如何抢救，使什么器材、设备；

（3）建立内部和外部联系的方法、渠道，根据事故性质，按规定在相应期限内报告上级、政府主管部门和其他有关部门，通知有关的近邻及消防、救险、医疗等单位；

（4）作业场所内全体人员的疏散方案。

3．应急救援指挥流程

应急救援指挥流程，如图1—8所示：

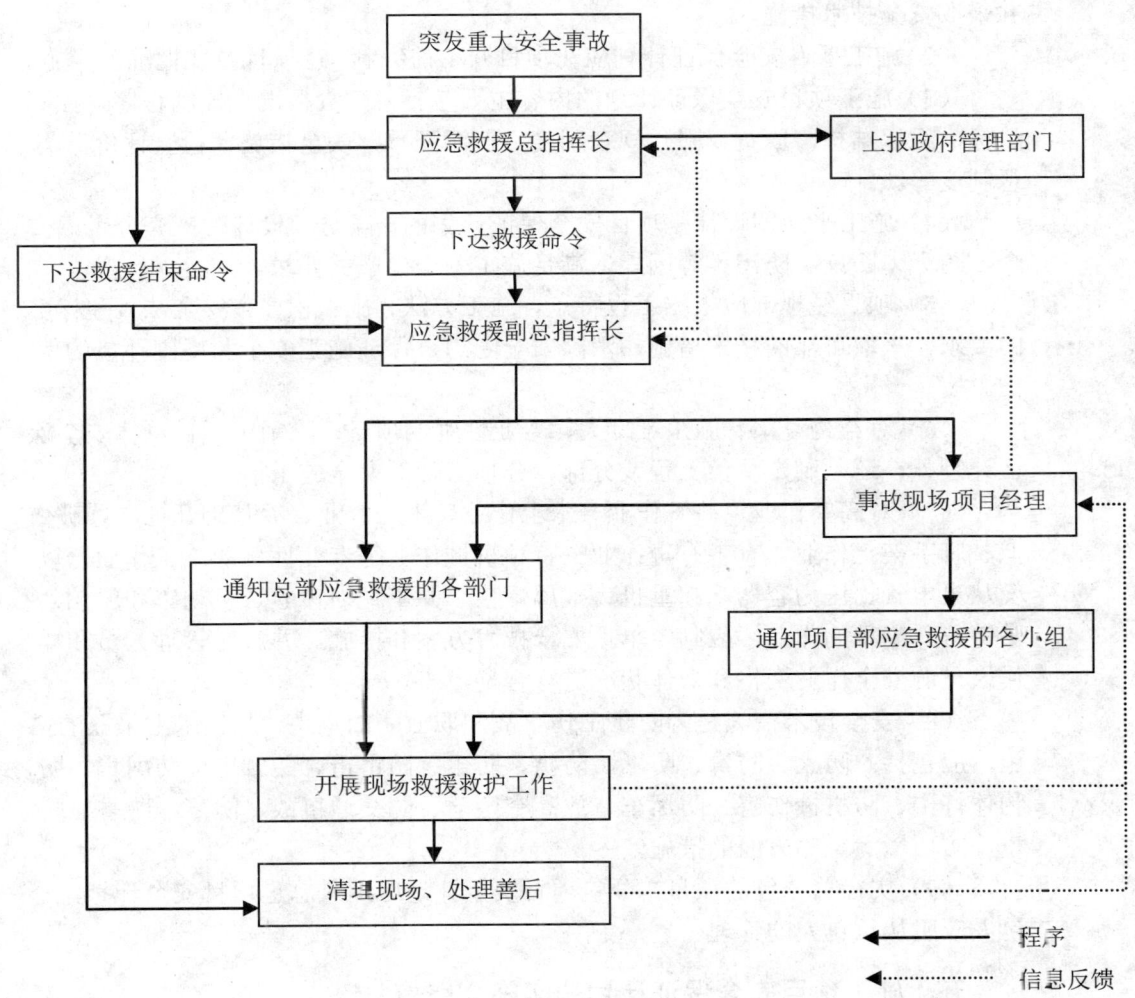

图1—8 重大安全事故应急救援指挥程序图

4．应急预案的审核和确认

由施工现场项目经理部的上级有关部门，对应急预案的适宜性进行审核和确认。

四、施工项目安全保证计划

根据安全生产策划的结果,编制施工项目安全保证计划,主要是规划安全生产目标,确定过程控制要求,制定安全技术措施,配备必要资源,确保安全保证目标实现。它充分体现了施工项目安全生产必须坚持"安全第一、预防为主"的方针,是生产计划的重要组成部分,是改善劳动条件,搞好安全生产工作的一项行之有效的制度,其主要内容有:

(1)项目经理部应根据项目施工安全目标的要求配置必要的资源,确保施工安全保证目标的实现。危险性较大的分部分项工程要制定安全专项施工方案并采取安全技术措施。

(2)施工项目安全保证计划应在项目开工前编制,经项目经理批准后实施。

(3)施工项目安全保证计划的内容主要包括:工程概况,控制程序,控制目标,组织结构,职责权限,规章制度,资源配置,安全措施,检查评价,奖惩制度等。

(4)施工平面图设计是项目安全保证计划的一部分,设计时应充分考虑安全、防火、防爆、防污染等因素,满足施工安全生产的要求。

(5)项目经理部应根据工程特点、施工方法、施工程序、安全法规和标准的要求,采取可靠的技术措施,消除安全隐患,保证施工安全和周围环境的保护。

(6)对结构复杂、施工难度大、专业性强的项目,除制定项目总体安全保证计划外,还须制定单位工程或分部、分项工程的安全施工措施。

(7)对高空作业、井下作业、水上作业、水下作业、深基础开挖、爆破作业、脚手架上作业、有害有毒作业、特种机械作业等专业性强的施工作业,以及从事电气、压力容器、起重机、金属焊接、井下瓦斯检验、机动车和船舶驾驶等特殊工种的作业,应制定单项安全技术方案和措施,并应对管理人员和操作人员的安全作业资格和身体状况进行合格审查。

(8)安全技术措施是为防止工伤事故和职业病的危害,从技术上采取的措施,应包括:防火、防毒、防爆、防洪、防尘、防雷击、防触电、防坍塌、防物体打击、防机械伤害、防溜车、放高空坠落、防交通事故、防寒、防暑、防疫、防环境污染等方面的措施。

(9)实行总分包的项目,分包项目安全计划应纳入总包项目安全计划,分包人应服从承包人的管理。

五、施工项目安全保证计划的实施

施工项目安全保证计划实施前,应按要求上报,经项目业主或企业有关负责人确认审批,后报上级主管部门备案。执行安全计划的项目经理部负责人也应参与确认。主要是确认安全计划的完整性和可行性;项目经理部满足安全保证的能力;各级安全生产岗位责任制和与安全计划不一致的事宜都是否解决等。

施工项目安全保证计划的实施主要包括项目经理部制定建立安全生产管理措施和组织系统、执行安全生产责任制、对全员有针对性地进行安全教育和培训、加强安全技术交底等工作。

第3讲 施工项目安全管理措施

一、施工项目安全立法措施

项目经理部必须执行国家、行业、地区安全法规、标准,并以此制定本项目的安全管理制度,主要有如下一些方面:

(1) 行政管理方面
1) 安全生产责任制度;
2) 安全生产例会制度;
3) 安全生产教育培训制度;
4) 安全生产检查制度;
5) 伤亡事故管理制度;
6) 劳保用品发放及使用的管理制度;
7) 安全生产奖惩制度;
8) 施工现场安全管理制度;
9) 安全技术措施计划管理制度;
10) 建筑起重机械安全监督管理制度;
11) 特种作业人员持证上岗制度;
12) 专项施工方案专家论证审查制度;
13) 危及施工安全的工艺、设备、材料淘汰制度;
14) 场区交通安全管理制度;
15) 施工现场消防安全责任制度;
16) 意外伤害保险制度;
17) 建筑施工企业安全生产许可制度;
18) 建筑施工企业三类人员考核任职制度;
19) 生产安全事故应急救援制度;
20) 生产安全事故报告制度等。

(2) 技术管理方面
1) 关于施工现场安全技术要求的规定;
2) 各专业工种安全技术操作规程;
3) 设备维护检修制度等。

二、施工项目安全管理组织措施

施工项目安全管理组织措施包括建立施工项目安全组织系统——项目安全管理委员会；建立施工项目安全责任系统；建立各项安全生产责任制度等。

（1）建立施工项目安全组织系统——项目安全管理委员会，其主要职责是：项目安全管理组织编制安全生产计划，决定资源配置；规定从事项目安全管理、操作、检查人员的职责、权限和相互关系；对安全生产管理体系实施监督、检查和评价；纠正和预防措施的验证。

项目安全管理委员会的构成见图1—9。

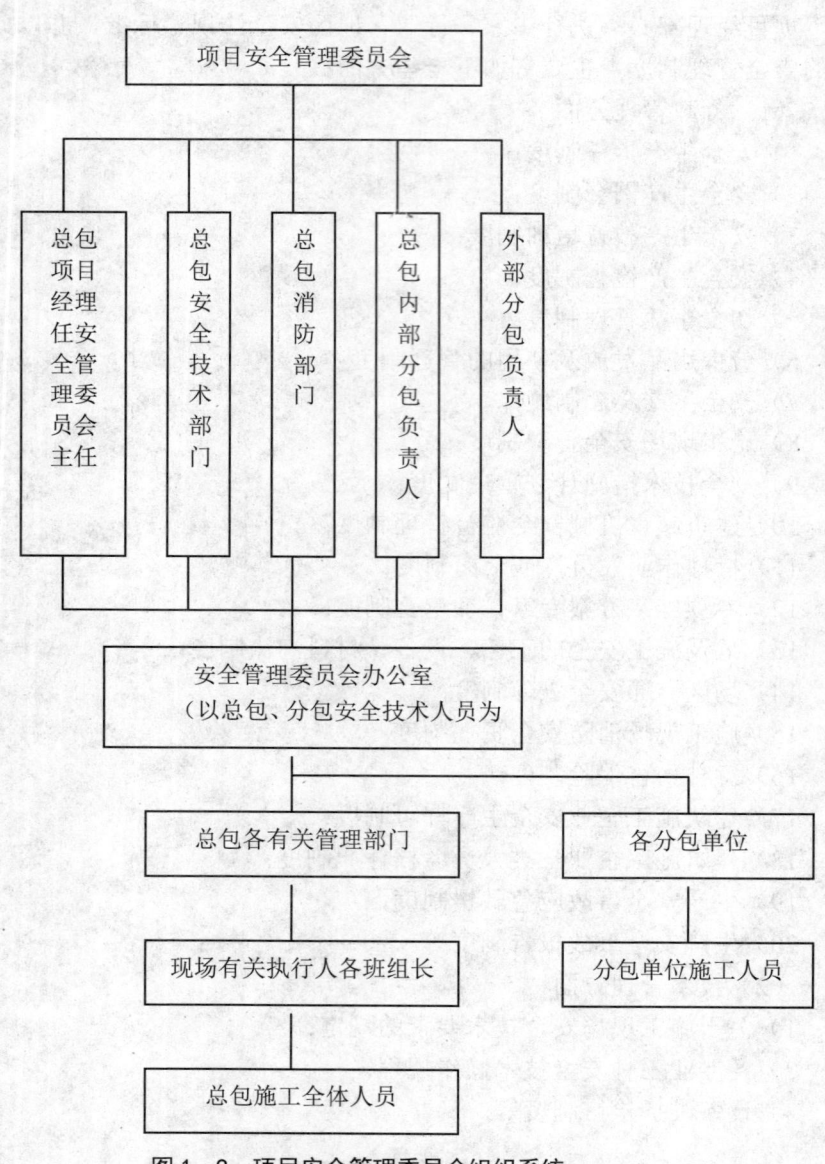

图1—9　项目安全管理委员会组织系统

（2）建立与项目安全组织系统相配套的各专业、部门、生产岗位的安全责任系统，其构成见图1—10。

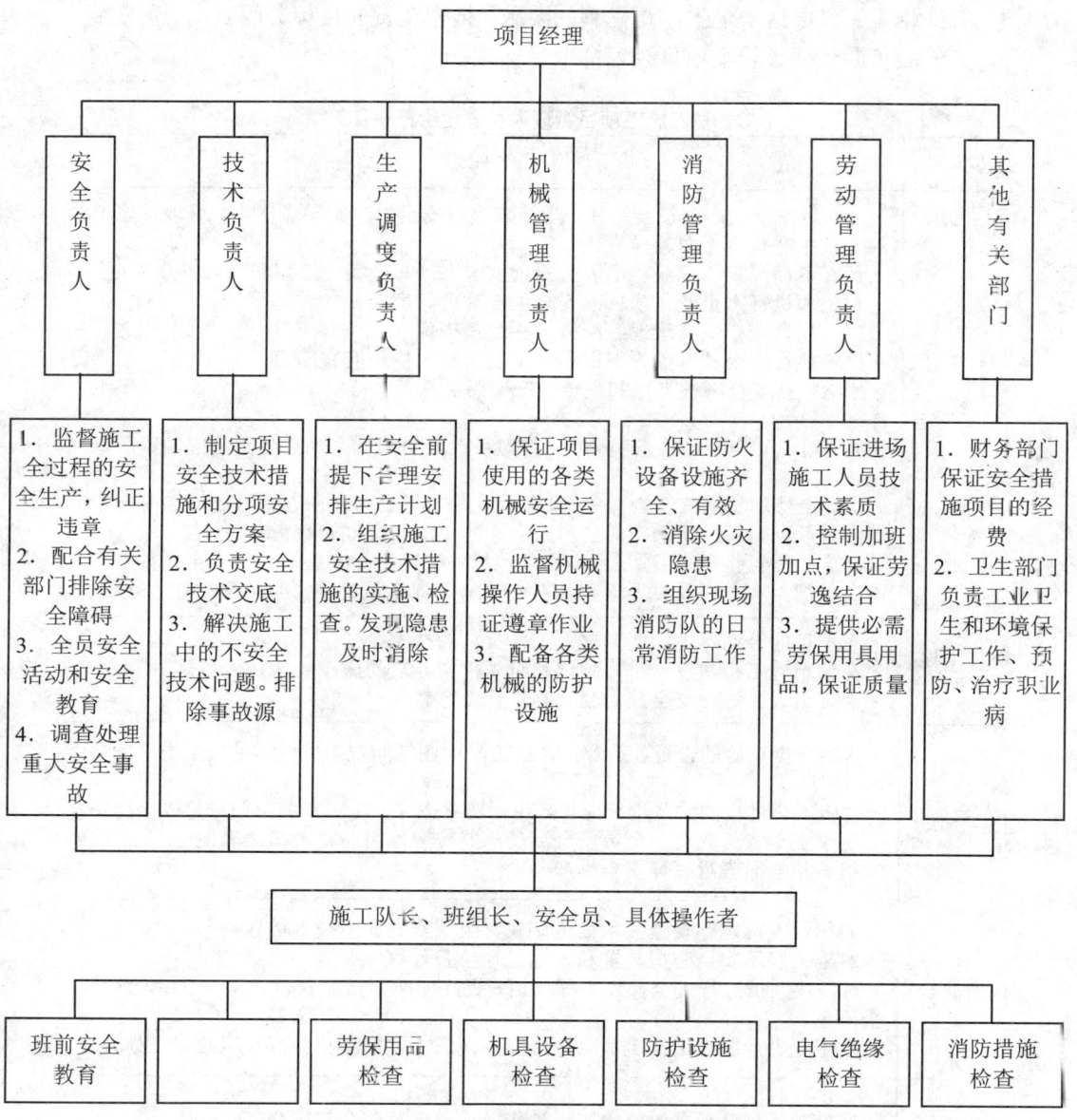

图1—10 施工项目安全责任体系

（3）安全生产责任制

安全生产责任制是指企业对项目经理部各级领导、各个部门、各类人员所规定的在他们各自职责范围内对安全生产应负责任的制度。

安全生产责任制应根据"管生产必须管安全"、"安全生产人人有责"的原则，明确各级领导，各职能部门和各类人员在施工生产活动中应负的安全责任，其内容应充分体现责、权、利相统一的原则。各类人员和各职能部门的安全生产责任制内容见表1—23和1—24。

项目经理部应根据安全生产责任制的要求,把安全责任目标分解到岗、落实到人。安全生产责任制必须经项目经理批准后实施。

表1—23 施工项目管理人员安全生产责任

管理人员	主要职责
项目经理	·是项目安全生产委员会主任,为施工项目安全生产第一责任人,对项目施工的安全生产负有全面领导责任和经济责任 ·认真贯彻国家、行业、地区的安全生产方针、政策、法规和各项规章制度 ·制定和执行本企业(项目)安全生产管理制度 ·建立项目安全生产管理组织机构并配备干部 ·严格执行安全技术措施审批和施工安全技术措施交底制度 ·严格执行安全考核指标和安全生产奖惩办法,主持安全评比、检查、考核工作 ·定期组织安全生产检查和分析,针对可能产生的安全隐患制定相应的预防措施 ·组织全体职工的安全教育和培训,学习安全生产法律、法规、制度和安全纪律,讲解安全事故案例,对生产安全和职工的安全健康负责 ·当发生安全事故时,项目经理必须按国务院安全行政主管部门安全事故处理的有关规定和程序及时上报和处置,并制定防止同类事故再次发生的措施
项目工程师	·对项目的劳动保护和安全技术工作负总的技术责任 ·在编制施工组织设计时,制定和组织落实专项的施工安全技术措施 ·向施工人员进行安全技术交底和进行安全教育
安全员	·落实安全设施的设置,是否符合施工平面图的布置,是否满足安全生产的要求 ·对施工全过程的安全进行监督,纠正违章作业,配和有关部门排除安全隐患 ·组织安全宣传教育和全员安全活动,监督劳保用品质量和正确使用 ·指导和督促班组搞好安全生产
作业队长	·向作业人员进行安全技术措施交底,组织实施安全技术措施 ·对施工现场安全防护装置和设施进行检查验收 ·对作业人员进行安全操作规程培训,提高作业人员的安全意识,避免产生安全隐患 ·发生重大或恶性工伤事故时,应保护现场,立即上报并参与事故调查处理
班组长	·安排施工生产任务时,向本工种作业人员进行安全措施交底 ·严格执行本工种安全技术操作规程,拒绝违章指挥 ·作业前应对本次作业使用的机具、设备、防护用具及作业环境进行安全检查,检查安全标牌的设置是否符合规定、标识方法和内容是否正确完整,以消除安全隐患 ·组织班组开展安全活动,召开上岗前安全生产会,每周应进行安全讲评

续表

管理人员	主要职责
操作人员	• 认真学习并严格执行安全技术操作规程,不违章作业,特种作业人员须培训、持证上岗 • 自觉遵守安全生产规章制度,执行安全技术交底和有关安全生产的规定 • 服从安全监督人员的指导,积极参加安全活动 • 爱护安全设施,正确使用防护用具 • 对不安全作业提出意见,拒绝违章指挥 • 下列情况下,操作者不得作业,在领导违章指挥时有拒绝权: • 没有有效的安全技术措施,不经技术交底 • 设备安全保护装置不安全或不齐全 • 没有规定的劳动保护设施和劳动保护用品 • 发现事故隐患未及时排除 • 非本岗位操作人员、未经培训或考试不合格人员 • 对施工作业过程中危及生命安全和人身健康的行为,作业人员有权抵制、检举和控告
承包人对分包人	• 承包人对项目安全管理全面负责,分包人向承包人负责 • 承包人应在开工前审查分包人安全施工资格和安全生产保证体系,不得将工程分包给不具备安全生产条件的分包人 • 在分包合同中应明确分包人安全生产责任和义务 • 对分包人提出安全要求,并认真监督、检查 • 对违反安全规定冒险蛮干的分包人,应令其停工整改 • 承包人应负责统计分包人的伤亡事故,按规定上报,并按分包合同约定协助处理分包人的伤亡事故
分包人	• 分包人应认真履行分包合同中应规定的安全生产责任和义务 • 分包人对本施工现场的安全负责,并应保护环境 • 遵守承包人的有关安全生产制度,服从承包人对施工现场的安全管理 • 及时向承包人报告伤亡事故并参与调查,处理善后事宜

表1—24 施工项目职能部门安全生产责任

职能部门	主要职责
项目经理部	• 积极贯彻执行安全生产方针、法律法规和各项安全规章制度,并监督执行情况 • 建立项目安全管理体系、安全生产责任制,制定安全工作计划和方针,根据项目特点、安全法规和标准的要求,确定本项目安全生产目标及目标体系,制定安全施工组织设计和安全技术措施 • 应根据施工中人的不安全行为、物的不安全状态、作业环境的不安全因素和管理缺陷进行相应的安全控制,消除安全隐患,保证施工安全和周围环境的保护 • 建立安全生产教育培训制度,做好安全生产的宣传、教育和管理工作,对参加特种作业人员进行培训、考核、签发合格证,杜绝未经施工安全生产教育的人员上岗作业 • 应确定并提供充分的资源,以确保安全生产管理体系的有效运行和安全管理目标的实现 资源包括: • 配备与施工安全相适应并经培训考核合格,持证的管理、操作和检查人员 • 有施工安全技术和防护设施;施工机械安全装置;用电和消防设施;必要的安全监测工具;安全技术措施的经费等

续表

职能部门	主要职责
项目经理部	·对自行（包括分包单位）采购的安全设施所需的材料、设备及防护用品进行控制，对供应商的能力、业绩进行评价、审核，并做记录保存，对采购的产品进行检验，签订合同，须上报项目经理审批，保证符合安全规定要求 ·对分包单位的资质等级、安全许可证和授权委托书、进行验证，对其能力和业绩及务工人员的安全意识和持证状况进行确认，并应安排专人对分包单位施工全过程的安全生产进行监控，并做好记录和资料积累 ·对施工过程中可能影响安全生产的因素进行控制，对施工过程、行为及设施进行检查、检验或验证，并做好记录，确保施工项目按安全生产的规章制度、操作规程和程序要求进行，对特殊关键施工过程，要落实监控人员、监控方式、措施并进行重点监控，必要时实施旁站监控 ·应对存在隐患的安全设施、过程和行为进行控制，并及时做出妥善处理，处理责任人 ·鉴定专控劳动保护用品、并监督其使用 ·由专人负责建立安全记录，按规定进行标识、编目、立卷和保管 ·必须为从事危险作业的人员办理人身意外伤害保险
生产计划部门	·安排生产计划时，须纳入安全计划、安全技术措施内容，合理安排并应有时间保证 ·检查月旬生产计划的同时，要检查安全措施的执行情况，发现隐患，及时处理 ·在排除生产障碍时，应贯彻"安全第一"的思想，同时消除不安全隐患，遇到生产与安全发生矛盾时，生产必须服从安全，不得冒险违章作业 ·对改善劳动条件的工程项目必须纳入生产计划，优先安排 ·加强对现场的场容场貌管理，做到安全生产，文明施工
安全管理部门	·严格按照国家有关安全技术规程、标准，编制审批项目安全施工组织设计等技术文件，将安全措施贯彻于施工组织设计、施工方案中 ·负责制定改善劳动条件、减轻劳动强度、消除噪声、治理尘毒等技术措施 ·对施工生产中的有关安全问题负责，解决其中的疑难问题，从技术措施上保证安全生产 ·负责对新工艺、新技术、新设备、新方法制定相应的安全措施和安全操作规程 ·负责编制安全技术教育计划，对员工进行安全技术教育 ·组织安全检查，对查出的隐患提出技术改进措施，并监督执行 ·组织伤亡事故和重大未遂事故的调查，对事故隐患原因提出技术改进措施
机械动力部门	·负责制定保证机、电、起重设备、锅炉、压力容器安全运行措施 ·经常检查安全防护装置及附件，是否齐全、灵敏、有效，并督促操作人员进行日常维护 ·对严重危及员工安全的机械设备，会同施工技术部门提出技术改进措施，并实施 ·检查新购进机械设备的安全防护装置，要求其必须齐全、有效，出厂合格证和技术资料必须完整，使用前还应制定安全操作规程 ·负责对机、电、起重设备的操作人员，锅炉、压力容器的运行人员定期培训、考核，并签发作业合格证，制止无证上岗 ·认真贯彻执行机、电、起重设备、锅炉、压力容器的安全规程和安全运行制度，对违章作业造成的事故应认真调查分析

续表

职能部门	主要职责
物资供应部门	• 施工生产使用的一切机具和附件等，采购时必须附有出厂合格证明，发放时必须符合安全要求，回收后必须检修 • 负责采购、保管、发放、回收劳动保护用品，并了解使用情况 • 采购的劳动保护用品，必须符合规格标准 • 对批准的安全设施所用的材料应纳入计划，及时供应
财务部门	• 按国家有关规定要求和实际需要，提取安全技术措施经费和其他劳保用品费用，专款专用 • 负责员工安全教育培训经费的拨付工作
保卫消防部门	• 会同有关部门对员工进行安全生产和防火教育 • 主动配合有关部门开展安全检查，消除事故苗头和隐患，重点抓好防火、防爆、防毒工作 • 对已发生的重大事故，会同有关部门组织抢救，并参与调查，查明性质，对破坏和破坏嫌疑事故负责追查处理

三、施工安全技术措施

施工安全技术措施是指在施工项目生产活动中，针对工程特点、施工现场环境、施工方法、劳动组织、作业使用的机械、动力设备、变配电设施、架设工具以及各项安全防护设施等制定的确保安全施工，保护环境，防止工伤事故和职业病危害，从技术上采取的预防措施。

施工安全技术措施应具有超前性、针对性、可靠性和可操作性。施工安全技术措施的主要内容见表 1—25 和 1—26。

表 1—25 施工准备阶段安全技术措施

	内容
技术准备	• 了解工程设计对安全施工的要求 • 调查工程的自然环境（水文、地质、气候、洪水、雷击等）和施工环境（粉尘、噪音、地下设施、管道和电缆的分布、走向等）对施工安全及施工对周围环境安全的影响 • 改扩建工程施工与建设单位使用、生产发生交叉，可能造成双方伤害时，双方应签订安全施工协议，搞好施工与生产的协调，明确双方责任，共同遵守安全事项 • 在施工组织设计中，编制切实可行、行之有效的安全技术措施，并严格履行审批手续，送安全部门备案
物资准备	• 及时供应质量合格的安全防护用品（安全帽、安全带、安全网等）满足施工需要 • 保证特殊工种（电工、焊工、爆破工、起重工等）使用工具器械质量合格，技术性能良好 • 施工机具、设备（起重机、卷扬机、电锯、平面刨、电气设备等）、车辆等需要经安全技术性能检测，鉴定合格，防护装置齐全，制动装置可靠，方可进厂使用 • 施工周转材料（脚手杆、扣件、跳板等）须经认真挑选，不符合安全要求禁止使用

续表

	内容
施工现场准备	• 按施工总平面图要求做好现场施工准备 • 现场各种临时设施、库房、，特别是炸药库、油库的布置，易燃易爆品存放都必须符合安全规定和消防要求，须经公安消防部门批准 • 电气线路、配电设备符合安全要求，有安全用电防护措施 • 场内道路通畅，设交通标志，危险地带设危险信号及禁止通行标志，保证行人、车辆通行安全 • 现场周围和陡坡，沟坑处设围栏、防护板，现场入口处设"无关人员禁止入内"的警示标志 • 塔吊等起重设备安置要与输电线路、永久或临设工程间有足够的安全距离，避免碰撞，以保证搭设脚手架、安全网的施工距离 • 现场设消防栓、有足够的有效的灭火器材、设施
施工队伍准备	• 总包单位及分包单位都应持有有关建设行政主管部门颁发的《建筑施工企业安全生产许可证》方可组织施工 • 新工人（包括农民工）、特殊工种工人须经岗位技术培训、安全教育后，持合格证上岗 • 高险难作业工人须经身体检查合格，具有安全生产资格，方可施工作业 • 特殊工种作业人员，必须持有《特种作业操作证》方可上岗

表1—26 施工阶段安全技术措施

	内容
一般工程	• 单项工程、单位工程均有安全技术措施，分部分项工程有安全技术具体措施，施工前由技术负责人向参加施工的有关人员进行安全技术交底，并应逐级签发和保存"安全交底任务单" • 安全技术应与施工生产技术统一，各项安全技术措施必须在相应的工序施工前落实好，如 • 根据基坑、基槽、地下室开挖深度、土质类别，选择开挖方法，确定边坡的坡度和采取的防止塌方的护坡支撑方案 • 脚手架、吊篮等选用及设计搭设方案和安全防护措施 • 高处作业的上下安全通道 • 安全网（平网、立网）的架设要求，范围（保护区域）、架设层次、段落 • 对施工电梯、井架（龙门架）等垂直运输设备的位置、搭设要求，稳定性、安全装置等要求 • 施工洞口的防护方法和主体交叉施工作业区的隔离措施 • 场内运输道路及人行通道的布置 • 在建工程与周围人行通道及民房的防护隔离措施 • 操作者严格遵守相应的操作规程，实行标准化作业 • 针对采用的新工艺、新技术、新设备、新结构制定专门的施工安全技术措施 • 在明火作业现场（焊接、切割、熬沥青等）有防火、防爆措施 • 考虑不同季节的气候对施工生产带来的不安全因素可能造成的各种突发性事故，从防护上、技术上、管理上有预防自然灾害的专门安全技术措施 • 夏季进行作业，应有防暑降温措施 • 雨季进行作业，应有防触电、防雷、防沉陷坍塌、防台风和防洪排水等措施 • 冬季进行作业，应有防风、防火、防冻、防滑和防煤气中毒等措施

续表

类别	内容
特殊工程	·对于结构复杂、危险性大的特殊工程,应编制单项的安全技术措施,如爆破、大型吊装、沉箱、沉井、烟囱、水塔、特殊架设作业,高层脚手架、井架等必须编制单项的安全技术措施 ·安全技术措施中应注明设计依据,并附有计算、详图和文字说明
拆除工程	·详细调查拆除工程结构特点、结构强度、电线线路、管道设施等现状,制定可靠的安全技术方案 ·拆除建筑物之前,在建筑物周围划定危险警戒区域,设立安全围栏,禁止无关人员进入作业现场 ·拆除工作开始前,先切断被拆除建筑物的电线、供水、供热、供煤气的通道 ·拆除工作应自上而下顺序进行,禁止数层同时拆除,必要时要对底层或下部结构进行加固 ·栏杆、楼梯、平台应与主体拆除程度配合进行,不能先行拆除 ·拆除作业工人应站在脚手架或稳固的结构部分上操作,拆除承重梁、柱之前应拆除其承重的全部结构,并防止其他部分坍塌 ·拆下的材料要及时清理运走,不得在旧楼板上集中堆放,以免超负荷 ·拆除建筑物内需要保留的部分或设备要事先搭好防护棚 ·一般不采用推倒方法拆除建筑物。必须采用推倒方法时,应采取特殊安全措施

四、安全教育

1. 安全教育的内容

安全教育的内容见表1—27。

表1—27 安全教育的内容

类别	内容
安全思想教育	·安全生产重要意义的认识,增强关心人、保护人的责任感教育 ·党和国家安全生产劳动保护方针、政策教育 ·安全与生产辩证关系教育 ·职业道德教育
安全纪律教育	·企业的规章制度、劳动纪律、职工守则 ·安全生产奖惩条例
安全知识教育	·施工生产一般流程,主要施工方法 ·施工生产危险区域及其安全防护的基本知识和安全生产注意事项 ·工种、岗位安全生产知识和注意事项 ·典型事故案例介绍与分析 ·消防器材使用和个人防护用品使用知识 ·事故、灾害的预防措施及紧急情况下的自救知识和现场保护、抢救知识
安全技能教育	·本岗位、工种的专业安全技能知识 ·安全生产技术、劳动卫生和安全操作规程
安全法制教育	·安全生产法律法规、行政法规 ·生产责任制度及奖罚条例

2. 安全教育制度

安全教育制度见表 1—28。

表 1—28 安全教育制度

类别	参加人	内容
新工人安全教育	新参加工作的合同工、临时工、学徒工、农民工、实习生、代培人员等	• 企业要进行安全生产、法律法规教育,主要学习《宪法》、《刑法》、《建筑法》、《消防法》等有关条款;国务院《关于加强安全生产工作的通知》、《建筑安装工程安全技术规程》等有关内容;行政主管部门发布的有关安全生产的规章制度;本企业的规章制度及安全注意事项 • 事故发生的一般规律及典型事故案例 • 预防事故的基本知识,急救措施 • 项目经理部还要重点教育 • 施工安全生产基本知识 • 本项目工程特点、施工条件、安全生产状况及安全生产制度 • 防护用品发放标准及防护用具使用的基本知识 • 施工现场中危险部位及防范措施 • 防火、防毒、防尘、防塌方、防爆知识及紧急情况下安全处置 和安全疏散知识 • 班组长应主持班组的安全教育 • 本班组、工种(特殊作业)作业特点和安全技术操作规程 • 班组安全活动制度及纪律和安全基本知识 • 爱护和正确使用安全防护装置(设施)及个人防护用品 • 本岗位易发生事故的不安全因素及防范措施 • 本岗位的作业环境及使用的机械设备、工具安全要求
特种作业人员安全教育	从事电气、锅炉司炉、压力容器、起重机械、焊接、爆破、车辆驾驶、轮机操作、船舶驾驶、登高架设、瓦斯检验等工种的操作人员以及从事尘毒危害作业人员	• 必须经国家规定的有关部门进行安全教育和安全技术培训,并经考核合格取得操作证者,方准独立作业,所持证件资格须按国家有关规定定期复审 • 一般的安全知识、安全技术教育 • 重点进行本工种、本岗位安全知识、安全生产技能的教育 • 重点进行尘毒危害的识别、防治知识、防治技术等方面安全教育
变换工种安全教育	改变工种或调换工作岗位的人员及从事新操作法的人员	• 改变工种安全教育时间不少于 4 小时,考核合格方可上岗 • 新工作岗位的工作性质、职责和安全知识 • 各种机具设备及安全防护设施的性能和作用 • 新工种、新操作法安全技术操作规程 • 新岗位容易发生事故及有毒有害的地方的注意事项和预防措施
各级干部安全教育	组织指挥生产的领导:项目经理、总工程师、技术负责人、施工队长、有关职能部门负责人	• 定期轮训,提高安全意识、安全管理水平和政策水平 • 熟悉掌握安全生产知识、安全技术业务知识、安全法规制度等 • 熟悉本岗位的安全生产责任职责 • 处理及调查工伤事故的规定、程序

五、安全检查与验收

（1）安全检查的形式与内容（见表1—29）

表1—29 安全检查形式和内容

检查形式	检查内容及检查时间	参加部门或人员
定期安全检查	总公司（主管局）每半年一次，普遍检查 工程公司（处）每季一次，普遍检查 工程队（车间）每月一次，普遍检查 元旦、春节、"五一"、"十一"前，普遍检查	由各级主管施工的领导、工长、班组长主持，安全技术部门或安全员组织，施工技术、劳动工资、机械动力、保卫、供应、行政福利等部门参加，工会、共青团配合
季节性安全检查	防传染病检查，一般在春季 防暑降温、防风、防汛、防雷、防触电、防倒塌、防淹溺检查，一般在夏季 防火检查，一般在防火期，全年 防寒、防冰冻检查，一般在冬季	由各级主管施工的领导、工长、班组长主持，安全技术部门或安全员组织，施工技术、劳动工资、机械动力、保卫、供应、行政福利等部门参加，工会、共青团配合
临时性安全检查	施工高峰期、机构和人员重大变动期、职工大批探亲前后、分散施工离开基地之前、工伤事故和险肇事故发生后，上级临时安排的检查	基本同上，或由安全技术部门主持
专业性安全检查	压力容器、焊接工具、起重设备、电气设备、高空作业、吊装、深坑、支模、拆除、爆破、车辆、易燃易爆、尘毒、噪声、辐射、污染等	由安全技术部门主持，安全管理人员及有关人员参加
群众性安全检查	安全技术操作、安全防护装置、安全防护用品、违章作业、违章指挥、安全隐患、安全纪律	由工长、班组长、安全员组成
安全管理检查	规划、制度、措施、责任制、原始记录、台账、图表、资料、表报、总结、分析、档案等以及安全网点和安全管理小组活动	由安全技术部门组织进行

（2）安全检查方法

常用安全问卷检查表法（见表1—30、表1—31）进行安全检查，即检查人员亲临现场，查看、量测、现场操作、化验、分析，逐项检查，并作检查记录保存。

表1—30 公司、项目经理部安全检查表

检查项目	检查内容	检查方法或要求	检查结果
安全生产制度	（1）安全生产管理制度是否健全并认真执行了？	制度健全，切实可行，进行了层层贯彻，各级主要领导人员和安全技术人员知道其主要条款	
	（2）安全生产责任制是否落实？	各级安全生产责任制落实到单位和部门；岗位安全生产责任制落实到人	
	（3）安全生产的"五同时"执行得如何？	在计划、布置、检查、总结、评比生产同时，计划、布置、检查、总结、评比安全生产工作	
	（4）安全生产计划编制、执行得如何？	计划编制切实、可行、完整、及时，贯彻得认真，执行有力	

续表

检查项目	检查内容	检查方法或要求	检查结果
	(5)安全生产管理机构是否健全，人员配备是否得当？	有领导、执行、监督机构，有群众性的安全网点活动，安全生产管理人员不缺员，没被抽出做其他工作	
安全教育	(6)新工人入厂三级教育是否坚持了？	有教育计划、有内容、有记录、有考试或考核	
	(7)特殊工种的安全教育坚持得如何？	有安排、有记录、有考试，合格者发操作证，不合格者进行了补课教育或停止操作	
	(8)改变工种和采用新技术等人员的安全教育情况怎样？	教育得及时，有记录、有考核	
	(9)对工人日常教育进行得怎样？	有安排、有记录	
	(10)各级领导干部和业务员是怎样进行安全教育的？	有安排、有记录	
安全技术	(11)有无完善的安全技术操作规程？	操作规程完善、具体、实用，不漏项、不漏岗、不漏人	
	(12)安全技术措施计划是否完善、及时？	单项、单位、分部分项工程都有安全技术措施计划，进行了安全技术交底	
	(13)主要安全设施是否可靠？	道路、管道、电气线路、材料堆放、临时设施等的平	
	(14)各种机具、机电设备是否安全可靠？	安全防护装置齐全、灵敏、闸阀、开关、插头、插座、手柄等均安全，不漏电；有避雷装置、有接地接零；起重设备有限位装置；保险设施齐全完好等	
	(15)防尘、防毒、防爆、防暑、防冻等措施妥否？	均达到了安全技术要求	
	(16)防火措施当否？	有消防组织，有完备的消防工具和设施，水源方便，道路畅通	
	(17)安全帽、安全带、安全网及其他防护用品和设施当否？	性能可靠，佩戴或搭设均符合要求	
安全检查	(18)安全检查制度是否坚持执行了？	按规定进行安全检查，有活动记录	
	(19)是否有违纪、违章现象？	发现违纪、违章，及时纠正或进行处理奖罚分明	
	(20)隐患处理得如何？	发现隐患，及时采取措施，并有信息反馈	
	(21)交通安全管理得怎样？	无交通事故，无违章、违纪、受罚现象	
安全业务工作	(22)记录、台账、资料、报表等管理得怎样？	齐全、完整、可靠	
	(23)安全事故报告及时否？	按"三不放过"原则处理事故，报告及时，无瞒报、谎报、拖报现象	

续表

检查项目	检查内容	检查方法或要求	检查结果
	（24）事故预测和分析工作是否开展了？	进行了事故预测，做事故一般分析和深入分析，运用了先进方法和工具	
	（25）竞赛、评比、总结等工作进行否？	按工作规划进行	

表1—31 班组安全检查表

检查项目	检查内容	检查方法或要求	检查结果
作业前检查	（1）班前安全生产会开了没有？	查安排、看记录、了解未参加人员的主要原因	
	（2）每周一次的安全活动坚持了没有？	同上，并有安全技术交底卡	
	（3）安全网点活动开展得怎样？	有安排、有分工、有内容、有检查、有记录、有小结	
	（4）岗位安全生产责任制是否落实？	知道责任制的主要内容，明确相互之间的配合关系，没有失职现象	
	（5）本工种安全技术操作规程掌握如何？	人人熟悉本工种安全技术操作规程，理解内容实质	
	（6）作业环境和作业位置是否清楚，并符合安全要求？	人人知道作业环境和作业地点，知道安全注意事项，环境和地点整洁，符合文明施工要求	
	（7）机具、设施准备得如何？	机具设备齐全可靠，摆放合理，使用方便，安全装置符合要求	
	（8）个人防护用品穿戴好了吗？	齐全、可靠、符合要求	
	（9）主要安全设施是否可靠？	进行了自检，没发现任何隐患，或有个别隐患，已经处理了	
	（10）有无其他特殊问题？	参加作业人员身体、情绪正常，没有发现穿高跟鞋、拖鞋、裙子等现象	
作业中检查	（11）有无违反安全纪律现象？	密切配合，不互相出难题；不能只顾自己，不顾他人；不互相打闹；不隐瞒隐患，强行作业；有问题及时报告等	
	（12）有无违章作业现象？	不乱摸乱动机具、设备；不乱触乱碰电气开关；不乱挪乱拿消防器材；不在易燃易爆物品附近吸烟；不乱丢抛料具和物件；不任意脱去个人防护用品；不私自拆除防护设施；不图省事而省略动作等	
	（13）有无违章指挥现象？	违章指挥出自何处何人，是执行了还是抵制了，抵制后又是怎样解决的等	
	（14）有无不懂、不会操作的现象？	查清作业人和作业内容	
	（15）有无故意违反技术操作现象？	查清作业人和作业内容	

续表

检查项目	检查内容	检查方法或要求	检查结果
作业后检查	（16）作业人员的特异反应如何？	对作业内容有无不适应的现象，作业人员身体、精神状态是否失常，是怎样处理的	
	（17）材料、物资整理没有？	清理有用品，清除无用品，堆放整齐	
	（18）料具和设备整顿没有？	归位还原，保持整洁，如放置在现场，要加强保护	
	（19）清扫工作做得怎样？	作业场地清扫干净，秩序井然，无零散物件，道路、路口畅通，照明良好，库上锁，门关严	
	（20）其他问题解决得如何？	如下班后人数清点没有，事故处理情况怎样，本班作业的主要问题是否报告和反映了等	

（3）安全检查评分方法

建筑施工安全检查标准》(JGJ59－2011)标准共分3章27条，其中一个检查评分汇总表，13个分项检查评分表，检查内容共有168个项目535条。最后以汇总表的总得分及保证项目达标与否，作为对一个施工现场安全生产情况的评价依据，分为优良、合格、不合格三个等级。

（4）施工安全验收制度

坚持"验收合格才能使用"原则进行施工安全验收，所有验收都必须进行记录并办理书面确认手续，否则无效。验收范围程序见表1—32。

表1—32 施工安全验收程序

验收范围	验收程序
脚手架杆件、扣件、安全网；安全帽、安全带、护目镜、防护面罩、绝缘手套、绝缘鞋等个人防护用品	• 应有出厂证明或验收合格的凭据 • 由项目经理、技术负责人、施工队长共同审验
各类脚手架、堆料架、井字架、龙门架、支搭的安全网、立网等	• 由项目经理或技术负责人申报支搭方案并牵头，会同工程和安全主管部门进行检查验收
临时电气工程设施	• 由安全主管部门牵头，会同电气工程师、项目经理、方案制定人、安全员进行检查验收
起重机械、施工用电梯	• 由安装单位和工地的负责人牵头，会同有关部门检查验收
中小型机械设备	• 由工地负责人和工长牵头，进行检查验收

(5) 隐患处理

1) 检查中发现的安全隐患应进行登记，作为整改的备查依据并进行安全动态分析。

2) 发现隐患应立即发出隐患整改通知单，对即发性事故隐患，检查人员应责令被查单位立即停工整改。

3) 对于违章指挥、违章作业行为，检查人员可以当场指出，立即纠正。

4) 受检单位领导对查出的安全隐患应立即研究制定整改方案。定人、定期限、定措施完成整改工作。

5) 整改完成后要及时通知有关部门派员进行复查验证，合格后可销案。

第4讲 施工安全法律法规要求及安全生产责任

一、建筑施工相关安全法律法规要求

1.《中华人民共和国建筑法》（以下简称《建筑法》）

《建筑法》于1997年11月1日第八届全国人民代表大会常务委员会第二十八次会议通过，自1998年3月1日起施行。《建筑法》以规范建筑市场行为为起点，以建设工程质量和安全为主线，为建筑业企业及其主管部门贯彻"安全第一、预防为主、综合治理"的方针，处理好建设行政主管部门和安全生产监察部门管理职责分工联系；处理好"扰民"和"民扰"关系；落实建设单位、设计单位、施工企业安全生产责任制；加强建筑施工的四个环节，即：施工前、施工作业、施工现场的安全管理、以及一旦发生事故如何处理；建立健全安全生产九项基本制度等做出了法律上的规定。

《建筑法》共有8章85条。主要设置了总则、建筑许可，建筑工程发包与承包、建筑工程监理、建筑安全生产管理、建筑工程质量管理、法律责任、附则等内容。《建筑法》确立了建筑活动的基本制度，即建筑许可制度、建筑工程发包与承包制度、建筑工程监理制度、建筑工程质量监督管理制度（包括竣工验收制度、质量保修制度、建筑工程质量责任制度）、建筑安全生产管理制度（其中包括安全生产责任制度、群防群治制度、教育培训制度、意外伤害保险制度、伤亡事故报告制度）、以及报建备案制度、建筑活动管理体制等。其中直接涉及建筑安全生产的主要有：

(1) 建筑许可制度。

建筑许可制度包括施工许可和从事建筑活动的单位和个人的资格许可。

1) 施工许可来自《建筑法》第七条规定："建筑工程开工前，建设单位应当按照国家有关规定向工程所在地县级以上人民政府建设行政主管部门申请领取施工许可证"。根据《安全生产许可证条例》，建筑施工企业未取得安全生产许可证的，不得从事生产活动，即不得颁发施工许可证。

2）从事建筑活动的单位的资格许可来自《建筑法》第十三条规定："从事建筑活动的建筑施工企业、勘察单位、设计单位和工程监理单位，按照其拥有的注册资本、专业技术人员、技术装备和已完成的建筑工程业绩等资质条件，划分为不同的资质等级，经资质审查合格，取得相应等级的资质证书后，方可在其资质等级许可的范围内从事建筑活动。"

《建筑业企业资质管理规定》（建设部 87 号令）明确规定：我国的建筑业企业资质分为施工总承包、专业承包和劳务分包三个序列。

获得施工总承包资质的企业，可以对工程实行施工总承包或者对主体工程实行施工承包。承担施工总承包的企业可以对所承接的工程全部自行施工，也可以将非主体工程或者劳务作业分包给具有相应专业承包资质或者劳务分包资质的其他建筑业企业。

获得专业承包资质的企业，可以承接施工总承包企业分包的专业工程或者建设单位按照规定发包的专业工程。专业承包企业可以对所承接的工程全部自行施工，也可以将劳务作业分包给具有相应劳务分包资质的劳务分包企业。

获得劳务分包资质的企业，可以承接施工总承包企业或者专业承包企业分包的劳务作业。

施工总承包资质、专业承包资质、劳务分包资质序列按照工程性质和技术特点分别划分为若干资质类别。其中，施工总承包被分为十二个资质类别，专业承包资质有六十个资质类别，而劳务分包则分为十三种类别，也就是说一共有八十五种资质类别。需要注意的是每个资质类别中的等级规定并不是相同的，有的分为特级、一级、二级、三级，有的只有后三种级别，有的却又不分级别。

我国对建筑业企业的资质等级申请采用的是行政审批制度：施工总承包序列特级和一级企业、专业承包序列一级企业资质经省级建设行政主管部门审核同意后，由国务院建设行政主管部门审批；施工总承包序列和专业承包序列二级及二级以下企业资质，由企业注册所在地省、自治区、直辖市人民政府建设行政主管部门审批；劳务分包序列企业资质由企业所在地省、自治区、直辖市人民政府建设行政主管部门审批。

3）建筑从业人员的个人资格许可，来自《建筑法》第十四条规定："从事建筑活动的专业技术人员，应当依法取得相应的执业资格证书，并在执业证书许可的范围内从事建筑活动。"即要通过国家任职资格考试、考核，由建设行政主管部门注册并颁发资格证书，方能从业。这些职业资格主要有：注册建筑师、注册结构工程师、注册监理工程师、注册造价工程师、注册房地产估价工程师、注册规划师、注册建造师以及法律、法规规定的其他人员。

建筑工程从业者资格证件，严禁出卖、转让、出借、涂改、伪造。违反上述规定的，将视具体情节，追究法律责任。

（2）建筑工程发包与承包制度。

建筑工程发包,是指建设单位或者招标代理单位通过招标方式将建筑工程的全部或者部分交由他人承包,并支付相应费用的行为。建筑工程承包,是指通过投标方式取得建筑工程的全部或者部分并收取相应费用而完成建筑工程的全部或者部分的行为。

实行建筑工程发包与承包的制度,一改传统的计划分配任务的体制,使建设单位通过市场竞争来选择建筑工程的承包者,《建筑法》规定了建筑工程发包与承包应当遵循的基本原则以及行为规范,如实行招投标发包,不得违法肢解发包建筑工程,总承包单位分包时须经建设单位认可,禁止承包单位将其承包的建筑工程转包给他人,禁止分包单位将其分包的工程再分包等等。

(3) 建筑安全生产管理制度。

《建筑法》对施工单位安全生产管理做出了十三项规定。它们是:

1) 建筑工程安全生产管理必须坚持"安全第一、预防为主"的方针,建立健全安全生产的责任制度和群防群治制度。

2) 建筑施工企业在编制施工组织设计时,应当根据建筑工程的特点制定相应的安全技术措施;对专业性较强的工程项目,应当编制专项安全施工组织设计,并采取安全技术措施。

3) 建筑施工企业应当在施工现场采取维护安全、防范危险、预防火灾等措施;有条件的,应当对施工现场实行封闭管理。施工现场对毗邻的建筑物、构筑物和特殊作业环境可能造成损害的,建筑施工企业应当采取安全防护措施。

4) 建筑施工企业应当遵守有关环境保护和安全生产的法律、法规的规定,采取控制和处理施工现场的各种粉尘、废气、废水、固体废物以及噪声、振动对环境的污染和危害的措施。

5) 建筑施工企业必须依法加强对建筑安全生产的管理,执行安全生产责任制度,采取有效措施,防止伤亡和其他安全生产事故的发生。建筑施工企业的法定代表人对本企业的安全生产负责。

6) 施工现场安全由建筑施工企业负责。实行施工总承包的,由总承包单位负责。分包单位向总承包单位负责,服从总承包单位对施工现场的安全生产管理。

7) 建筑施工企业应当建立健全劳动安全生产教育培训制度,加强对职工安全生产的教育培训;未经安全生产教育培训的人员,不得上岗作业。

8) 建筑施工企业和作业人员在施工过程中,应当遵守有关安全生产的法律、法规和建筑行业安全规章、规程,不得违章指挥或者违章作业。作业人员有权对影响人身健康的作业程序和作业条件提出改进意见,有权获得安全生产所需的防护用品。作业人员对危及生命安全和人身健康的行为有权提出批评、检举和控告。

9) 建筑施工企业必须为从事危险作业的职工办理意外伤害保险,支付保险费。

10) 房屋拆除应当由具备保证安全条件的建筑施工单位承包,由建筑施工单位负责人对安全负责。

11) 施工中发生事故时,建筑施工企业应当采取紧急措施减少人员伤亡和事故损失，并按照国家有关规定及时向有关部门报告。

12）建筑工程施工的质量必须符合国家有关建筑工程安全标准的要求。

13）建筑施工企业应当拒绝建设单位任何违反法律、行政法规和建筑工程质量、安全标准，降低工程质量的要求。

2.《中华人民共和国劳动法》（以下简称《劳动法》）

《劳动法》中涉及劳动保护安全生产的内容有：劳动安全卫生；女职工和未成年工特殊保护；社会保险与福利。在劳动安全卫生方面明确了用人单位的责任和义务、劳动者的权利和义务。规定用人单位必须建立、健全劳动安全卫生制度，严格执行国家劳动安全卫生规程和标准，对劳动者进行劳动安全卫生教育，防止劳动过程中的事故，减少职业危害。必须为劳动者提供符合国家规定的劳动安全卫生条件和必要的劳动保护用品，对从事有职业危害作业的劳动者应当定期进行健康检查。从事特种作业的劳动者必须经过专门培训并取得特种作业资格。

规定劳动者在劳动过程中必须严格遵守安全操作规程。劳动者对用人单位管理人员的违章指挥、强令冒险作业，有权拒绝执行；对危害生命安全和身体健康的行为，有权提出批评、检举和控告。

劳动法还强调劳动安全卫生设施必须符合国家规定的标准。新建、改建、扩建工程的劳动安全卫生设施必须与主体工程同时设计、同时施工、同时投入生产和使用，即"三同时"制度。

3.《中华人民共和国安全生产法》（以下简称《安全生产法》）

《安全生产法》是我国第一部安全生产综合性法律，以规范生产经营单位的安全生产为重点，以强化安全生产监督执法为手段，立足于事故预防，突出了安全生产基本法律制度建设，是各类生产经营单位及其从业人员实现安全生产所必须遵循的法律规范，是各级人民政府和各有关部门进行监督管理和行政执法的法律依据，是制裁各种安全生产违法犯罪的法律武器。

（1）安全生产的运行机制。

《安全生产法》在其总则中，规定了国家保障安全生产的运行机制，包括如下五个方面：政府监管与指导（通过立法、执法、监管等手段）；企业实施与保障（落实预防、应急救援和事后处理等措施）；员工权益与自律（八项权益和三项义务）；社会监督与参与（公民、工会、舆论和社区监督）；中介支持与服务（通过技术支持和咨询服务等方式）。

（2）安全生产监管体制。

《安全生产法》明确了我国现阶段实行的国家安全生产监管体制是：国家安全生产综合监管与各级政府有关职能部门（公安消防、公安交通、煤矿监察、建筑、交通运输、质量技术监督、工商行政管理）专项监管相结合的体制。有关部门合理分工、相互协调，相应地表明了我国安全生产法的执法主体是国家安全生产综合管理部门和相应的专门监管部门。

（3）安全生产的七项基本法律制度。

《安全生产法》确定了我国安全生产的七项基本法律制度：安全生产监督管理制度；生产经营单位安全保障制度；从业人员安全生产权利义务制度；生产经营单位负责人安全责任制度；安全中介服务制度；安全生产责任追究制度；事故应急救援和处理制度。

（4）安全生产的三大对策体系。

《安全生产法》指明了实现我国安全生产的三大对策体系：

首先是事前预防对策体系，即要求生产经营单位建立安全生产责任制，坚持"三同时"，保证安全机构及专业人员落实安全投入、进行安全培训、实行危险源管理、进行项目安全评价、推行安全设备管理、落实现场安全管理、严格交叉作业管理、实施高危作业安全管理、保证承包租赁安全管理、落实工伤保险等。同时，加强政府监管，发动社会监督，推行中介技术支持等，都是预防策略。

第二是事中应急救援体系，要求政府建立行政区域内的重大安全事故救援体系，制定社区事故应急救援预案；要求生产经营单位进行危险源的预控，制定事故应急救援预案等。

第三是建立事后处理对策系统，包括推行严密的事故处理及严格的事故报告制度，实施事故后的行政责任追究制度，强化事故经济处罚，明确事故刑事责任追究等。

（5）生产经营单位负责人的安全生产责任。

《安全生产法》对生产经营单位负责人的安全生产责任作了专门的规定：建立健全安全生产责任制；组织制定安全生产规章制度和操作规程；保证安全生产投入；督促检查安全生产工作，及时消除生产安全事故隐患；组织制定并实施生产安全事故应急救援预案；及时如实报告生产安全事故。

（6）从业人员的权利和义务。

1）《安全生产法》明确了从业人员的权利和义务。其中权利包括如下八种：

①知情权，即有权了解其作业场所和工作岗位存在的危险因素、防范措施和事故应急措施；

②建议权，即有权对本单位的安全生产工作提出建议；

③批评权和检举、控告权，即有权对本单位安全生产管理工作中存在的问题提出批评、检举、控告；

④拒绝权，即有权拒绝违章作业指挥和强令冒险作业；

⑤紧急避险权，即发现直接危及人身安全的紧急情况时，有权停止作业或者在采取可能的应急措施后撤离作业场所；

⑥依法向本单位提出要求赔偿的权利；

⑦获得符合国家标准或者行业标准劳动防护用品的权利；

⑧获得安全生产教育和培训的权利。

2）从业人员的义务为以下三种：

①自律遵规的义务，即从业人员在作业过程中，应当遵守本单位的安全生产规

章制度和操作规程，服从管理，正确佩戴和使用劳动防护用品；

②自觉学习安全生产知识的义务，要求掌握本职工作所需的安全生产知识，提高安全生产技能，增强事故预防和应急处理能力；

③危险报告义务，即发现事故隐患或者其他不安全因素时，应当立即向现场安全生产管理人员或者本单位负责人报告。

（7）安全生产的四种监督方式。

《安全生产法》以法定的方式，明确规定了我国安全生产的四种监督方式：第一是工会民主监督，即工会有权对建设项目的安全设施与主体工程同时设计、同时施工、同时投入生产和使用的情况进行监督，提出意见；第二是社会舆论监督，即新闻、出版、广播、电影、电视等单位有对违反安全生产法律、法规的行为进行舆论监督的权利；第三是公众举报监督，即任何单位或者个人对事故隐患或者安全生产违法行为，均有权向负有安全生产监督管理职责的部门报告或者举报；第四是社区报告监督，即居民委员会、村民委员会发现其所在区域内的生产经营单位存在事故隐患或者安全生产违法行为时，有权向当地人民政府或者有关部门报告。

（8）国家安全监督检查人员的职权和义务。

国家有关安全生产监管部门的安全监督检查人员具有以下三项职权：第一是现场调查取证权，即安全生产监督检查人员可以进入生产经营单位进行现场调查，单位不得拒绝，有权向被检查单位调阅资料，向有关人员（负责人、管理人员、技术人员）了解情况。第二是现场处理权，即对安全生产违法作业当场纠正权；对现场检查出的隐患，责令限期改正、停产停业或停止使用的职权；责令紧急避险权和依法行政处罚权。第三是查封、扣押行政强制措施权，其对象是安全设施、设备、器材、仪表等；依据是不符合国家或行业安全标准；条件是必须按程序办事、有足够证据、经部门负责人批准、通知被查单位负责人到场、登记记录等，并必须在15日内作出决定。

《安全生产法》除规定了安全监管部门和监督检查人员的权利外，还明确了其要求和应尽的义务：一是审查、验收禁止收取费用；二是禁止要求被审查、验收的单位购买指定产品；三是必须遵循忠于职守、坚持原则、秉公执法的执法原则；四是监督检查时须出示有效的监督执法证件；五是对检查单位的技术秘密、业务秘密尽到保密之义务。

（9）安全生产违法责任。

《安全生产法》明确了对相应违法行为的处罚方式：对政府监督管理人员有降级、撤职的行政处罚；对政府监督管理部门有责令改正、责令退还违法收取的费用的处罚；对中介机构有罚款、第三方损失连带赔偿、撤销机构资格的处罚；对生产经营单位有责令限期改正、停产停业整顿、经济罚款、责令停止建设、关闭企业、吊销其有关证照、连带赔偿等处罚；对生产经营单位负责人有行政处分、个人经济罚款、限期不得担任生产经营单位的主要负责人、降职、撤职、处15日以下拘留等处罚；对从业人员有批评教育、依照有关规章制度给予处分的处罚。无论任何人，造成严重后果，构成犯罪的，依照刑法有关规定追究刑事责任。

4.《建设工程安全生产管理条例》（国务院第 393 号令）

《建设工程安全生产管理条例》（以下简称《条例》）是在《建筑法》、《安全生产法》颁布实施后制定的第一部在建设工程安全生产方面的配套性行政法规，是针对工程建设中存在：建设各方主体安全责任不够明确，建设工程安全生产投入不足，监督管理制度不健全以及安全生产事故应急救援制度不健全而制定的。

（1）确立了建设工程安全生产的基本管理制度。

《条例》明确了政府部门的安全生产监管制度，包括依法批准开工报告的建设工程和拆除工程备案制度；三类人员考核任职制度；特种作业人员持证上岗制度；施工起重机械使用登记制度；政府安全监督检查制度；危及施工安全的工艺、设备、材料淘汰制度；生产安全事故报告制度。同时，补充和完善了市场准入制度中施工企业资质和施工许可制度，明确规定安全生产条件作为施工企业资质必要条件，把住安全准入关。发放施工许可证时，对建设工程是否有安全施工措施进行审查把关，没有安全施工措施的，不得颁发施工许可证。

《条例》进一步明确了《建筑法》对施工企业的五项安全生产管理制度的规定，即安全生产责任制度、群防群治制度、安全生产教育培训制度、意外伤害保险制度、伤亡事故报告制度。同时，《条例》还增加了专项施工方案专家论证审查制度、施工现场消防安全责任制度、生产安全事故应急救援制度等。

《条例》对建设、勘察、设计、监理等单位也根据其特点规定了相应的安全生产管理制度。

（2）规定了建设活动各方主体的安全责任及相应的法律责任。

《条例》明确规定了建设活动各方主体应当承担的安全生产责任，即建设单位、施工单位、工程监理单位、勘察设计单位、设备材料供应单位、机械设备租赁单位。起重机械和整体提升脚手架、模板的安装、拆卸单位等其他有关单位在建设活动中应当承担的安全责任，以及在建设活动中的违法行为应当承担的法律责任。

（3）明确了建设工程安全生产监督管理体制。

国务院负责安全生产监督管理的部门（国家安全生产监督管理总局）依照《安全生产法》的规定，对全国建设工程安全生产工作实施综合监督管理，对安全生产工作进行指导、协调和监督。国务院建设行政主管部门（建设部）对全国的建设工程安全生产实施监督管理，国务院有关部门按照国务院规定的职责分工，负责有关专业建设工程安全生产的监督管理，其监督管理主要体现在结合行业特点制定相关的规章制度和标准并实施行政监管上。形成统一管理与分级管理、综合管理与专门管理相结合的管理体制，分工负责、各司其职、相互配合，共同做好安全生产监督管理工作。

（4）明确了建立生产安全事故的应急救援预案制度。

建设行政主管部门应当根据本级人民政府的要求，制定本行政区域内建设工程特大生产安全事故应急救援预案。

施工单位应当制定本单位生产安全事故应急救援预案,建立应急救援组织或者配备应急救援人员,配备必要的应急救援器材、设备,并定期组织演练。同时,施工单位应当制定施工现场生产安全事故应急救援预案。实行施工总承包的,由总承包单位统一组织编制建设工程生产安全事故应急救援预案,工程总承包单位和分包单位按照应急救援预案,各自建立应急救援组织或者配备应急救援人员,配备救援器材、设备,并定期组织演练。

5.《安全生产许可证条例》(国务院第 397 号令)

2004 年 1 月 13 日发布的《安全生产许可证条例》是针对安全生产高危行业市场准入的一项制度,即国家对矿山企业、建筑施工企业和危险化学品、烟花爆竹、民用爆破器材生产企业实行安全生产许可制度。企业未取得安全生产许可证的,不得从事生产活动。该条例中明确了企业取得安全生产许可证,应当具备的十三项安全生产条件:

(1) 建立、健全安全生产责任制,制定完备的安全生产规章制度和操作规程;

(2) 安全投入符合安全生产要求;

(3) 设置安全生产管理机构,配备专职安全生产管理人员;

(4) 主要负责人和安全生产管理人员经考核合格;

(5) 特种作业人员经有关业务主管部门考核合格,取得特种作业操作资格证书;

(6) 从业人员经安全生产教育和培训合格;

(7) 依法参加工伤保险,为从业人员缴纳保险费;

(8) 厂房、作业场所和安全设施、设备、工艺符合有关安全生产法律、法规、标准和规程的要求;

(9) 有职业危害防治措施,并为从业人员配备符合国家标准或者行业标准的劳动防护用品;

(10) 依法进行安全评价;

(11) 有重大危险源检测、评估、监控措施和应急预案;

(12) 有生产安全事故应急救援预案、应急救援组织或者应急救援人员,配备必要的应急救援器材、设备;

(13) 法律、法规规定的其他条件。

6.《建筑安全生产监督管理规定》(建设部第 13 号令)

该规定指出:建筑安全生产监督管理,应当根据"管生产必须管安全"的原则,贯彻"预防为主"的方针,依靠科学管理和技术进步,推动建筑安全生产工作的开展,控制人身伤亡事故的发生。

该规定明确了各级建设行政主管部门的安全生产监督管理工作的内容和职责。

7.《建设工程施工现场管理规定》(建设部第 15 号令)

该规定指出:建设工程开工实行施工许可证制度;规定了施工现场实行封闭式管理、文明施工;任何单位和个人,要进入施工现场开展工作,必须经主管部门的同意。该规定还对施工现场的环境保护提出了明确的要求。

8.《建设工程质量管理条例》（国务院第 279 号令）

为了加强对建设工程质量的管理，保证建设工程质量，保护人民生命和财产安全，2000 年 1 月 30 日国务院发布了《建设工程质量管理条例》。该条例进一步明确了建设工程质量管理的四项基本制度以及其他规定。

（1）建设工程质量管理的四项基本制度。

1）工程质量监督管理制度。建设工程质量必须实行政府监督管理。政府对工程质量的监督管理主要以保证工程使用安全和环境质量为主要目的，以法律、法规和强制性标准为依据，以地基基础、主体结构、环境质量和与此有关的工程建设各方主体的质量行为为主要内容，以施工许可制度和竣工验收备案制度为主要手段。

2）工程竣工验收备案制度。该项制度是加强政府监督管理，防止不合格工程流向社会的一个重要手段。结合《建设工程质量管理条例》和《房屋建筑工程和市政基础设施工程竣工验收备案管理暂行办法》（2000 年 4 月 4 日建设部令第 78 号发布）的有关规定，建设单位应当在工程竣工验收合格后的 15 日内到县级以上人民政府建设行政主管部门或其他有关部门备案。

建设单位办理工程竣工验收备案应提交：工程竣工验收备案表；工程竣工验收报告；规划、公安消防、环保等部门出具的认可文件或者准许使用文件；施工单位签署的工程质量保修书；法规、规章规定必须提供的其他文件；商品住宅还应当提交《住宅质量保证书》和《住宅使用说明书》。

3）工程质量事故报告制度。建设工程发生质量事故后，有关单位应当在 24 小时内向当地建设行政主管部门和其他有关部门报告。对重大质量事故，事故发生地的建设行政主管部门和其他有关部门应当按照事故类别和等级向当地人民政府和上级建设行政主管部门和其他有关部门报告。

4）工程质量检举、控告、投诉制度。《建筑法》与《建设工程质量管理条例》均明确：任何单位和个人对建设工程的质量事故、质量缺陷都有权检举、控告、投诉。工程质量检举、控告、投诉制度是为了更好地发挥群众监督和社会舆论监督的作用，是保证建设工程质量的一项有效措施。

（2）施工单位的质量责任和义务。

《建设工程质量管理条例》第四章明确了施工单位的质量责任和义务。

1）施工单位应当依法取得相应资质等级的证书，并在其资质等级许可的范围内承揽工程。

2）施工单位不得转包或违法分包工程。

3）总承包单位与分包单位对分包工程的质量承担连带责任。

4）施工单位必须按照工程设计图纸和施工技术标准施工，不得擅自修改工程设计，不得偷工减料。

5）施工单位必须按照工程设计要求、施工技术标准和合同约定，对建筑材料、建筑构配件、设备和商品混凝土进行检验，未经检验或检验不合格的，不得使用。

6）施工人员对涉及结构安全的试块、试件以及有关材料，应在建设单位或工程监理单位监督下现场取样，并送具有相应资质等级的质量检测单位进行检测。

7）建设工程实行质量保修制度，承包单位应履行保修义务。

（3）建设工程质量保修。

建设工程质量保修制度是指建设工程在办理竣工验收手续后，在规定的保修期限内，因勘察、设计、施工、材料等原因造成的质量缺陷，应当由施工承包单位负责维修、返工或更换，由责任单位负责赔偿损失。建设工程实行质量保修制度是落实建设工程质量责任的重要措施。质量保修的规定主要有以下几方面内容。

1）建设工程承包单位在向建设单位提交竣工验收报告时，应当向建设单位出具质量保修书。质量保修书中应当明确建设工程的保修范围、保修期限和保修责任等。保修范围和正常使用条件下的最低保修期限为：

①基础设施工程、房屋建筑的地基基础工程和主体结构工程，为设计文件规定的该工程的合理使用年限；

②屋面防水工程、有防水要求的卫生间、房间和外墙面的防渗漏，为5年；

③供热与供冷系统，为2个采暖期、供冷期；

④电气管线、给排水管道、设备安装和装修工程，为2年。

其他项目的保修期限由发包方与承包方约定。建设工程的保修期，自竣工验收合格之日起计算。因使用不当或者第三方造成的质量缺陷，以及不可抗力造成的质量缺陷，不属于法律规定的保修范围。

2）建设工程在保修范围和保修期限内发生质量问题的，施工单位应当履行保修义务，并对造成的损失承担赔偿责任。

二、建筑施工企业的安全生产责任

1.建设单位安全责任

（1）建设单位在工程建设中处于主导地位，用法律手段规范建设单位的行为，对加强工程建设的安全生产管理十分必要，《建设工程安全生产管理条例》（以下简称《条例》），在第二章中明确规定了建设单位在工程建设中应承担的安全责任与应履行的义务。

（2）建设单位应当向施工单位提供施工现场及毗邻区域内供水、排水、供电、供气、供热、通信、广播电视等地下管线资料，气象和水文观测资料，相邻建筑物和构筑物、地下工程的有关资料，并保证资料的真实、准确、完整。建设单位因建设工程需要，向有关部门或者单位查询前款规定的资料时，有关部门或者单位应当及时提供。

（3）建设单位不得对勘察、设计、施工、工程监理等单位提出不符合建设工程安全生产法律、法规和强制性标准规定的要求，不得压缩合同约定的工期。

（4）建设单位在编制工程概算时，应当确定建设工程安全作业环境及安全施工措施所需费用。

(5) 建设单位不得明示或者暗示施工单位购买、租赁、使用不符合安全施工要求的安全防护用具、机械设备、施工机具及配件、消防设施和器材。

(6) 建设单位在申请领取施工许可证时，应当提供建设工程有关安全施工措施的资料。依法批准开工报告的建设工程，建设单位应当自开工报告批准之日起15日内，将保证安全施工的措施报送建设工程所在地的县级以上地方人民政府建设行政主管部门或者其他有关部门备案。

建设单位申请领取施工许可证，应当具备下列条件，并提交相应的证明文件：

1) 已经办理该建筑工程用地批准手续；

2) 在城市规划区的建筑工程，已经取得规划许可证；

3) 施工现场已经基本具备施工条件，需要拆迁的，其拆迁进度符合施工要求；

4) 已经确定建筑施工企业。按照规定应该招标的工程没有招标，应该公开招标的工程没有公开招标，或者肢解发包工程，以及将工程发包给不具备相应资质条件的，所确定的施工企业无效；

5) 有满足施工需要的施工图纸及技术资料，施工图设计文件已按规定进行了审查；

6) 有保证工程质量和安全的具体措施。施工企业编制的施工组织设计中有根据建筑工程特点制定的相应质量、安全技术措施，专业性较强的工程项目编制的专项质量、安全施工组织设计，并按照规定办理了工程质量、安全监督手续；

7) 按照规定应该委托监理的工程已委托监理；

8) 建设资金已经落实。建设工期不足一年的，到位资金原则上不得少于工程合同价的50%，建设工期超过一年的，到位资金原则上不得少于工程合同价的30%。建设单位应当提供银行出具的到位资金证明，有条件的可以实行银行付款保函或者其他第三方担保；

9) 法律、行政法规规定的其他条件。

(7) 建设单位应当将拆除工程发包给具有相应资质等级的施工单位。建设单位应当在拆除工程施工15日前，将下列资料报送建设工程所在地的县级以上地方人民政府建设行政主管部门或者其他有关部门备案：

1) 施工单位资质等级证明；

2) 拟拆除建筑物、构筑物及可能危及毗邻建筑的说明；

3) 拆除施工组织方案；

4) 堆放、清除废弃物的措施。

(8) 实施爆破作业的，应当遵守国家有关民用爆炸物品管理的规定。

2.勘察、设计单位安全责任

(1) 勘察单位应当按照法律、法规和工程建设强制性标准进行勘察，提供的勘察文件应当真实、准确，满足建设工程安全生产的需要。

勘察单位在勘察作业时，应当严格执行操作规程，采取措施保证各类管线、设施和周边建筑物、构筑物的安全。

(2)设计单位应当按照法律、法规和工程建设强制性标准进行设计,防止因设计不合理导致生产安全事故的发生。

设计单位应当考虑施工安全操作和防护的需要,对涉及施工安全的重点部位和环节在设计文件中注明,并对防范生产安全事故提出指导意见。

采用新结构、新材料、新工艺的建设工程和特殊结构的建设工程,设计单位应当在设计中提出保障施工作业人员安全和预防生产安全事故的措施建议。

设计单位和注册建筑师等注册执业人员应当对其设计负责。

(3)建筑工程设计应当符合按照国家规定制定的建筑安全规程和技术规范,保证工程的安全性能。

设计单位的工程设计文件对保证建筑结构安全非常重要。同时,设计单位在编制设计文件时,应当结合建设工程的具体特点和实际情况,考虑施工安全操作和防护的需要,为施工单位制定安全防护措施提供技术指导。

施工单位在施工过程中,发现设计文件无法满足安全防护和施工安全的问题时,应及时提出,设计单位有责任和义务无偿地修改设计文件。

3.监理单位安全责任

工程监理单位应当审查施工组织设计中的安全技术措施或者专项施工方案是否符合工程建设强制性标准。

工程监理单位在实施监理过程中,发现存在安全事故隐患的,应当要求施工单位整改;情况严重的,应当要求施工单位暂时停止施工,并及时报告建设单位。施工单位拒不整改或者不停止施工的,工程监理单位应当及时向有关主管部门报告。

工程监理单位和监理工程师应当按照法律、法规和工程建设强制性标准实施监理,并对建设工程安全生产承担监理责任。

4.施工设备供应和安装单位安全责任

(1)为建设工程提供机械设备和配件的单位,应当按照安全施工的要求配备齐全有效的保险、限位等安全设施和装置。

(2)出租的机械设备和施工机具及配件,应当具有生产(制造)许可证、产品合格证。出租单位应当对出租的机械设备和施工机具及配件的安全性能进行检测,在签订租赁协议时,应当出具检测合格证明。禁止出租检测不合格的机械设备和施工机具及配件。

(3)在施工现场安装、拆卸施工起重机械和整体提升脚手架、模板等自升式架设设施,必须由具有相应资质的单位承担。

安装、拆卸施工起重机械和整体提升脚手架、模板等自升式架设设施,应当编制拆装方案、制定安全施工措施,并由专业技术人员现场监督。

施工起重机械和整体提升脚手架、模板等自升式架设设施安装完毕后,安装单位应当自检,出具自检合格证明,并向施工单位进行安全使用说明,办理验收手续并签字。

(4)施工起重机械和整体提升脚手架、模板等自升式架设设施的使用达到国家规定的检验检测期限的,必须经具有专业资质的检验检测机构检测。经检测不合格的,不得继续使用。

(5)检验检测机构对检测合格的施工起重机械和整体提升脚手架、模板等自升式架设设施,应当出具安全合格证明文件,并对检测结果负责。

5.施工单位安全责任

(1)施工单位从事建设工程的新建、扩建、改建和拆除等活动,应当具备国家规定的注册资本、专业技术人员、技术装备和安全生产等条件,依法取得相应等级的资质证书,并在其资质等级许可的范围内承揽工程。

(2)承包建筑工程的单位应当持有依法取得的资质证书,并在其资质等级许可的业务范围内承揽工程。禁止建筑施工企业超越本企业资质等级许可的业务范围或者以任何形式用其他建筑施工企业的名义承揽工程。禁止建筑施工企业以任何形式允许其他单位或者个人使用本企业的资质证书、营业执照,以本企业的名义承揽工程。

(3)生产经营单位应当具备本法和有关法律、行政法规和国家标准或者行业标准规定的安全生产条件;不具备安全生产条件的,不得从事生产经营活动。施工单位从事建设工程活动,不得违反这一原则规定。

(4)施工单位主要负责人依法对本单位的安全生产工作全面负责。施工单位应当建立健全安全生产责任制度和安全生产教育培训制度,制定安全生产规章制度和操作规程,保证本单位安全生产条件所需资金的投入,对所承担的建设工程进行定期和专项安全检查,并做好安全检查记录。

施工单位的项目负责人应当由取得相应执业资格的人员担任,对建设工程项目的安全施工负责,落实安全生产责任制度、安全生产规章制度和操作规程,确保安全生产费用的有效使用,并根据工程的特点组织制定安全施工措施,消除安全事故隐患,及时、如实报告生产安全事故。

(5)施工单位对列入建设工程概算的安全作业环境及安全施工措施所需费用,应当用于施工安全防护用具及设施的采购和更新、安全施工措施的落实、安全生产条件的改善,不得挪作他用。

(6)施工单位应当设立安全生产管理机构,配备专职安全生产管理人员。

专职安全生产管理人员负责对安全生产进行现场监督检查。发现安全事故隐患,应当及时向项目负责人和安全生产管理机构报告;对违章指挥、违章操作的,应当立即制止。专职安全生产管理人员的配备办法由国务院建设行政主管部门会同国务院其他有关部门制定。

(7)建设工程实行施工总承包的,由总承包单位对施工现场的安全生产负总责。总承包单位应当自行完成建设工程主体结构的施工。

(8)总承包单位依法将建设工程分包给其他单位的,分包合同中应当明确各自的安全生产方面的权利、义务。总承包单位和分包单位对分包工程的安全生产承担连带责任。

分包单位应当服从总承包单位的安全生产管理，分包单位不服从管理导致生产安全事故的，由分包单位承担主要责任。

垂直运输机械作业人员、安装拆卸工、爆破作业人员、起重信号工、登高架设作业人员等特种作业人员，必须按照国家有关规定经过专门的安全作业培训，并取得特种作业操作资格证书后，方可上岗作业。

（9）施工单位应当在施工组织设计中编制安全技术措施和施工现场临时用电方案，对下列达到一定规模的危险性较大的分部分项工程编制专项施工方案，并附具安全验算结果，经施工单位技术负责人、总监理工程师签字后实施，由专职安全生产管理人员进行现场监督：

1）基坑支护与降水工程；
2）土方开挖工程；
3）模板工程；
4）起重吊装工程；
5）脚手架工程；
6）拆除、爆破工程；
7）国务院建设行政主管部门或者其他有关部门规定的其他危险性较大的工程。

对前款所列工程中涉及深基坑、地下暗挖工程、高大模板工程的专项施工方案，施工单位还应当组织专家进行论证、审查。

本条第一款规定的达到一定规模的危险性较大工程的标准，由国务院建设行政主管部门会同国务院其他有关部门制定。

（10）建设工程施工前，施工单位负责项目管理的技术人员应当对有关安全施工的技术要求向施工作业班组、作业人员作出详细说明，并由双方签字确认。

（11）施工单位应当在施工现场入口处、施工起重机械、临时用电设施、脚手架、出入通道口、楼梯口、电梯井口、孔洞口、桥梁口、隧道口、基坑边沿、爆破物及有害危险气体和液体存放处等危险部位，设置明显的安全警示标志。安全警示标志必须符合国家标准。

施工单位应当根据不同施工阶段和周围环境及季节、气候的变化，在施工现场采取相应的安全施工措施。施工现场暂时停止施工的，施工单位应当做好现场防护，所需费用由责任方承担，或者按照合同约定执行。

（12）施工单位应当将施工现场的办公、生活区与作业区分开设置，并保持安全距离；办公、生活区的选址应当符合安全性要求。职工的膳食、饮水、休息场所等应当符合卫生标准。施工单位不得在尚未竣工的建筑物内设置员工集体宿舍。

施工现场临时搭建的建筑物应当符合安全使用要求。施工现场使用的装配式活动房屋应当具有产品合格证。

（13）施工单位对因建设工程施工可能造成损害的毗邻建筑物、构筑物和地下管线等，应当采取专项防护措施。

施工单位应当遵守有关环境保护法律、法规的规定，在施工现场采取措施，防止或者减少粉尘、废气、废水、固体废物、噪声、振动和施工照明对人和环境的危害和污染。

在城市市区内的建设工程，施工单位应当对施工现场实行封闭围挡。

（14）施工单位应当在施工现场建立消防安全责任制度，确定消防安全责任人，制定用火、用电、使用易燃易爆材料等各项消防安全管理制度和操作规程，设置消防通道、消防水源，配备消防设施和灭火器材，并在施工现场入口处设置明显标志。

（15）施工单位应当向作业人员提供安全防护用具和安全防护服装，并书面告知危险岗位的操作规程和违章操作的危害。

作业人员有权对施工现场的作业条件、作业程序和作业方式中存在的安全问题提出批评、检举和控告，有权拒绝违章指挥和强令冒险作业。

在施工中发生危及人身安全的紧急情况时，作业人员有权立即停止作业或者在采取必要的应急措施后撤离危险区域。

（16）作业人员应当遵守安全施工的强制性标准、规章制度和操作规程，正确使用安全防护用具、机械设备等。

（17）施工单位采购、租赁的安全防护用具、机械设备、施工机具及配件，应当具有生产（制造）许可证、产品合格证，并在进入施工现场前进行查验。

施工现场的安全防护用具、机械设备、施工机具及配件必须由专人管理，定期进行检查、维修和保养，建立相应的资料档案，并按照国家有关规定及时报废。

（18）施工单位在使用施工起重机械和整体提升脚手架、模板等自升式架设设施前，应当组织有关单位进行验收，也可以委托具有相应资质的检验检测机构进行验收；使用承租的机械设备和施工机具及配件的，由施工总承包单位、分包单位、出租单位和安装单位共同进行验收。验收合格的方可使用。

《特种设备安全监察条例》规定的施工起重机械，在验收前应当经有相应资质的检验检测机构监督检验合格。

施工单位应当自施工起重机械和整体提升脚手架、模板等自升式架设设施验收合格之日起30日内，向建设行政主管部门或者其他有关部门登记。登记标志应当置于或者附着于该设备的显著位置。

（19）施工单位的主要负责人、项目负责人、专职安全生产管理人员应当经建设行政主管部门或者其他有关部门考核合格后方可任职。

施工单位应当对管理人员和作业人员每年至少进行一次安全生产教育培训，其教育培训情况记入个人工作档案。安全生产教育培训考核不合格的人员，不得上岗。

（20）作业人员进入新的岗位或者新的施工现场前，应当接受安全生产教育培训。未经教育培训或者教育培训考核不合格的人员，不得上岗作业。

施工单位在采用新技术、新工艺、新设备、新材料时，应当对作业人员进行相应的安全生产教育培训。

（21）施工单位应当为施工现场从事危险作业的人员办理意外伤害保险。意外伤害保险费由施工单位支付。实行施工总承包的，由总承包单位支付意外伤害保险费。意外伤害保险期限自建设工程开工之日起至竣工验收合格止。

（22）建筑业企业资质分为施工总承包、专业承包和劳务分包三个序列。

获得施工总承包资质的企业，可以对工程实行施工总承包或者对主体工程实行施工承包。承担施工总承包的企业可以对所承接的工程全部自行施工，也可以将非主体工程或者劳务作业分包给具有相应专业承包资质或者劳务分包资质的其它建筑业企业。

获得专业承包资质的企业，可以承接施工总承包企业分包的专业工程或者建设单位按照规定发包的专业工程。专业承包企业可以对所承接的工程全部自行施工，也可以将劳务作业分包给具有相应劳务分包资质的劳务分包企业。

获得劳务分包资质的企业，可以承接施工总承包企业或者专业承包企业分包的劳务作业。

6.施工单位职能部门安全管理职责

（1）工程管理部门安全生产职责

1）在计划、布置、检查、总结、评比生产工作的同时进行计划、布置、检查、总结、评比安全工作，对改善劳动条件、预防伤亡事故的项目必须视同生产任务，纳入生产计划优先安排。

2）在检查生产计划实施情况同时，要检查安全措施项目的执行情况，对施工中重要安全防护设施、设备的实施工作（如支拆脚手架、安全网等）要纳入计划，列为正式工序，给予时间保证；

3）坚持按合理施工顺序组织生产，保证施工人员劳逸结合，认真按施工组织设计组织施工；

4）在生产任务与安全保障发生矛盾时，必须优先解决安全工作的实施。

5）参加安全生产检查和生产安全事故的调查、处理。

（2）技术管理部门安全生产职责

1）贯彻执行国家和上级有关安全操作规程规定，保证施工生产中安全技术措施的制定和实施；

2）在编制和审查施工组织设计和专项施工方案的过程中，要在每个环节中贯穿安全技术措施，对确定后的方案，若有变更，应及时组织修订；

3）检查施工组织设计和施工方案中安全措施的实施情况，对施工中设计安全方面的技术性问题，提出解决办法；

4）按规定组织危险性较大的分部分项工程专项施工方案编制及专家论证工作；

5）组织安全防护设备、设施的安全验收；

6）新技术、新材料、新工艺使用前，制定相应的安全技术措施和安全操作规程；对改善劳动条件、减轻笨重体力劳动、消除噪声等方面的治理进行研究解决；

7）参加生产安全事故和重大未遂事故中技术性问题的调查，分析事故技术原因，从技术上提出防范措施。

（3）机械劳动力管理部门安全生产职责

1）对机、电、起重设备、锅炉、受压容器及自制机械设施的安全运行负责，按照安全技术规范经常进行检查，并监督各种设备的维修、保养的进行；

2）对设备的租赁，要建立安全管理制度，确保租赁设备完好、安全可靠；

3）对新购进的机械、锅炉、受压容器及大修、维修、外租回厂后的设备必须严格检查和把关，新购进的要有出厂合格证及完整的技术资料，使用前制定安全操作规程，组织专业技术培训，向有关人员交底，并进行鉴定验收；

4）参加施工组织设计、施工方案的会审，提出设计安全的具体意见，同时负责督促下级落实，保证实施；

5）对特种作业人员定期培训、考核；

6）参加生产安全事故及重大未遂事故的调查，从事故设备方面，认真分析事故原因，提出处理意见，制定防范措施。

（4）劳务管理安全生产职责

1）对职工（含外包队工）进行定期的教育考核，将安全技术知识列为工人培训、考工、评级内容之一，对招收新工人（含外包队工）要组织入厂教育和资格审查，保证提供的人员具有一定的安全生产素质；

2）严格执行国家、市特种作业人员上岗位作业的有关规定，适时组织特种作业人员的培训工作，并向安全部门或主管领导通报情况；

3）认真落实国家和市有关劳动保护的法规，严格执行有关人员的劳动保护待遇，并监督实施情况；

4）参加生产安全事故的调查，从用工方面分析事故原因，认真执行对事故责任者的处理意见。

（5）物资管理部门安全生产职责

1）贯彻执行国家或有关行业的技术标准、规范，制定物资管理制度和易燃、易爆、剧毒物品的采购、发放、使用、管理制度，并监督执行；

2）确保购置（租赁）的各类安全物资、劳动保护用品符合国家或有关行业的技术标准、规范的要求；

3）组织开展安全物资抽样试验、检修工作；

4）参加安全生产检查。

（6）人力资源部门安全生产职责

1）审查安全管理人员资格，足额配备安全管理人员，开发、培养安全管理力量；

2）将安全教育纳入职工培训教育计划，配合开展安全教育培训；

3）落实特殊岗位人员的劳动保护待遇；

4）负责职工和建设工程施工人员的工伤保险工作；

5）依法实行工时、休息、休假制度，对女职工和未成年工实行特殊劳动保护；

6）参加伤生产安全事故的调查，认真执行对事故责任者的处理。

（7）财务管理部门安全生产职责

1）及时提取安全技术措施经费、劳动保护经费及其它安全生产所需经费，保证专款专用；

2）协助安全主管部门办理安全奖、罚款手续。

（8）保卫消防部门安全生产职责

1）贯彻执行国家及市有关消防保卫的法规、规定；

2）制定消防保卫工作计划和消防安全管理制度，并监督检查执行情况；

3）参加施工组织设计、方案的审核，提出具体建议并监督实施；

4）组织开展消防安全教育，会同有关部门对特种作业人员进行消防安全考核；

5）组织开展消防安全检查，排除火灾隐患；

6）负责调查火灾事故的原因，提出处理意见；

（9）行政卫生部门安全生产职责

1）对职工进行体格普查和对特种作业人员身体定期检查；

2）监测有毒有害作业场所的尘毒浓度，做好职业病预防工作；

3）正确使用防暑降温费用，保证清凉饮料的供应与卫生；

4）负责本企业食堂（含现场临时食堂）的饮食卫生工作；

5）督促施工现场救护队组建，组织救护队成员的业务培训工作；

6）负责流行性疾病和食物中毒事故的调查与处理，提出防范措施。

（10）安全管理部门的安全生产职责

1）宣传和贯彻国家有关安全生产法律法规和标准；

2）编制并适时更新安全生产管理制度并监督实施；

3）组织或参与企业生产安全事故应急救援预案的编制及演练；

4）组织开展安全教育培训与交流；

5）协调配备项目专职安全生产管理人员；

6）制订企业安全生产检查计划并组织实施；

7）监督在建项目安全生产费用的使用；

8）参与危险性较大工程安全专项施工方案专家论证会；

9）通报在建项目违规违章查处情况；

10）组织开展安全生产评优评先表彰工作；

11）建立企业在建项目安全生产管理档案；

12）考核评价分包企业安全生产业绩及项目安全生产管理情况；

13）参加生产安全事故的调查和处理工作。

7.总承包单位与分包单位的安全责任

（1）建设工程实行施工总承包的，由总承包单位对施工现场的安全生产负总责。

（2）总承包单位依法将建设工程分包给其他单位的，分包合同中应当明确各自的安全生产方面的权利、义务。总承包单位和分包单位对分包工程的安全生产承担连带责任。

（3）分包单位应当服从总承包单位的安全生产管理，分包单位不服从管理导致生产安全事故的，由分包单位承担主要责任。

（4）建筑施工企业应明确对分包单位的安全管理要求，在选择分包单位时，审查分包单位《安全生产许可证》、管理人员《安全生产考核合格证书》、《特种作业操作证书》等安全生产条件；在于分包单位签订工程承包合同时，签订安全生产管理协议，并在协议中明确安全生产目标的落实、安全生产管理机构及专（兼）职安全员的配置、安全技术措施费用的落实、安全教育、特殊工种的管理、现场防护要求及事故处理等方面双方的权利、责任与义务。

（5）建筑施工企业应对分包单位的安全施工情况进行监督检查，建立监督检查记录。

三、企业各级管理人员安全管理职责

建筑施工企业应按照国家有关安全生产的法律、法规，建立和健全各级安全生产责任制度，明确各岗位的责任人员、责任内容和考核要求。并在责任制中说明对责任落实情况的检查办法和对各级各岗位执行情况的考核奖罚规定。

1. 企业主要管理人员安全生产管理职责

（1）企业主要负责人安全生产管理职责

1）贯彻执行国家和市有关安全生产的方针政策和法规、规范，掌握本企业安全生产动态，定期研究安全工作，对本企业安全生产负全面领导责任。

2）建立、健全安全生产责任制，组织制定各项安全生产规章制度及奖惩办法，并领导、组织考核工作；

3）组织落实安全生产保证体系，建立健全安全生产监督管理机构，保证安全生产投入的有效实施；

4）督促、检查安全生产工作，及时消除生产安全事故隐患；

5）组织制定并实施生产安全事故应急救援预案；

6）及时、如实报告生产安全事故。在事故调查组的指导下，领导、组织有关部门或人员，做好事故调查处理的具体工作，监督防范措施的制定和落实，预防事故重复发生。

（2）企业主管安全负责人的安全生产职责

1）贯彻执行安全生产的方针政策和法规、规范，协助公司主要负责人落实安全生产管理制度及奖罚办法。对本企业安全生产负直接领导责任；

2）组织实施安全工作规划、目标机实施计划，落实安全生产责任制；

3）组织制定安全生产考核指标，落实考核工作；

4）领导、组织安全生产宣传教育工作，领导、组织对分包方供方的安全生产主体资格考核与审查；

5）领导安全监督管理机构开展工作，定期组织安全生产例会，领导、组织安全生产检查，及时解决生产过程中的安全问题；

6）认真听取、采纳安全生产的合理化建议，保证安全生产保障体系的正常运转；

7）发生生产安全事故，组织实施生产安全事故应急救援；参与、组织事故的调查、分析及处理工作。

(3) 企业技术负责人的安全生产职责

1）贯彻执行国家和上级的安全生产方针、政策，协助公司主要负责人做好安全生产的技术领导工作，对本企业安全生产中负技术领导责任；

2）结合企业生产经营需要，组织研究并制定安全生产的技术措施和安全技术规范；

3）组织编制和审批事故组织设计和事故方案时，审查其安全技术措施及其可行性，并做出决定性意见；

4）领导开展安全技术公关活动，并组织技术鉴定和验收；

5）新材料、新技术、新工艺使用前，组织审查其使用和实施过程中的安全性，组织编制或审定相应的操作规程，重大项目应组织安全技术交底工作；

6）参加生产安全施工的调查和分析，从技术上分析事故原因，制度整改防范措施。

(4) 企业总会计师的安全生产职责

1）组织落实本企业财务工作的安全生产责任制，认真执行安全生产奖惩规定；

2）组织编制年度财务计划的同时，编制安全生产费用投入计划，保证经费到位和合理开支；

3）监督、检查安全生产费用的使用情况；

4）审批劳动保护用品、防暑降温等相关费用投入。

企业其他负责人应当按照分工抓好主管范围内的安全生产工作，对主管范围内的安全生产工作负领导责任。

2.项目管理人员安全生产管理职责

(1) 项目经理安全生产职责

1）对承包项目工程生产经营过程中的安全生产负全面领导责任；

2）贯彻落实安全生产方针、政策、法规和各项规章制度，结合项目工程特点及施工全过程的情况，制定本项目工程各项安全生产管理办法或提出要求，并监督其实施；

3）在组织项目工程业务承包，聘用业务人员时，必须本着安全工作只能加强的原则，根据工程特点确定安全工作的管理体制和人员，并明确各业务承包人的安全责任和考核指标，支持、指导安全管理人员的工作；

4）健全和完善用工管理手续，录用外包队必须及时向有关部门申报，严格用工制度与管理，适时组织上岗安全教育，要对外包工队的健康与安全负责，加强劳动保护工作；

5）组织落实施工组织设计中的安全技术措施，组织并监督项目工程施工中安

全技术交底制度和设备、设施验收制度的实施;

6）领导、组织施工现场定期的安全生产检查，发现施工生产中不安全问题，组织制定措施，及时解决。对上级提出的安全生产与管理方面的问题，要定时、定人、定措施予以解决;

7）发生事故，要做好现场保护与抢救工作，及时上报。组织、配合事故的调查，认真落实制定的防范措施，吸取事故教训。

（2）项目技术负责人安全生产职责

1）对项目工程生产经营中的安全生产负技术责任;

2）贯彻、落实安全生产方针、政策、严格执行安全技术规程、规范、标准，结合项目工程特点，主持项目工程的安全技术交底;

3）参加或组织编制施工组织设计。编制、审查施工方案时，制定、审查安全技术措施，保证其可行性与针对性，并随时检查、监督、落实;

4）主持制定技术措施计划和季节性施工方案的同时，制定相应的安全技术措施并监督执行，及时解决执行中出现的问题;

5）项目工程采用新材料、新技术、新工艺，要及时上报，经批准后方可实施，同时要组织上岗人员的安全技术培训、教育，认真执行相应的安全技术措施与安全操作工艺、要求，预防施工中因化学物品引起的火灾、中毒或其他新工艺实施中可能造成的事故;

6）主持安全防护设施和设备的验收，发现设备、设施的不正常情况后及时采取措施，严格控制不符合标准要求的防护设备、设施投入使用。

7）参加安全生产检查，对施工中存在的不安全因素，从技术方面提出整改意见和办法予以消除;

8）参加、配合因工伤亡及重大未遂事故的调查，从技术上分析事故原因，提出防范措施、意见。

（3）项目分包单位负责人安全生产职责

1）认真执行安全生产的各项法规、规定、规章制度及安全操作规程，合理安排班组人员工作，对本队人员在生产中的安全和健康负责;

2）按制度严格履行各项劳务用工手续，做好本队人员的岗位安全培训。经常组织学习安全操作规程，监督本队人员遵守劳动、安全纪律，做到不违章指挥，制止违章作业;

3）必须保持本队人员的相对稳定。人员变更，须事先向有关部门申报，批准后新来人员应按规定办理各种手续，并经入场和上岗安全教育后方准上岗;

4）根据上级的交底向本队各工种进行详细的书面安全交底，针对当天任务、作业环境等情况，做好班前安全讲话，监督其执行情况，发现问题，及时纠正、解决;

5）定期和不定期组织，检查本队人员作业现场安全生产状况，发现问题，及时纠正，重大隐患应立即上报有关领导;

6）发生因工伤亡及未遂事故，保护好现场，做好伤者抢救工作，并立即上报有关部门。

（4）项目专职安全生产管理人员安全生产职责

1）负责施工现场安全生产日常检查并做好检查记录；

2）现场监督危险性较大工程安全专项施工方案实施情况；

3）对作业人员违规违章行为有权予以纠正或查处；

4）对施工现场存在的安全隐患有权责令立即整改；

5）对于发现的重大安全生产隐患，有权向企业及安全生产管理机构报告；

6）依法报告生产安全事故情况。

3.班组长安全管理职责

（1）班组长安全生产责任

1）严格执行安全生产规章制度，拒绝违章指挥，杜绝违章作业。合理安排班组人员工作，对本班组人员在生产中的安全和健康负责。

2）经常组织班组人员学习安全技术操作规程，监督班组人员正确使用防护用品。

3）认真落实安全技术交底，做好班前讲话。

4）经常检查班组作业现场安全生产状况，发现问题及时解决并上报有关领导。

5）认真做好新工人的岗位教育。

6）发生因工伤亡及未遂事故，保护好现场，立即上报有关领导。

（2）木工班长安全生产职责

1）严格执行安全生产规章制度，拒绝违章指挥，杜绝违章作业。

2）负责落实安全生产保证计划中有关木工作业施工现场安全控制的规定。

3）组织班组人员认真学习和执行木工作业施工现场安全控制的规定。

4）安排生产任务时，认真进行安全技术交底。监督班组人员正确使用安全防护用品。

5）上工前对所使用的机具、设备、防护用具及作业环境进行安全检查，发现问题立即采取整改措施，及时消除事故隐患。

6）组织班组安全活动，开好班前安全生产会，并根据作业环境和职工的思想、体质、技术状况合理分配生产任务。

7）木工间内备有的消防器材应定期检查，确保完好状态。严禁在工作场所吸烟和明火作业，不得存放易燃物品。

8）工作场所的木材应分类堆放整齐，保证道路畅通。

9）高空作业对材料堆放应稳妥可靠，严禁向下抛掷工具或物件。

10）木材加工处的废料和木屑等应及时清理。

11）发生工伤事故，应立即抢救，及时报告，并保护好现场。

（3）砌筑工班长安全生产职责

1）严格执行安全生产规章制度，拒绝违章指挥，杜绝违章作业。

2) 负责落实安全生产保证计划中有关瓦工作业施工现场的安全控制规定。

3) 组织班组人员认真学习和执行砌筑工作业施工现场安全控制的规定。

4) 安排生产任务时，认真进行砌筑施工安全技术交底。

5) 开工前对所砌筑施工使用的机具、设备、防护用具及作业环境进行安全检查，发现问题立即采取整改措施，及时消除事故隐患。

6) 组织班组安全活动，开好班前安全生产会，并根据作业环境和职工的思想、体质、技术状况合理分配生产任务。

7) 经常检查工作岗位环境及脚手架、脚手板、工具使用情况，做到文明施工，不准擅自拆移防范设施。

（4）电焊班长安全生产责任

1) 严格执行安全生产规章制度，拒绝违章指挥，杜绝违章作业。

2) 负责落实安全保证计划中电焊安全动火作业控制的规定。

3) 组织班组人员认真学习和执行电焊施工作业现场安全控制的规定。

4) 安排生产任务时，认真进行电焊安全技术交底。监督班组人员正确使用安全防护用品。

5) 上工前对焊接施工所使用的机具、设备、防护用具及作业环境进行安全检查，发现问题立即采取整改措施，及时消除事故隐患。

6) 组织班组安全活动，开好班前安全生产会，并根据作业环境和职工的思想、体质、技术状况合理分配生产任务。

7) 发生工伤事故，应立即抢救，及时报告，并保护好现场。

（5）电工班长安全生产职责

1) 严格执行安全生产规章制度，拒绝违章指挥，杜绝违章作业。

2) 负责落实安全保证计划中电工作业施工现场安全用电控制的规定。

3) 组织班组人员认真学习和执行电工作业现场安全控制的规定。

4) 安排生产任务时，认真进行电工作业安全技术交底。监督班组人员正确使用安全防护用品。

5) 上工前对电工作业所使用的机具、设备、防护用具及作业环境进行安全检查，发现问题立即采取整改措施，及时消除事故隐患。

6) 组织班组安全活动，开好班前安全生产会，并根据作业环境和职工的思想、体质、技术状况合理分配生产任务。

7) 使用设备前必须检查设备各部位的性能后方可通电使用。

8) 停用的设备必须拉闸断电，锁好开关箱。

9) 严禁带电作业，设备严禁带病运行。

10) 保证电气设备、移动电动工具临时用电正常运行和安全使用。

11) 发生触电工作事故，应立即抢救，及时报告，并保护好现场。

（6）钢筋工班长安全生产责任

1) 严格执行安全生产规章制度，拒绝违章指挥，杜绝违章作业。

2）负责落实安全生产，保证计划中有关钢筋班组施工现场安全控制的规定。

3）组织班组人员认真学习和执行钢筋工程施工作业现场安全控制的规定。

4）安排生产任务时，认真进行施工安全技术交底。监督班组人员正确使用安全防护用品。

5）上工前对钢筋施工所使用的机具、设备、防护用具及作业环境进行安全检查，发现问题立即采取整改措施，及时消除事故隐患。

6）组织班组安全活动，开好班前安全生产会，并根据作业环境和职工的思想、体质、技术状况合理分配生产任务。

7）钢筋搬运、加工和绑扎过程中发生脆断和其他异常情况时，应立刻停止作业，向有关部门汇报。

8）工作场所的钢筋应分类堆放整齐，保证道路畅通。

(7) 架子工班长安全生产责任

1）严格执行安全生产规章制度，拒绝违章指挥，杜绝违章作业。

2）负责落实安全生产保证计划中脚手架防护搭设控制的规定。

3）组织班组人员认真学习和执行脚手架工程施工作业现场安全控制的规定。

4）安排生产任务时，认真进行脚手架施工安全技术交底。监督班组人员正确使用安全防护用品。

5）上工前对架子搭设施工所使用的机具、设备、防护用具及作业环境进行安全检查，发现问题立即采取整改措施，及时消除事故隐患。

6）组织班组安全活动，开好班前安全生产会，并根据作业环境和职工的思想、体质、技术状况合理分配生产任务。

7）脚手架的维修保养应在每三个月进行一次，遇大风大雨应事先认真检查，必要时采取加固措施脚手架搭设完毕，架子工应通知安全部门会同有相关人员共同验收，合格后方可使用。

8）拆除架子必须设置警戒范围，输送地面的杆件应及时分类堆放整齐。

9）高空作业对材料堆放应稳妥可靠，严禁向下抛掷工具或物件。

(8) 安装班长安全生产责任

1）严格执行安全生产规章制度，拒绝违章指挥，杜绝违章作业。

2）负责落实安全生产保证计划中安装班组施工现场安全控制的规定。

3）组织班组人员认真学习和执行安装工程施工作业现场安全控制的规定。

4）安排生产任务时，认真进行施工安全技术交底。监督班组人员正确使用安全防护用品。

5）上工前对施工所使用的机具、设备、防护用具及作业环境进行安全检查，发现问题立即采取整改措施，及时消除事故隐患。

6）组织班组安全活动，开好班前安全生产会，并根据作业环境和职工的思想、体质、技术状况合理分配生产任务。

7）发生工伤事故，应立即抢救，及时报告，并保护好现场。

（9）机械作业班长安全生产责任

1）严格执行安全生产规章制度，拒绝违章指挥，杜绝违章作业。

2）负责落实安全生产保证计划中安装班组施工现场安全控制的规定。

3）组织班组人员认真学习和执行机械操作作业现场安全控制的规定。

4）安排生产任务时，认真进行机械操作安全技术交底。监督班组人员正确使用安全防护用品。

5）上工前对施工所使用的机具、设备、防护用具及作业环境进行安全检查，发现问题立即采取整改措施，及时消除事故隐患。

6）组织班组安全活动，开好班前安全生产会，并根据作业环境和职工的思想、体质、技术状况合理分配生产任务。

7）机械作业时，操作人员不得擅自离开工作岗位或将机械交给非本机操作人员操作。严禁无关人员进入作业区和操作室内。

8）作业后，切断电源，锁好闸箱，进行擦拭、润滑，清除杂物。

9）发生工伤事故，应立即抢救，及时报告，并保护好现场。

4. 特殊工种安全生产责任

（1）起重工安全生产责任

1）严格执行安全生产规章制度，拒绝违章指挥，杜绝违章作业。

2）认真学习和执行起重工安全技术操作规程，熟知安全知识。

3）坚持上班自检制度。

4）严格执行安全技术施工方案和安全技术交底，不得任意变更、拆除安全防护设施，并不得动用与班组无关的机械和电器设备，加强自我防护意识。

5）上班前不准饮酒，不准疲劳作业，严禁无证人员替代工作。

6）交接班时要记录认真，内容要明细。

7）在工作时要时刻检查各部门运转传动情况及钢丝绳的使用情况。

8）机械的电器设备严格管理，发现问题及时解决。

9）起重臂下严禁站人，在吊装过程中应严格听从指挥人员的指挥。必须坚持"十不吊"原则。

（2）电工安全生产责任

1）严格执行电工安全生产规章制度，拒绝违章指挥，杜绝违章作业。

2）认真学习和执行电工安全技术操作规程，熟知安全用电知识。

3）坚持上班自检制度。

4）严格执行电工作业安全技术施工方案和安全技术交底，不得任意变更、拆除安全防护设施，并不得动用与班组无关的机械和电器设备，加强自我防护意识。

5）电工所有绝缘工具应妥善保管好，严禁他用，并经常检查自己的工具是否绝缘性能良好。

6）在班前必须检查公司所有电器，发现问题及时解决。经常检查施工现场的线路设备，各配电箱必须上锁。

7）实行文明施工，高空作业应带工具袋，工具不准上下抛掷。

8）正确使用安全防护用品。

9）对各级检查提出的安全隐患，要按要求及时整改。

10）发生事故和未遂事故，立即向班组长报告，参与事故分析原因，吸取教训。

（3）架子工安全生产责任

1）严格执行架子工安全生产规章制度，拒绝违章指挥，杜绝违章作业。

2）认真学习和执行架子工安全技术操作规程，熟知脚手架安全知识。

3）坚持上班自检制度。

4）严格执行架子工作业安全技术施工方案和安全技术交底，不得任意变更、拆除安全防护设施，并不得动用与班组无关的机械和电器设备，加强自我防护意识。

5）用电线路防护架体搭设时必须停电。严禁带电搭设。

6）坚决制止私自拆装脚手架和各种防护设施行为。

7）实行文明施工，不得从高处向地面抛掷钢管及其他料具，对所使用的材料要按规定堆放整齐。

8）进入施工现场严禁赤脚，穿拖鞋、高跟鞋及酒后作业。

9）要正确使用安全防护用品。

10）对各级检察提出的安全隐患，要按要求及时整改。

11）发生事故和未遂事故，立即向班组长报告，参与事故分析原因，吸取教训。

（4）电气焊工安全生产责任

1）严格执行电气焊安全生产规章制度，拒绝违章指挥，杜绝违章作业。

2）认真学习和执行电气焊安全技术操作规程，熟知脚手架安全知识。

3）坚持上班自检制度。

4）严格执行电气焊作业安全技术施工方案和安全技术交底，不得任意变更、拆除安全防护设施，并不得动用与班组无关的机械和电器设备，加强自我防护意识。

5）正确使用安全防护用品。

6）对各级检查提出的隐患，要按要求及时整改。

7）发生事故和未遂事故，立即向班组长报告，参与事故分析原因，吸取教训。

5. 一般工种安全生产责任

（1）钢筋工安全生产责任

1）严格执行安全生产规章制度，拒绝违章指挥，杜绝违章作业。

2）认真学习和执行钢筋工安全技术操作规程，熟知安全知识。

3）坚持上班自检制度。

4）严格执行安全技术施工方案和安全技术交底，不得任意变更、拆除安全防护设施，并不得动用与班组无关的机械和电器设备，加强自我防护意识。

5）正确使用安全防护用品。

6）高空作业必须搭设脚手架，绑扎高层建筑物的圈梁要搭设安全网。

7）钢筋调直机上下不能堆放物料，手与滚筒应保持一定的距离。

8）对各级检查提出的安全隐患，要按要求及时整改。

9）实行文明施工，不得从高处往地面抛掷物品。

10）发生事故和未遂事故，立即向班组长报告，参与事故分析原因，吸取教训。

（2）木工安全生产责任

1）严格执行安全生产规章制度，拒绝违章指挥，杜绝违章作业。

2）认真学习和执行木工安全技术操作规程，熟知安全知识。

3）坚持上班自检制度。

4）严格执行木工作业安全技术施工方案和安全技术交底，不得任意变更、拆除安全防护设施，并不得动用与班组无关的机械和电器设备，加强自我防护意识。

5）正确使用安全防护用品。

6）木工车间每日要保持干净，车间内严禁吸烟。

7）上班前要保持所有电器完好无损，电线要架设合理。

8）机械设备要有防护措施，保证机械正常运转。

9）使用电锯前，应检查锯片，不得有裂纹。丝钉要拧紧，要有防护罩，操作时手臂不得跨越锯片。

10）使用压刨机时，身体要保持平稳，双手操作，严禁在刨料后推送，不得戴手套操作。

11）工作前应事先检查所使用的工具是否牢固。

12）对各级检查提出的安全隐患，要按要求及时整改。

13）实行文明施工，不得从高处往地面抛掷物品。

14）发生事故和未遂事故，立即向班组长报告，参与事故分析原因，吸取教训。

（3）混凝土工安全生产责任

1）严格执行混凝土工程安全生产规章制度，拒绝违章指挥，杜绝违章作业。

2）认真学习和执行混凝土工安全技术操作规程，熟知安全知识。

3）坚持上班自检制度。

4）严格执行混凝土施工作业安全技术施工方案和安全技术交底，不得任意变更、拆除安全防护设施，并不得动用与班组无关的机械和电器设备，加强自我防护意识。

5）正确使用安全防护用品。

6）混凝土工施工的各种用电机械必须与 PE 保护线做可靠连接。

7）夜间施工照明灯具应齐全有效，行走运输信号要明显。

8）吊斗运料严禁冒高，以防坠落伤人。

9）采用井架上料时，井架及马道两边的防护要稳固可靠。

10）各种机械设备必须专人操作，并且懂得机械原理与维修。

11）对各级检查提出的安全隐患，要按要求及时整改。

（4）砌筑工、抹灰工安全生产责任

1）严格执行施工安全生产规章制度，拒绝违章指挥，杜绝违章作业。
2）认真学习和执行砌筑、抹灰工程施工安全技术操作规程，熟知安全知识。
3）坚持上班自检制度。
4）严格执行砌筑、抹灰作业安全技术施工方案和安全技术交底，不得任意变更、拆除安全防护设施，并不得动用与班组无关的机械和电器设备，加强自我防护意识。
5）正确使用安全防护用品。
6）对各级检查提出的安全隐患，要按要求及时整改。
7）进行文明施工，不得从高处往地面抛掷建筑垃圾和物品，并随时清理砖、瓦、砂石等。
8）发生事故和未遂事故，立即向班组长报告，参与事故分析原因，吸取教训。
9）外墙抹灰应检查各道安全网和防护栏杆是否安全有效，要防止物料腐蚀。

（5）油漆、玻璃安装工安全生产责任

1）严格执行施工安全生产规章制度，拒绝违章指挥，杜绝违章作业。
2）认真学习和执行油漆、玻璃安装施工安全技术操作规程，熟知安全知识。
3）对各类油漆、易燃易爆品应存放在专用库房，余允许与其他材料混堆，对挥发性油料必须存于密闭容器内，必须设专人保管。
4）油漆库房应由良好的通风，并有足够的消防器材，悬挂醒目的"严禁烟火"的标志，库房与其他建筑物应保持一定的距离，严禁住人。通风不良处刷油漆时，应有通风换气设施。
5）搬运玻璃时，应带防护手套，安装窗扇玻璃时，应系好安全带，并不得在同一垂直面上下同时作业，工作场所碎玻璃要及时清理，以免刺伤、割伤。
6）对各级检查提出的安全隐患要及时整改，不符合要求的不得施工。

（6）管道安装工安全生产责任

1）严格执行管道安装安全生产规章制度，拒绝违章指挥，杜绝违章作业。
2）认真学习和执行管道施工安全技术操作规程，熟知安全知识。
3）坚持上班自检制度。
4）严格执行安全技术施工方案和安全技术交底，不得任意变更、拆除安全防护设施，并不得动用与班组无关的机械和电器设备，加强自我防护意识。
5）正确使用安全防护用品。
6）管子变弯时要用于砂，加垫时管口不得站人。打眼时，楼板下及墙对面严禁站人。压力表要定期检校，发现不灵敏要及时更换。
7）对各级检查提出的安全隐患，要按要求及时整改。
8）对各级检查提出的安全隐患要及时整改，不符合要求的不得施工。

（7）机械维修工安全生产责任

1）严格执行机械维修作业安全生产规章制度，拒绝违章指挥，杜绝违章作业。
2）认真学习和执行机械维修作业安全技术操作规程，熟知安全知识。

3）坚持上班自检制度。

4）严格执行安全技术施工方案和安全技术交底，不得任意变更、拆除安全防护设施，并不得动用与班组无关的机械和电器设备，加强自我防护意识。

5）正确使用安全防护用品。

6）修理机械要选择平坦坚实地点停放，支撑牢固和楔紧；使用千斤顶时，必须垫稳，不准在发动的车辆下面操作。

7）检修有毒、易燃物的容器或设备时，应先严格清洗。在容器内操作，必须通风良好，外面有人监护。

8）工作时注意工具应经常检查，是否损坏。打大锤时不准戴手套，在大锤甩转方向上不准有人。

9）检修中的机械应有"正在修理，禁止开动"的标志警示，非检修人员一律不准发动或转动，修理中不准将手伸进齿轮箱或用手指找正对孔。

10）清洗用油、润滑油及废油脂，必须按指定地点存放。费油、废棉纱不准随地乱扔。

11）修理电气设备要先切断电源，并锁好开关箱。悬挂"有人检修，禁止合闸"的警示牌，并派专人监护，方可修理。

12）多人操作的工作平台，中间应设防护网，对面方向操作时应错开。

13）积极参加安全竞赛和安全活动，接受安全教育，做好设备的维修保养工作。

14）对各级检查提出的安全隐患，要按要求及时整改。

（8）仓库管理员安全生产责任

1）凡进库货物必须进行验收，核实后做好造册登记。

2）认真负责搞好仓库内部材料、设备及小工具的发放工作，并应做好登记。

3）工程需要的材料库存不足时，应提早备足，不至于影响正常施工。

4）仓库内应保持整洁、货物堆放整齐、货架堆放的物品应挂牌明示，以便迅速无误地发放。

5）严禁非仓库管理人员入内，严禁烟火。

6）不得私自离岗。有事外出，应委托他人临时看守。

7）做好收、管工作，签好每一张单据，严格把关砂石料的计量及质量。

8）定期检查仓库消防器材的完好情况，在规定的禁火区域内严格执行动火审批手续。

第5讲 建筑施工安全费用管理

一、建筑安装工程费及安全生产资金

建筑安装工程费由分部分项工程费、措施费、其他工程费、规费、税金组成。

1. 分部分项工程费

包括人工费、材料费、施工机械使用费、企业管理费、利润。

（1）人工费：指直接从事建筑安装工程施工生产工人开支的各项费用，具体项目如下：

1）基本工资。是指发放给生产工人的基本工资；

2）工资性补贴。是指按规定标准发放的物价补贴，煤、燃气补贴，交通补贴，住房补贴，流动施工津贴等；

（3）生产工人辅助工资。指生产工人年有效施工天数以外非作业天数的工资，包括职工学习、培训期间的工资，调动工作、探亲、休假期间的工资，因气候影响的停工工资，女工哺乳时间的工资，病假在六个月以内的工资及产、婚、丧假期的工资；

4）职工福利费。指按规定标准计提的职工福利费；

5）生产工人劳动保护费。指按规定标准发放的劳动保护用品的购置费及修理费，徒工服装补贴，防暑降温费，在有碍身体健康环境中施工的保健费用等。

（2）材料费：指施工过程中耗费、构成工程实体的原材料、辅助材料、构配件、零件、半成品的费用，内容包括：

1）材料原价（或供应价格）

2）材料运输费：指材料自来源地运至工地仓库或指定堆放地点所发生的全部费用；

3）运输损耗费：指材料在运输装卸过程中不可避免的损耗；

4）采购及保管费：指为组织采购、供应和保管材料过程中所需要的各项费用。包括：采购费、仓储费、工地保管费、仓储损耗；

5）检验试验费：指对建筑材料、构件和建筑安装物进行一般鉴定、检查所发生的费用，包括自设试验室进行试验所耗用的材料和化学药品等费用。不包括新结构、新材料的试验费和建设单位对具有出厂合格证明的材料进行检验，对构件做破坏性试验及其他特殊要求检验试验的费用。

（3）施工机械使用费。指施工机械作业所发生的机械使用费以及机械安拆费和场外运费。

施工机械台班单价应由下列七项费用组成：折旧费；大修理费；经常修理费；安拆费及场外运费；人工费；燃料动力费；养路费及车船使用税。

（4）企业管理费：企业管理费是指建筑安装企业组织施工生产和经营管理所需费用，具体项目如下：

1）管理人员工资。指管理人员的基本工资、工资性补贴、职工福利费、劳动保护费等；

2）办公费。指企业管理办公用的文具、纸张、帐表、印刷、邮电、书报、会议、水电、烧水和集体取暖（包括现场临时宿舍取暖）用煤等费用；

3）差旅交通费。指职工因公出差、调动工作的差旅费、住勤补助费，市内交通费和误餐补助费，职工探亲路费，劳动力招募费，职工离退休、退职一次性路费，工伤人员就医路费，工地转移费以及管理部门使用的交通工具的油料、燃料、养路费及牌照费；

　　4）固定资产使用费。指管理和试验部门及附属生产单位使用的属于固定资产的房屋、设备仪器等的折旧、大修、维修或租赁费；

　　5）工具用具使用费。指管理使用的不属于固定资产的生产工具、器具、家具、交通工具和检验、试验、测绘、消防用具等的购置、维修和摊销费；

　　6）劳动保险费。指由企业支付离退休职工的易地安家补助费、职工退职金、六个月以上的病假人员工资、职工死亡丧葬补助费、抚恤费、按规定支付给离休干部的各项经费；

　　7）工会经费。指企业按职工工资总额计提的工会经费；

　　8）职工教育经费。指企业为职工学习先进技术和提高文化水平，按职工工资总额计提的费用；

　　9）财产保险费。指施工管理用财产、车辆保险；

　　10）财务费。指企业为筹集资金而发生的各种费用；

　　11）税金：指企业按规定缴纳的房产税、车船使用税、土地使用税、印花税等；

　　12）其他：包括技术转让费、技术开发费、业务招待费、绿化费、广告费、公证费、法律顾问费、审计费、咨询费等。

　　（5）利润：利润是指施工企业完成所承包工程获得的盈利。

2. 措施费

　　措施费是指为完成工程项目施工，发生于该工程施工前和施工过程中非工程实体项目的费用。具体内容包括：安全文明施工费、夜间施工费、二次搬运费、冬雨季施工费、大型机械设备进出场及安拆费、施工排水费、施工降水费、地上地下设施及建筑物的临时保护设施费、已完工程及设施保护费、各专业是施工措施费。

　　（1）安全文明施工费：包括环境保护、文明施工、安全施工费、临时设施费。

　　1）环境保护费。指施工现场为达到环保部门要求所需要的各项费用；

　　2）文明施工费。指施工现场文明施工所需要的各项费用；

　　3）安全施工费。指施工现场安全施工所需要的各项费用；

　　4）临时设施费。指施工企业为进行建筑工程施工所必须搭设的生活和生产用的临时建筑物、构筑物和其他临时设施费用等。临时设施包括临时宿舍、文化福利及公用事业房屋与构筑物，仓库、办公室、加工厂以及规定范围内道路、水、电、管线等临时设施和小型临时设施。临时设施费用包括临时设施的搭设、维修、拆除费或摊销费。

　　（2）夜间施工费。指因夜间施工所发生的夜班补助费、夜间施工降效、夜间施工照明设备摊销及照明用电等费用；

　　（3）二次搬运费。指因施工场地狭小等特殊情况而发生的二次搬运费用；

　　（4）大型机械设备进出场及安拆费。指机械整体或分体自停放场地运至施工现场或由一个施工地点运至另一个施工地点，所发生的机械进出场运输及转移费用及机械在施工现场进行安装、拆卸所需的人工费、材料费、机械费、试运转费和安装所需的辅助设施的费用；

（5）施工排水费：指为确保工程在正常条件下施工，采取各种排水措施所发生的各种费用。

（6）地上地下设施及建筑物的临时保护设施费：包括开挖时的管线保护、文物保护等。

（7）已完工程及设备保护费：指竣工验收前，对已完工程及设备进行保护所需费用。

（8）各专业施工措施费：如建筑工程、安装工程的措施费。

1）建筑工程：混凝土、钢筋混凝土模板费用，支架费和脚手架费、建筑物超过人工增加费等费用。

①混凝土、钢筋混凝土模板：指混凝土施工过程中需要的各种钢模板、木模板、支架等的支、拆、运输费用及模板、支架的摊销（或租赁）费用；

②脚手架费：指施工需要的各种脚手架搭、拆、运输费用及脚手架的摊销（或租赁）费用；

③建筑物超过人工增加费：因建筑物层高超过或建筑物超过而引起的脚手架搭设增加的人工降效等费用。

2）安装工程：脚手架摊销或租赁费等。

3.其他工程费

包括暂列金额、暂估价、计日工、总包服务费和其他。

（1）暂列金额：招标人在工程量清单中暂定并包括在合同价款中的一笔款项。

（2）暂估价：包括材料暂估单价、分包工程暂估工程费等。指发包人在工程量清单中给定的用于支付必然发生但暂时不能确定价格的材料、设备以及专业工程的金额。

（3）计日工价：指用于合同执行过程中发生零星工作的单日价。除了包括生产工人的工资、工资性津贴和属于生产工人开支范围的各项费用外，还应包括分摊的其它直接费、间接费、其它费用和税金等一切费用和利润。

（4）总包服务费：在工程建设施工阶段实行施工总承包时，当招标人在法律、法规允许的范围内对工程进行分包和自行采购供应部分设备、材料时，要求总承包人提供相关服务（如分包人使用总包人脚手架、水电接驳等）和施工现场管理等所需的费用。

（5）其他：包括索赔、现场签证。在施工过程中，完成发包人提出的施工图纸以外的零星项目或工作，按合同中约定的综合单价计价。

4.规费

包括工程排污费、定额测定费、社会保险费、住房公积金、危险作业意外伤害保险。

（1）工程排污费：指施工现场按规定缴纳的工程排污费。它是政府和有关部门规定必须缴纳的费用。

（2）定额测定费：按规定支付工程造价（定额）管理部门的定额测定费。

（3）社会保险费：包括基本养老保险费、基本医疗保险、工伤保险基金、失业保险基金、生育保险、残疾人就业保障金。

（4）住房公积金：单位及其在职职工缴存的长期住房储金，是住房分配货币化、社会化和法制化的主要形式。

（5）危险作业意外伤害保险：指按照建筑法规定，企业为从事危险作业的建筑安装施工人员支付的意外伤害保险费。

5.税金

税金是指国家税法规定的应计入建筑安装工程造价内的营业税、城市维护建设税及教育费附加等。

二、安全生产资金保障

建筑施工企业应建安全生产资金费用管理制度，明确安全费用使用、管理的程序、职责及权限。安全生产费用应当按照以下规定范围使用：

（1）完善、改造和维护安全防护设备、设备支出；

（2）配备必要的应急救援器材、设备和现场作业人员安全防护物品支出。

（3）安全生产检查与评价支出。

（4）重大危险源、重大事故隐患的评估、整改、监控支出。

（5）安全技能培训及进行应急救援演练支出。

（6）其他与安全生产直接相关的支出。

建筑施工企业安全生产费用以安装工程造价为计提依据。各工程类别安全费用提取标准如下：

1）房屋建筑工程、矿山工程为 2.0%；

2）电力工程、水利水电工程、铁路工程为 1.5%；

3）市政公用工程、冶炼工程、机电安装工程、亿工石油工程、港口与航道工程、公路工程、通信工程为 1.0%。

第6讲 伤亡事故的调查与处理

职工在施工劳动过程中从事本岗位劳动，或虽不在本岗位劳动，但由于施工设备和设施不安全、劳动条件和作业环境不良、管理不善，以及领导指派在外从事本企业活动，所发生的人身伤害（即轻伤、重伤、死亡）和急性中毒事故都属于伤亡事故。

一、伤亡事故等级

根据国务院 1991 年 3 月 1 日起实施的《企业职工伤亡事故报告和处理规定》、《企业职工伤亡事故分类》(GB6441－1986) 和《生产安全事故报告和调查处理条例》的规定，职工在劳动过程中发生的人身伤害、急性中毒伤亡事故分具体分类见表 1—33。

表 1—33　生产安全事故等级分类

事故类别	说明
轻伤	·损失工作日 1～105 个工作日的失能伤害
重伤	·损失工作日等于或超过 105 个工作日的失能伤害
死亡	·损失工作日 6000 工日
安全事故	·特别重大事故，是指造成 30 人以上死亡，或者 100 人以上重伤（包括急性工业中毒，下同），或者 1 亿元以上直接经济损失的事故； ·重大事故，是指造成 10 人以上 30 人以下死亡，或者 50 人以上 100 人以下重伤，或者 5000 万元以上 1 亿元以下直接经济损失的事故； ·较大事故，是指造成 3 人以上 10 人以下死亡，或者 10 人以上 50 人以下重伤，或者 1000 万元以上 5000 万元以下直接经济损失的事故； ·一般事故，是指造成 3 人以下死亡，或者 10 人以下重伤，或者 1000 万元以下直接经济损失的事故。

注：损失工作日是指估价事故在劳动力方面造成的直接损失。某种伤害的损失工作日一经确定，即为标准值，与受伤害者的实际休息日无关。

伤亡事故的分类在 1.6.2.2 中有详细说明。

二、事故原因

事故原因有直接原因、间接原因和基础原因，其具体表现见表 1—34。

由于基础原因造成了间接原因－－管理缺陷；管理缺陷与不安全状态的结合就构成了事故的隐患；当事故隐患形成并偶然被人的不安全行为所触发时就发生了事故，即施工中的危险因素＋触发因素＝事故，这个事故发生规律的过程可用图 1—11 示意表示。

表 1—34　事故原因

种类			内容
直接原因			最接近发生事故的时刻、并直接导致事故发生的原因
直接原因	人的原因		人的不安全行为
直接原因	人的原因	身体缺陷	疾病、职业病、精神失常、智商过低（呆滞、接受能力差、判断能力差等）、紧张、烦躁、疲劳、易冲动、易兴奋、运动精神迟钝、对自然条件和环境过敏、不适应复杂和快速动作、应变能力差等
直接原因	人的原因	错误行为	嗜酒、吸毒、吸烟、打赌、逞强、戏耍、嬉笑、追逐等 错视、错听、错嗅、误触、误动作、误判断、突然受阻、无意相碰、意外滑倒、误入危险区域等

续表

种类		内容
	违纪违章	粗心大意、漫不经心、注意力不集中、不懂装懂、无知而又不虚心、凭过时的经验办事、不履行安全措施、安全检查不认真、随意乱放物品物件、任意使用规定外的机械装置、不按规定使用防护用品用具、碰运气、图省事、盲目相信自己的技术、企图恢复不正常的机械设备、玩忽职守、有意违章、只顾自己而不顾他人等
	\multicolumn{2}{c}{环境和物的不安全状态}
环境和物的原因	设备、装置、物品的缺陷	技术性能降低、强度不够、结构不良、磨损、老化、失灵、霉烂、物理和化学性能达不到要求等
	作业场所的缺陷	狭窄、立体交叉作业、多工种密集作业、通道不宽敞、机械拥挤、多单位同时施工等
	有危险源（物质和环境）	化学方面的氧化、自然、易燃、毒性、腐蚀、致癌、分解、光反应、水反应等 机械方面的重物、振动、位移、冲撞、落物、尖角、旋转、冲压、轧压、剪切、切削、磨研、钳夹、切割、陷落、抛飞、铆锻、倾覆、翻滚、崩断、往复运动、凸轮运动等；电气方面的漏电、短路、火花、电弧、电辐射、超负荷、过热、爆炸、绝缘不良、无接地接零、反接、高压带电作业等 环境方面的辐射线、红外线、紫外线、强光、雷电、风暴、骤雨、浓雾、高低温、潮湿、气压、气流、洪水、地震、山崩、海啸、泥石流、强磁场、冲击波、射频、微波、噪声、粉尘、烟雾、高压气体、火源等
间接原因	\multicolumn{2}{c}{使直接原因得以产生和存在的原因}
	\multicolumn{2}{c}{管理缺陷}
	目标与规划方面	目标不清、计划不周、标准不明、措施不力、方法不当、安排不细、要求不具体、分工不落实、时间不明确、信息不畅通等
	责任制方面	责权利结合不好、责任不分明、责任制有空档、相互关系不严密、缺少考核办法、考核不严格、奖罚不严等
	管理机构方面	机构设置不当、人浮于事或缺员、管理人员质量不高、岗位责任不具体、业务部门之间缺乏有机联系等
	教育培训方面	无安全教育规划、未建立安全教育制度、只教育而无考核、考核考试不严格、教育方法单调、日常教育抓得不紧、安全技术知识缺乏等
	技术管理方面	建筑物、结构物、机械设备、仪器仪表的设计、选材、布置、安装、维护、检修有缺陷；工艺流程和操作方法不当；安全技术操作规程不健全；安全防护措施不落实；检测、试验、化验有缺陷；防护用品质量欠佳；安全技术措施费用不落实等
	安全检查方面	检查不及时；检查出的问题未及时处理；检查不严、不细；安全自检坚持得不够好；检查的标准不清；检查中发现的隐患没立即消除；有漏查漏检现象等
	其他方面	指令有误、指挥失灵、联络欠佳、手续不清、基础工作不牢、分析研究不够、报告不详、确认有误、处理不当等
基础原因	\multicolumn{2}{c}{造成间接原因的因素 包括经济、文化、社会历史、法律、民族习惯等社会因素}

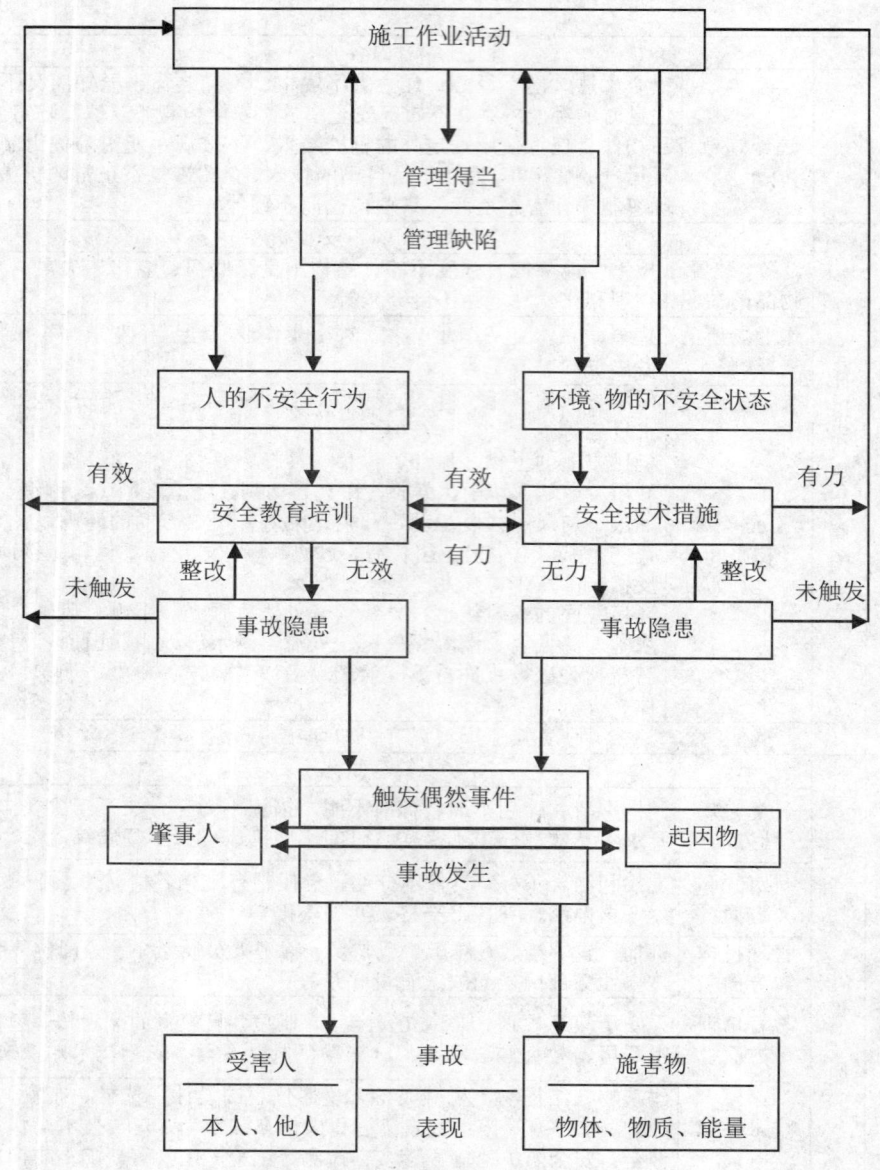

图 1—11　事故发生规律示意图

三、伤亡事故的处理程序

发生伤亡事故后，负伤人员或最先发现事故的人应立即报告。企业对受伤人员歇工一个工作日以上的事故，应填写伤亡事故登记表并及时上报。

企业发生重伤和重大伤亡事故，必须立即将事故概况（包括伤亡人数、发生事故的时间、地点、原因）等，用快速方法分别报告企业主管部门、行业安全管理部门和当地公安部门、人民检察院。发生重大伤亡事故，各有关部门接到报告后应立即转报各自的上级主管部门。

对事故的调查处理，必须坚持"事故原因不清不放过，事故责任者和群众没有受到教育不放过，没有防范措施不放过"的"三不放过"原则，事故调查的工作关系见图1-12，事故的处理程序见表1-35。

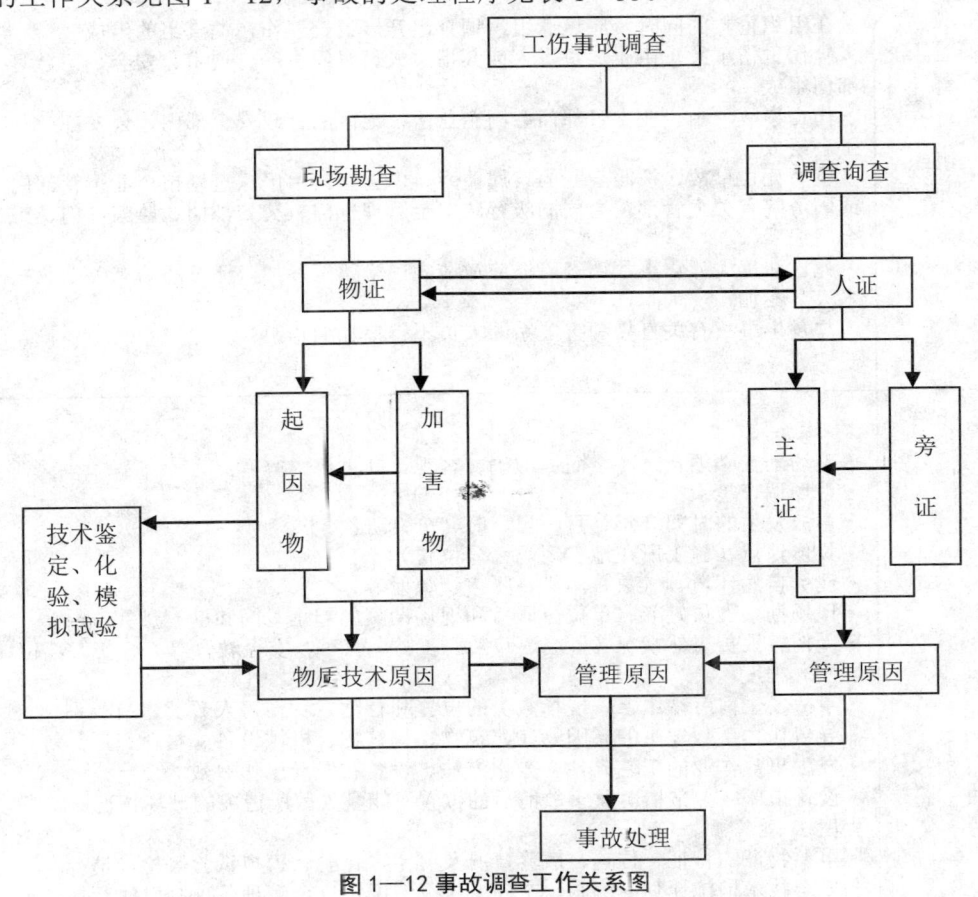

图1-12 事故调查工作关系图

表1-35 伤亡事故处理程序

程序	内容
抢救伤员保护现场	·事故发生后，负伤人员或最先发现事故的人应立即报告有关领导，并逐级上报 ·单位领导接到事故报告后，应立即赶赴现场组织抢救，制止事故蔓延扩大 ·现场人员应有组织，服从指挥，首先抢救伤员，排除险情 ·保护好事故现场，防止人为或自然因素破坏，在须移动现场物品时，应做好标识

续表

程序	内容
组织调查组	• 在组织抢救的同时，应迅速组织调查组开展调查工作，调查组的组成： • 轻伤重伤事故，由企业负责人或其指定人员组织生产、技术、安全、工会等部门组成 • 伤亡事故，由企业主管部门会同企业所在地区的行政安全部门、公安部门、工会组成 • 重大死亡事故，按照企业的隶属关系，由省、自治区、直辖市企业主管部门或国务院有关主管部门会同同级行政安全管理部门、公安部门、监察部门、工会组成 • 死亡和重大死亡事故调查组还应邀请人民检察院参加，还可邀请有关专业技术人员参加 • 与发生事故有关直接利害关系的人员不得参加调查组
现场勘察	• 现场勘查必须及时、全面、准确、客观，其主要内容有： • 现场调查笔录： • 事故发生的时间（年、月、日、时、分、班次） • 具体地点（施工所在地、现场工号位置） • 现场自然环境、气象、污染、噪声、辐射等 • 现场勘察人员姓名、单位、职务和现场勘察的起止时间和勘察过程 • 受伤害人员自然状况（姓名、年龄、工龄、工种、安全教育等）、伤害部位、性质、程度 • 事故发生前劳动组合、现场人员的位置和行动，受伤害人数及事故类别 • 导致伤亡事故发生的起因物（建筑物、构筑物、机械设备、材料、用具等） • 发生事故作业的工艺条件、操作方法、设备状况及工作参数 • 设备损坏或异常情况及事故前后的位置，能量失散所造成的破坏情况、状态、程度 • 重要物证的特征、位置、散落情况及鉴定、化验、模拟试验等检验情况 • 安全技术措施计划的编制、交底、执行情况，安全管理各项制度执行情况 • 现场拍照：方位拍照，能反映事故现场在周围环境中的位置 全面拍照，能反映事故现场各部分之间的联系 中心拍照，能反映事故现场中心情况 细目拍照，提示事故直接原因的痕迹物、致害物等 人体拍照，反映伤亡者主要受伤和造成死亡伤害的部位 • 现场绘图：根据事故类别和规模以及调查工作的需要现场绘制示意图： 平面图、剖面图；事故时现场人员位置及活动图；破坏物立体图或展开图；涉及范围图；设备或工、器具构造简图

续表

程序	内容
分析事故原因	• 认真、客观、全面、细致、准确的分析造成事故的原因，确定事故的性质 • 按《企业职工伤亡事故分类》（GB6441-1986）标准附录 A，受伤部位、受伤性质、起因物、致害物、伤害方法、不安全状态和不安全行为等七项内容进行分析，确定事故的直接原因和间接原因 • 根据调查所确认的事实，从直接原因入手，深入查出间接原因，分析确定事故的直接责任者和领导责任者。并根据其在事故发生过程中的作用确定主要责任者 • 事故的性质有： • 责任事故，由于人的过失造成的事故 • 非责任事故，由于不可预见或不可抗力的自然条件变化所造成的事故或在技术改造、发明创造、科学试验活动中，由于科学技术条件的限制而发生的无法预料的事故 • 破坏性事故，即为达到既定目的而故意制造的事故。此类事故应由公安机关立案、追查处理
事故责任分析	• 根据调查掌握的事实，按有关人员职责、分工、工作态度和在事故中的作用追究其应负责任 • 按照生产技术因素和组织管理因素，追究最初造成事故隐患的责任 • 按照技术规定的性质、技术难度、明确程度，追究属于明显违反技术规定的责任 • 根据其情节轻重和损失大小，分清责任、主要责任、其次责任、重要责任、一般责任、领导责任等： • 因设计上的错误和缺陷而发生的事故，由设计者负责 • 因施工、制造、安装、检修上的错误或缺陷所发生的事故，由施工、制造、安装、检修、检验者负责 • 因工艺条件或技术操作确定上的错误和缺陷而发生的事故，由其确定者负责 • 因官僚主义的错误决定、瞎指挥而造成的事故，由指挥者负责 • 事故发生未及时采取措施，致使类似事故重复发生，由有关领导负责 • 因缺少安全生产规章制度而发生的事故，由生产组织者负责 • 因违反规定或操作错误而造成的事故，由操作者负责 • 未经教育、培训，不懂安全操作规程就上岗作业而发生的事故，由指派者负责 • 因随便拆除安全防护装置而造成的事故，由决定拆除者负责 • 对已发现的重大事故隐患，未及时解决而造成的事故，由主管领导或贻误部门领导负责 • 对发生伤亡事故后，有下列行为者要给予从严处理： • 发生伤亡事故后，隐瞒不报、虚报、拖报的 • 发生伤亡事故后，不积极组织抢救或抢救不力而造成更大伤亡的 • 发生伤亡事故后，不认真采取防范措施，致使同类事故重复发生的 • 发生伤亡事故后，滥用职权，擅自处理事故或袒护、包庇事故责任者的有关人员 • 事故调查中，隐瞒真象，弄虚作假，嫁祸于人的 • 根据事故后果和认识态度，按规定提出对责任者以经济处罚、行政处分或追究刑事责任等处理意见
制定预防措施	• 根据事故原因分析，制定防止类似事故再次发生的预防措施 • 分析事故责任，使责任者、领导者、职工群众吸取教训，改进工作，加强安全意识 • 对重大未遂事故也应按上述要求查找原因、严肃处理

续表

程序	内容
撰写调查报告	·调查报告应包括事故发生的经过、原因、责任分析和处理意见以及本事故的教训和改进工作的建议等内容 ·调查报告须经调查组全体成员签字后报批 ·调查组内部存在分歧时，持不同意见者可保留意见，在签字时加以说明
事故审理和结案	·事故处理结论，经有关机关审批后，即可结案 ·伤亡事故处理工作应当在90天结案，特殊情况不得超过180天 ·事故案件的审批权限应同企业的隶属关系及人事管理权限一致 ·事故调查处理的文件、图纸、照片、资料等记录应完整并长期保存
员工伤亡事故记录	·员工伤亡事故登记记录主要有： 员工重伤、死亡事故调查报告书、现场勘察记录、图纸、照片等资料；物证、人证调查材料；技术鉴定和试验报告；医疗部门对伤亡者的诊断结论及影印件；事故调查组人员的姓名、职务，并应逐个签字；企业及其主管部门对事故的结案报告；受处理人员的检查材料；有关部门对事故的结案批复等
工伤事故统计说明	·"工人职员在生产区域内所发生的和生产有关的伤亡事故"，是指企业在册职工在企业活动所涉及的区域内（不包括托儿所、食堂、诊疗所、俱乐部、球场等生活区域），由于生产过程中存在的危险因素的影响，突然使人体组织受到损伤或某些器官失去正常机能，以致负伤人员立即中断工作的一切事故 ·员工负伤后一个月内死亡，应作为死亡事故填报或补报，超过者不作死亡事故统计 ·员工在生产工作岗位干私活或打闹造成伤亡事故，不作工伤统计 ·企业车辆执行生产运输任务（包括本企业职工乘坐企业车辆）行驶在场外公路上发生的伤亡事故，一律由交通部门统计 ·企业发生火灾、爆炸、翻车、沉船、倒塌、中毒等事故造成旅客、居民、行人伤亡，均不作职工伤亡统计 ·停薪留职的职工到外单位工作发生伤亡事故由外单位统计

第7讲 安全事故原因分析方法

安全事故的分析方法很多，主要有事件树分析法、故障树分析法、因果分析图法、排列图法等。这些方法既可用于事前预防，又可用于事后分析。

一、事件树分析法

事件树分析法（ETA），又称决策树法。它是从起因事件出发，依照事件发展的各种可能情况进行分析，既可运用概率进行定量分析，亦可进行定性分析，如图1—13所示为工人搭脚手架时不慎将扳手从12m高处坠落，致使行人死亡的事故分析。

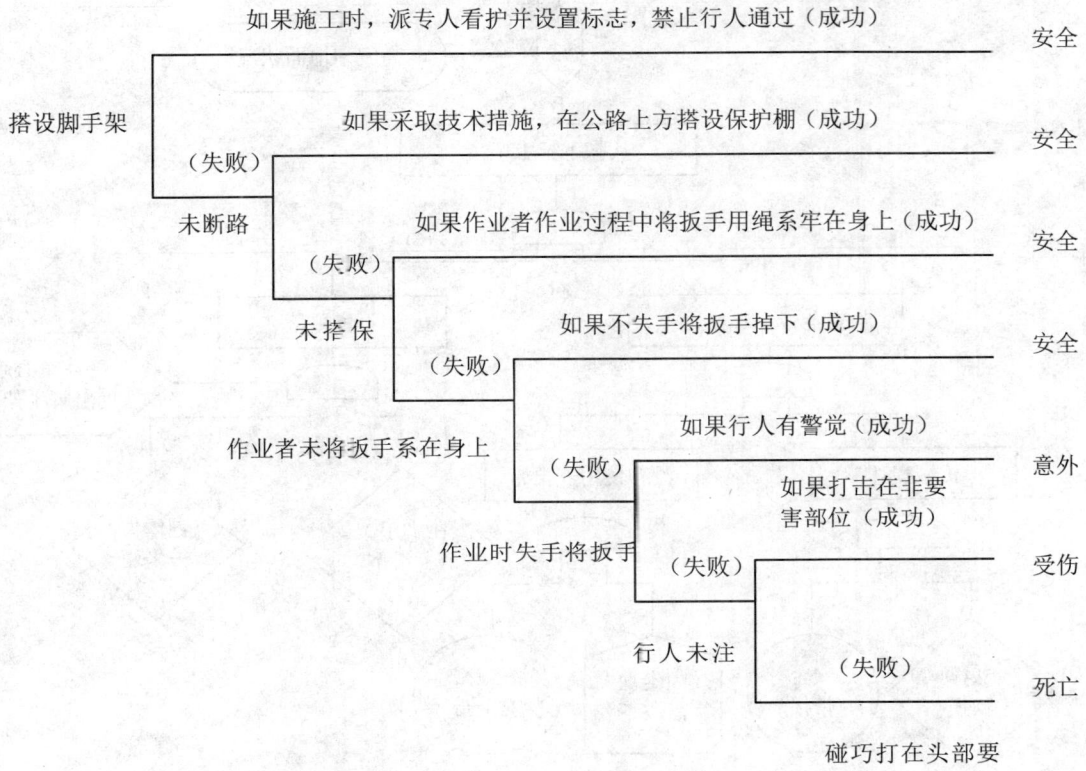

图 1—13 物体打击死亡事故事件树分析

二、故障树分析法

故障树分析法（FTA），又称事故的逻辑框图分析法。它与事件树分析法相反，是从事故开始，按生产工艺流程及因果关系，逆时序地进行分析，最后找出事故的起因。这种方法亡可进行定性或定量分析，能揭示事故起因和发生的各种潜在因素，便于对事故发生进行系统预测和控制。图 1—14 为对一位工人不慎从脚手架上坠落死亡事故的故障树分析示例。图中符号意义见表 1—36。

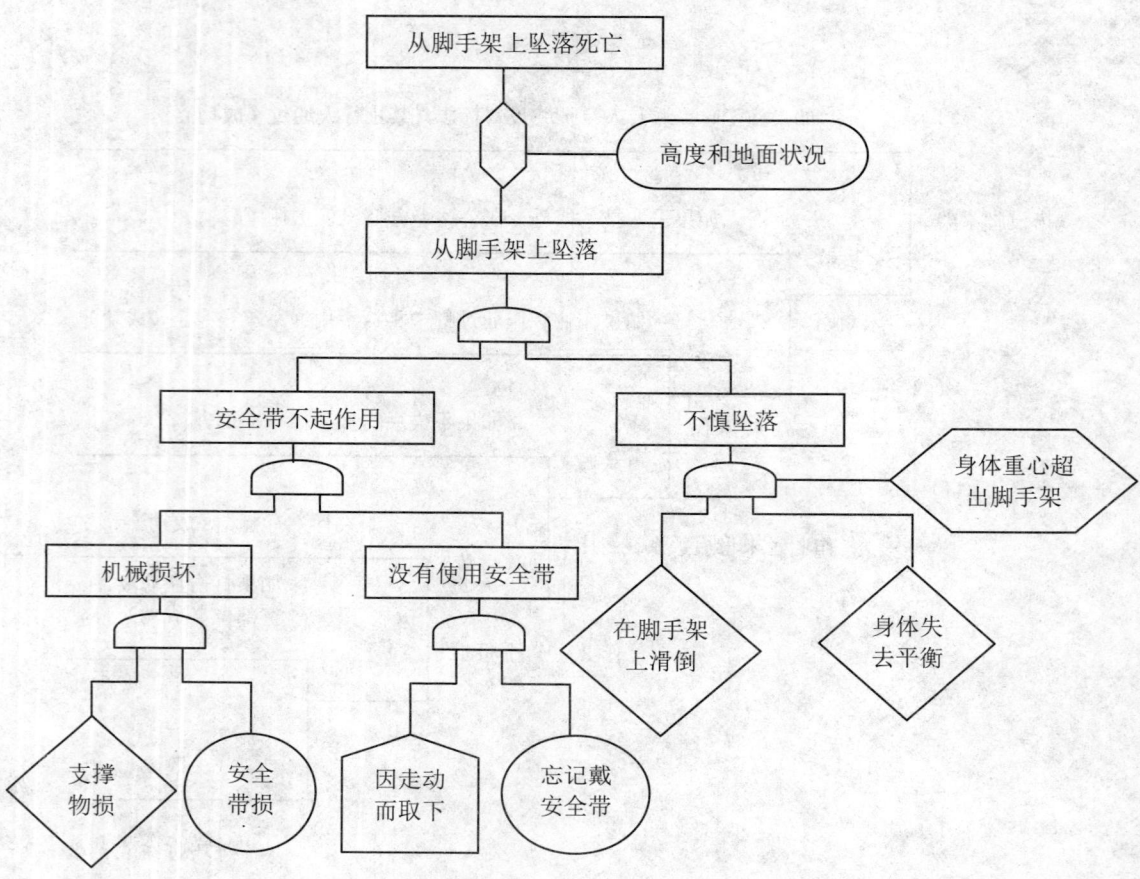

图 1—14 （从脚手架上坠落死亡）故障树

表 1—36 故障树分析常用符号

种类	名称	符号	说明	表达式
逻辑门	与门		表示输入事件 B_1、B_2 同时发生时，输出事件 A 才会发生	$A=B_1 \cdot B_2$
	或门		表示输入事件 B_1 或 B_2 任何一个事件发生，A 就发生	$A=B_1+B_2$
	条件与门		表示 B_1、B_2 同时发生并满足该门条件时，A 才会发生	
	条件或门		表示 B_1 或 B_2 任一事件发生并满足该门条件时，A 才会发生	

续表

种类	名称	符号	说明	表达式
事件	矩形	□	表示顶上事件或中间事件	
	圆形	○	表示基本事件，即发生事故的基本原因	
	屋形	⌂	表示正常事件，即非缺陷事件，是系统正常状态下存在的正常事件	
	菱形	◇	表示信息不充分、不能进行分析或没有必要进行分析的省略事件	

三、因果分析图法

见图 1—15 示例。

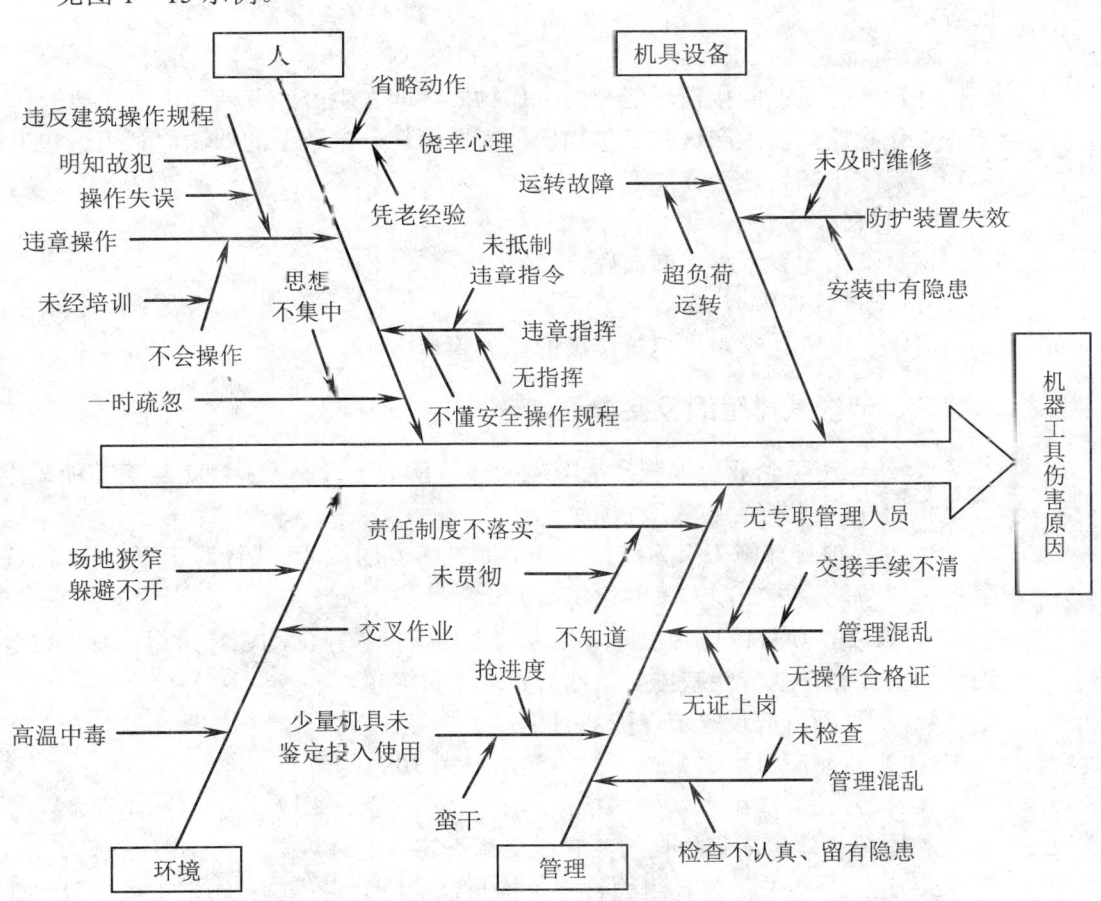

图 1—15 机器工具伤害事故因果分析图

第4单元 施工项目节能、环保及绿色施工

第1讲 项目节能减排管理

项目节能减排管理指的是，通过有效的管理减少项目施工过程中的能源浪费和降低污染物、噪声的排放。

一、项目节能减排的主要管理内容

1．能源消耗

能源消耗量指实际消耗的各种能源，包括工程承包合同范围施工生产、辅助生产、附属生产消耗和现场办公消耗的能源，不包括用于生活目的所消耗的能源。

2．耗能工质：水

（耗能工质：间接消耗能源的工作物质。即在生产经营活动中，需要消耗某些工作物质，而生产这些工作物质，需要消耗一定数量的能源，利用这些工作物质就等于间接地消耗能源。

3．材料

钢材、水泥、木材、商品砼。

4．减排管理内容

废水、废气、噪声、建筑垃圾的排放管理。

二、节能减排组织及要求

1．建筑施工企业应编制开展节能减排活动的管理制度；制定年度节能减排目标和指标，并分解到各工程项目部。

2．工程项目部施工组织设计应有节能减排专题章节，或针对工程项目特点，编制工地节能减排专项方案并组织实施。

3．成立以项目经理为主要责任人的工地节能减排活动领导小组，有工地节约控制责任制，创节能减排型工地的管理人员名单。

4．工程项目应设立节能降耗目标：

（1）万元产值用电量控制指标基本值为108千瓦时；

（2）万元产值用水量控制指标基本值为12立方米；

（3）单位建筑面积损耗的其它能资源不超过定额规定，并逐年按比例递减。

5．建立分级节能降耗组织管理机构与节能降耗责任制；制定工程项目节能降耗目标阶段预审和预评的规定。

6．工程项目施工现场入口处，设立节能减排型工地公示牌，公示创建节能

减排型工地的责任人、目标、能源资源分解指标、主要措施等内容，生活区及施工现场内在显著位置设置节约用水、用电的宣传。

三、节能减排现场管理措施

1. 严格执行国家、行业、地方关于禁止与限制落后淘汰技术、工艺、产品的现行有关规定；积极采用新技术、新材料、新工艺和新产品。
2. 安全生产、工程质量、文明施工符合国家、行业、地方标准规范规定；工程项目按图施工，落实建筑节能要求，无不良记录。
3. 工程项目建立分区域能源、资源消耗原始记录和月度台账，对指标体系各项指标值的真实性负责；工程项目应完成从开工到竣工全过程节能降耗数据分析报告。

四、节能减排现场技术措施

1. 综合技术措施

（1）通过方案比较、方案评审等优化措施，形成合理的施工方案、施工组织设计；方案优化的重点是施工平面布置、设备选用、模板体系、脚手架体系、材料管理等。

（2）围绕符合建筑节能、节地、节水、节材和科技进步、技术创新，在施工方案优化，过程管理，施工新技术、新工艺、新材料的开发应用等方面，实施能源资源节约和循环利用。

（3）积极应用建设部推广的"十项新技术"（《关于进一步做好建筑业10项新技术推广应用的通知》建质〔2005〕26号）。

（4）有条件的施工企业，应加大新技术、新工艺、新材料的课题研究，将科研成果转化为现场应用；鼓励施工企业自创的技术革新以及有效节约方法的推广应用。

（5）鼓励对太阳能光电、太阳能光热、风能、地源热泵等可再生能源的推广应用，淘汰或逐步减少耗能型施工机械设备。

（6）严格执行本市使用新型建设工程材料的相关规定。禁止使用实心粘土砖，限制使用粘土多孔砖，非承重结构全面使用新型墙体材料。推广应用加气混凝土砌块、陶粒混凝土砌块、多排孔混凝土小型空心砌块等非粘土类新型墙体材料，保护和节约不可再生的土地资源。

2. 土地节约措施

（1）施工现场物料堆放应紧凑，施工道路宜按照永久道路和临时道路相结合的原则布置，减少土地占用；如施工现场场地狭小，需选择第二场地进行材料堆放、材料加工时，应优先考虑利用荒地、废地或闲置的土地。

（2）挖出的弃土，有场地堆放的应提前进行挖填平衡计算，或与邻近施工场地之间的土方进行资源调配，尽量利用原土回填，做到土方量挖填平衡。因施工造成裸土的地块,应及时覆盖沙石或种植速生草种,防止由于地表径流或风化引起的场地内水土流失。施工结束后,应恢复其原有地貌和植被。

3. 节水措施

(1) 施工现场供水管网应根据用水量设计布置,管径合理、管路简捷,采取有效措施减少管网和用水器具的漏损。

(2) 使用节水型产品,对不同的施工、生活等用水分别装置计量表,分别监控,有记录。第一年节水型产品和计量装置使用率应达50%,并逐年提高。

(3) 有专人定时对施工现场及生活区的水龙头及用水设备进行检查,是否有"跑、冒、滴、漏"现象并及时修复。

(4) 生活区内热水供应采取限时或者用量控制措施,防止乱用水现象的发生。

(5) 厕所等部位应采用节水型闸阀开关,并根据时段调节阀门出水量。

(6) 实施水资源循环利用,现场设置废水回收水池(塔),沉淀后进行重复利用,减少市政自来水的使用。有条件的工地,可利用收集雨水、工地附近的河水等,替代自来水用于部分生产、生活。

4. 节能措施

(1) 施工现场应在各项施工活动和工序中,做好电机节能、余热利用、能量系统优化、绿色照明、办公节能以及节能监测和服务体系建设等工作,优先使用节能、高效、环保的施工设备和机具,采用低能耗施工工艺,充分利用可再生清洁能源。

(2) 建设工程临时设施的节能由改善围护结构热工性能,提高空调采暖设备和照明设备效率来分担。围护结构传热系数参照 DBJ01—621《公共建筑节能设计标准》执行。

(3) 根据《国务院办公厅关于严格执行公共建筑空调温度控制标准的通知》,夏季室内空调温度设置不得低于 26℃,冬季室内空调温度设置不得高于 20℃。空调运行时应关闭门窗。

(4) 编制科学的用电施工方案,配电线网布置规范,配线选材合理,避免电流密度过大或电阻过大,造成浪费。

(5) 室外照明宜采用高强度气体放电灯,办公室等场所宜采用细管荧光灯,生活区宜采用紧凑型荧光灯。在满足照度的前提下,办公室节能型照明器具功率密度值不得大于 $8W/m^2$,宿舍不得大于 $6W/m^2$,仓库照明不得大于 $5W/m^2$。

(6) 加强用电管理,施工区、生活区有专人管理照明灯具;宿舍应采用智能化开关控制宿舍的用电。

(7) 建设工程施工用电必须装设电表,生活区和施工区应分别计量;用电电源处应设置明显的节约用电标识;同时,施工现场应建立照明运行维护和管理制度,及时收集用电资料,建立用电节电统计台帐。针对不同的工程类型,如住宅建筑、公共建筑、工业厂房建筑、仓储建筑、设备安装工程等进行分析、对比,提高节电率。照明运行维护和管理制度应执行《建筑照明设计标准》(GB50034-2013)相关规定。

(8) 施工现场有条件时可利用太阳能作为照明能源，办公区、生活区宜安装太阳能装置提供生活热水。

(9) 建筑材料的选用应缩短运输距离，减少能源消耗。

(10) 采用能效比高的用电设备，推广使用智能型荷载限位器，现场有控制大功率用电设备措施。照明灯具应采用高效、节能、使用寿命长的施工照明灯具。

(11) 加强对大型施工机械设备运行管理，禁止空载运行、提高使用率；对机械进行定期维护，确保机械正常运行。

(12) 选用环保高效节能的施工机械，逐步利用 Y 系列节能电机（全封闭自扇冷式三相鼠笼型异步电动机）改造现有施工机械动力源，逐步采用高效功率补偿器技术；禁止耗能超标机械进入施工现场。

5. 节材措施

(1) 强化现场材料管理，建立商品砼、钢材、木材、水泥、砂石料等大宗材料预算计划和进场验收管理制度，确保质量合格和数量准确。

(2) 优先采用高效钢筋与预应力技术、钢筋直螺纹连接、电渣压力焊技术等节材效果明显的新技术。推广钢筋专业化加工和配送，减少施工现场钢筋断料的浪费。

(3) 推广使用预拌混凝土和商品砂浆。准确计算采购数量、供应频率、施工速度等，在施工过程中动态控制。

(4) 架设工艺及模板支护等专项方案应予会审、优化，合理安排工期，加快周转材料周转使用频率。降低非实体材料的投入和消耗；推广使用定型钢模、钢框竹模和竹胶板，增加模板周转次数；推广先进工艺、技术，降低材料剪裁浪费；合理确定商品混凝土掺和料及配合比，降低水泥消耗。

(5) 其它主辅材使用时，安排好进场时间和堆放位置以及合理有效保管和使用，减少放置、储存和二次搬运等对材料的消耗。

(6) 施工现场应专设场地和专职人员负责对废弃物进行收集，分类回收或加工利用，对钢筋头、废铁丝等集中售给废品站回收炼钢。废木屑、锯木集中售给木屑板厂作为原料，落地砂浆过筛后经成型机加工成水泥块，力争各类建筑垃圾回收、再利用率达到 30%以上。

(7) 在施工期间，应充分利用场地及周边现有或拟建道路、给水、排水、供暖、供电、燃气、电信等市政设施、场地内现有建筑物或拟建建筑物的功能，减少资源能源消耗，提高资源再利用率，节约材料与资源。

(8) 现场办公和生活用房采用周转式活动房，现场围挡应最大限度地利用已有围墙，或采用装配式可重复使用围挡封闭。建筑塔吊基础等临时性重型构件、基坑支护结构中设置有侵入坑外土层中的预应力锚杆，优先采用可拆式，回收利用。

6. 减排措施

（1）编制专项方案对工地的废水、废气、废渣的三废排放进行识别、评价和控制，安排专人、专项经费，制定专项措施，减少工地现场的三废排放。

（2）对施工区域的施工废水设置沉淀池，进行沉淀处理后重复使用或合规排放，对泥浆及其它不能简单处理的废水集中交由专业单位处理。在生活区设置隔油池、化粪池，对生活区的废水进行收集和清理。

（3）禁止在施工现场焚烧垃圾，使用密目式安全网、定期浇水等措施减少施工现场的扬尘。

（4）合理安排噪声源的放置位置及使用时间，采用有效的噪声防护措施，减少噪声排放，并满足《建筑施工场界环境噪声排放标准》的限制要求。

（5）生活区垃圾按照有机、无机分类收集，与垃圾站签订合同，按时收集垃圾。对不可回收有害的施工垃圾打包封袋，按照环保等部门规定要求送往指定处理中心集中进行无害化处理。房建类工程每万平方米的建筑垃圾不应超过400吨。

五、施工项目的基本情况和工程类别，万元产值综合能耗水平统计

1. 项目概况、能耗水平统计表

表 1—37

施工项目名称		项目所在地	
工程类型	（ ）房屋建筑（ ）工业建筑（ ）市政工程（ ）公路工程（ ）铁路工程（ ）能源工程（ ）水利工程（ ）园林工程（ ）装饰工程（ ）钢结构工程（ ）安装工程（ ）其他工程		
现场情况	现场设搅拌站□是□否；现场设钢筋加工场□是□否 非标设备加工场□是□否；钢构件加工场□是□否		
开工日期		计划竣工日期	
项目经理		联系电话	
建筑面积（m²）		合同造价（万元）	
工程进度		施工已完成合同额%	
环境方面受到地级市以上表彰和奖励（次数）		环境方面受到省级以上表彰和奖励（次数）	
噪声、扬尘等方面受到地方政府通报批评（次数）		噪声、扬尘等方面受到地方政府处罚（次数）/金额（万元）	
噪声、扬尘等方面受到业主投诉（次数）		噪声、扬尘等方面受到社区居民投诉（次数）	
发生火灾（次数）/损失（万元）		发生其他环境事故（次数）	
环境、职业健康安全投入总额（万元）		能源消耗量（标准吨煤/产值（万元）	

2. 项目概况、能耗水平统计表填制说明

（1）工程名称、项目所在地按实填写。

（2）建筑面积填写按照工程合同约定，工程实体建筑面积，如有多个单位工程，按照所有单位工程建筑面积总和。

（3）项目类型填写应在（√）注明房屋建筑、工业建筑、市政工程、公路工程、铁路工程、能源工程（各种电厂）、装饰工程、水利工程、园林工程、钢结构工程、安装工程、其它工程。

（4）其它工程指以上11种工程类型未包括的其它工程。

（5）在现场情况中注明确有无搅拌站、钢筋加工场、非标设备加工场、钢构件加工场。

（6）合同造价填写，按照合同约定的工程造价或预算价格，如有多个单位工程，按照所有单位工程合同约定的工程造价或甲方审定的预算价格总和。

（7）在环境方面获地市级以上表彰和奖励次数、省级以上表彰和奖励次数，均以证书和发证时间进行统计，未发生为零。

（8）在噪声、扬尘等方面受到地方政府通报批评次数、处罚次数/处罚金额（万元），均以地方政府文件和罚款通知进行统计，未发生为零。

（9）在噪声、扬尘等方面受到业主投诉或社区居民投诉次数，以业主、社区居民书面投诉进行统计，未发生为零。

（10）发生火灾次数、损失金额（万元）、发生其他环境事故的次数均以实际发生数统计，未发生为零。

（11）环境和职业健康安全投入总额（万元）按财务报表统计值为准，应包括：环境设施建设与维护费，消防设施与维护费用，环境、安全检测费用，废弃物回收、消纳费用，环境、职业健康安全监管系统的管理费，安全生产技术措施费，环境、职业健康安全应急准备和响应费用等。

1）环境设施建设与维护费包括：节水阀门、节能灯、沉淀池、化粪池、隔油池、排水设施、洒水设施、废水回收与处理设施、隔音屏、隔音围护、硬化道路、防止扬尘的覆盖设施或固化物、接火盆、接油盆的购置、建设、清掏、转运、消纳、洒水等费用。

2）消防设施与维护费用包括：消防水管、消防箱、灭火器、消防栓、消防水带、沙池、喷枪、铁锹、防火桶等购置、建设、维护、检定等费用。

3）环境、安全检测费用包括：水、电、油、计量仪器、噪声、污水、有毒有害气体等检测仪器购买或租赁、检定、保管，内部检测人员工资、噪声、污水、有毒有害气体、石材、涂料、外加剂、接地电阻、漏电保护器、电流、电压、安全帽、安全带、安全网等检测费用，委托权威机构检测等费用。

4）废弃物回收、消纳费用包括：废弃物分类、回收、垃圾消纳人员工资，废弃物转运、贮存、消纳、无害处理等费用。

5）环境、职业健康安全监管系统的管理费：包括：企业各级环境、安全管部门的办公、差旅等项管理费,专职环境、安全管理人员工资、奖金、福利等费用,企业自有职工工伤保险费、体检费。

6) 环境、职业健康安全应急准备和响应费用：环境、职业健康安全应急准备材料、设施、通讯器材等购买、贮存、演练人员工资,材料、设施消耗等费用。

7) 环境、安全教育培训费用包括：环境、安全教育培训资料费、差旅费、培训费、教师讲课费、场地租借费等。

8) 安全生产技术措施费包括：

①员工安全防护用品费包括：安全帽、安全带、工作服、防护口罩、护目眼镜、耳塞、绝缘鞋、手套、袖套、电焊防护面具等个人防护用品的购置费。

②临边、洞口安全防护设施费包括：楼层临边、阳台临边、楼梯临边、卸料平台侧边、基坑周边、预留洞口、电梯井口、楼梯口、通道口等安全防护设施的材料费、人工费，为安全生产设置的安全通道、围栏、警示绳等材料费、人工费。

③临时用电安全防护设施费包括：临近高压线隔离防护的料费、人工费，配电柜（箱）及其防护隔离设施、漏电保护器、低压变压器、低压配电线、低压灯泡的材料费、人工费。

④脚手架安全防护设施费包括：安全网、踢脚板等的材料费、人工费。

⑤机械设备安全防护设施费包括：钢筋加工机械、木工机械、卷扬机等中小型机械设备防砸、防雨设施的材料费、人工费。

⑥特殊作业安全防护设施费包括：隧道、容器、暗挖、2.5m以上人工挖孔桩等作业通风设备、除尘设备、设施的购置费、安装费、维护费等。

⑦施工现场文明施工措施费包括：确保施工现场文明施工及安全生产所进行的材料整理、垃圾清扫的人工费等。

⑧其它安全措施费包括：安全标志、标语及安全操作规程牌购置、制作及安装费，安全评优费，工程项目意外保险费、员工防暑降温药品、饮料费，冬季防滑、防冻措施费,其它安全专项活动费用。

（12）能源消耗量：指实际消耗的种能源，它包括工程承包合同范围施工生产、辅助生产、附属生产消耗和现场办公消耗的能源，不包括用于生活目的所消耗的能源。

1) 项目能源消耗量＝项目统计产值的所用能源总量－能源中不统计产值的分包所用能源总量－生活用能源总量。

2) 能源：包括一次能源、二次能源，一次能源包括：煤炭、石油、天然气等；二次能源包括：石油制品、蒸汽、电力、焦炭、煤气、氢气等;各种能源消耗不得重计或漏记。

3) 消耗的各种能源中，作为原料用途的能源，原则上应包括在内。

（13）产值综合能耗＝总综合能耗÷总产值（口径以统计报表为准）吨标准煤/万元

1）1千克标准：煤低（位）发热量等于 29.27 兆焦（或 7000 千卡）的固体燃料，称 1 千克标准，在统计计算中，采用吨标准煤。

2）所有能源消耗均应换算成 1 吨标准煤，能源换算成 1 吨标准煤。详见拆标系数规定表（表 1—38）

3）消耗的一次能源量，均按应用基低（位）发热量换算为标准煤量；消耗的二次能源，均应折算到一次能源；其中，燃料能源应以应用基低（位）发热量为折算基础。

表 1—38 拆标系数规定表

序号	能源项目	计量单位	拆标系数
1	原煤	吨	0.7143
2	洗精煤	吨	0.9000
3	其它洗煤	吨	0.2857
4	焦碳	吨	0.9714
5	焦炉煤气	万立方米	5.7140
6	高炉煤气	万立方米	1.2860
7	其它煤气	万立方米	3.5701
8	天然气	万立方米	13.3000
9	原油	吨	1.4286
10	汽油	吨	1.4714
11	煤油	吨	1.4714
12	柴油	吨	1.4571
13	燃料油	吨	1.4286
14	液化石油气	吨	1.7143
15	炼厂干气	吨	1.5714
16	热力	百万千焦	0.0341
17	电力	万千瓦小时	4.0400

如：1 吨汽油拆 1.4714 吨标准煤；1 万立方米天燃气拆 13.3000 吨标准煤。

六、施工项目能源、资源消耗统计

1. 能源、资源消耗统计表

表 1—39

施工项目名称			项目类型		
类别	能源或材料类别	计划用量(1)	实际用量(2)	备注	
1 能源	1.1 原煤（t）				
	1.2 洗精煤（t）				
	1.3 其他洗煤（t）				
	1.4 焦碳（t）				
	1.5 焦炉煤气（万 m³）				
	1.6 高炉煤气（万 m³）				
	1.7 其他煤气（万 m³）				
	1.8 天然气（万 m³）				
	1.9 原油（t）				
	1.10 汽油（t）				
	1.11 煤油（t）				
	1.12 柴油（t）				
	1.13 燃料油（t）				
	1.14 液化石油气（t）				
	1.15 炼厂干气				
	1.16 热力（百万千焦）				
	1.17 电力（万千瓦小时）				
2 耗能工质	2.1 水（t）				
3 材料	3.1 钢材（t）				
	3.2 水泥（t）				
	3.3 木材（m³）				
	3.4 商品砼（m³）				

2. 能源、资源消耗统计表填制说明

（1）项目类型填写应在（√）注明房屋建筑、工业建筑、市政工程、公路工程、铁路工程、能源工程（各种电厂）、装饰工程、水利工程、园林工程、钢结构工程、安装工程、其它工程。

（2）填报中：计划用量填报至工程竣工，按照预算或计划消耗的能源或资源数量或在 2006 年统计消耗量基础上降低 4.5%作为计划用量或企业规定项目承包量作为计划用量；实际用量为至目前施工状态，实际消耗的能源或资源数量（应以统计口径为准），总包或分包自报产值的项目所消耗的能源和资源均由总包或分包单位统计，未报产值的项目其能源和资源的消耗均不统计。

（3）能源填制说明

1）能源包括用电、用原煤、洗精煤、其它洗煤、焦碳、焦炉煤气、高炉煤气、其它煤气、天然气，原油、汽油、柴油、煤油、燃料油、液化石油气、炼厂干气、热力、电力等项目统计，在填报时，如无此项内容，则在表中填"无"或"／"标识。

2）用电、用煤、用油、用气应按工程实体所消耗量及现场生产设施、辅助生产设施、办公设施所消耗总量，应分别统计生产用量，数据均以电表、气表、加油量或油票和煤过磅量为准。

3）用油指项目所用汽油、柴油、煤油等，生活车用油为生活用油不统计，私车在项目报销油料费，其用油量统计在生产用油中，班车用油、施工用油为生产用油；项目统计产值由分包自购材料所发生的油料消耗均由项目统计。

4）用电指项目照明和动力所用电，生活区、办公区全部用电为生活用电，现场生产设备、施工照明用电为生产用电。

5）洗澡、食堂用煤气、液化气、天然气为生活用气不统计，办公室用煤气、液化气、天然气为生产用气，现场生产设备施工用液化石油气、天然气作动力为生产用气。

6）食堂、茶炉、生活区用煤为生活用煤不统计，办公室用煤为生产用煤，构件养护、冬季施工加热、保温用煤为生产用煤；现场自烧蒸汽养护构件只统计用煤、用电所消耗能量，其用水量也应统计，现场购买的蒸汽应统计蒸汽消耗量，而不统计用煤、用电量，也不统计用水量。

7）总包报产值供应商消耗的能源应纳入总包能源消耗量，如商品砼搅拌消耗的电力、砼运输和泵送中消耗的汽油、柴油、电力消耗量，钢构件、设备吊装租用的大型设备发生的汽油、柴油、电力消耗量，应纳入总包能源消耗量。

8）总包报产值分包消耗的能源应纳入总包能源消耗量，如钢筋、钢构件加工发生的电力、运输中发生的汽油、柴油消耗量，基坑施工中各种机械设备发生的电力、汽油、柴油消耗量。

9）总包报产值涉及的供应商、分包方为二级施工企业（含工程局）或子公司内部法人单位或非法人单位所消耗的能源只统计一次，不重复计算。

（4）耗能工质填报说明

1）用水指项目现场生产设备、施工、养护、搅拌、降尘、生产设备清洗等用水为生产用水，食堂、生活区、办公区用水为生活用水不统计。

2）现场用自来水不统计能耗，只统计用水量；抽地下水现场用、现场用水压力不足加压时,现场应统计所用电量,也统计用水量;地下降水、动力排水现场应统计所用电量,不统计用水量;现场用雨水、沉淀池水作降尘、养护用不统计能耗,也不统计用水量。

3)项目所用氧气、乙炔、电石均不统计能耗。

(5)施工用料消耗填制说明

1)表中材料部分内容统计,应包括构成施工实体和现场生产、辅助生产、办公临时设施、现场生活区施工所用材料消耗量。

2)施工用料统计指工程承包合同范围内总包或分包全部用料,包括所用分包用料、返工和返修用料。

3)填报时,如无此项内容,则在表中填"无"或"/"标识;填报时还应明确现场有无食堂、宿舍、厕所、浴室、搅拌站、钢筋加工场、非标设备和钢构件加工场等内容,以便考核比较。

七、施工项目环境管理绩效统计

分别针对项目的主要环境影响方面,对施工项目在环境管理、环境控制、环境监测等方面情况进行统计,反映施工项目在环境管理方面的绩效。

1. 施工项目环境管理绩效统计表

表1—40

施工项目名称			项目类型	
环境影响		环境指标	计划值	实际值
1	污水排放	1.1 污水排放达标率(%)		
		1.2 沉淀池、化粪池、隔油池溢流或遗洒次数(次)		
2	施工扬尘	2.1 场地硬化面积(m^2)		
		2.2 易飞扬材料覆盖率(%)		
		2.3 场地覆盖率(%)		
3	施工噪声	3.1 打桩施工阶段噪声值(dB)	昼间85	昼间
		3.2 土方施工阶段噪声值(dB)	昼间75	昼间
			夜间55	夜间
		3.3 结构施工阶段噪声值(dB)	昼间70	昼间
			夜间55	夜间
		3.4 装饰装修施工阶段噪声值(dB)	昼间65	昼间
			夜间55	夜间
		3.5 现场噪声排放合格率(%)		

续表

施工项目名称			项目类型	
环境影响		环境指标	计划值	实际值
4	固体废弃物	4.1 固体废弃物分类处置率（%）		
		4.2 有毒有害废弃物无害处置率（%）	100	
5	有毒有害气体	5.1 住宅工程室内空气质量检测合格率（%）	100	
6	消防	6.1 现场消防器材达标率（%）		
7	施工机械	运输机械尾气达标率（%）		

2. 施工项目环境管理绩效统计表填制说明

（1）表1—40为施工项目环保绩效统计表，主要划分为污水排放、施工扬尘、施工噪声、固体废弃物、消防、施工机械等6个大项。

（2）项目类型填写应在（√）注明房屋建筑、工业建筑、市政工程、公路工程、铁路工程、能源工程（各种电厂）、装饰工程、水利工程、园林工程、钢结构工程、安装工程、其它工程。

（3）污水排放填制说明

1）污水排放达标率计划数为目标规定应达到合格排放值，实际值为经检测达到合格排放值，污水排放达标率＝污水排放达标次数÷污水排放次数×100%。

2）污水排放达标指在有城市污水管网处施工，办理书面排污手续，其现场废水经两级或三级沉淀池沉淀过滤后排入市政管道，100人以上食堂经隔油池过滤后排入放市政管道，浴厕废水经化粪池沉淀过滤后排入市政管道；在无城市污水管网处施工、其废水经检测达到规定排污标准或拉到指定污水排放口排放或由环卫部门定期清运；在风景名胜区和饮水源处施工其废水拉到指定污水排放口排放。

3）污水排放次数为项目砼浇筑后冲洗的次数，食堂污水为实际开伙日历天数每天统计排放量1次，现场废水每检测1次或转运1次或清运1次计算1次污水排放次数。

4）沉淀池、化粪池、食堂隔油池溢流或遗洒次数，计划数为目标规定值，实际数为沉淀池、化粪池、食堂隔油池实际发生溢流或清淘后发生遗洒次数或检查发现溢流或清淘后发生遗洒次数。

（4）扬尘控制填制说明

1）场地硬化面积计划值为按照法规或企业施工组织设计中策划规定应硬化的面积量，包括现场主要临时道路面积及其它需硬化面积，实际值为现场实际硬化面积量。

2）易飞材料运输封闭率＝运输易飞材料实际封闭次数÷运输易飞材料总次数×100%，2.3场地覆盖率统计＝现场实际覆盖面积÷现场应覆盖面积×100%。

3）计划数为目标或企业施工组织设计中策划规定应达到的易飞材料运输封闭率、场地覆盖率,实际数为运输易飞材料实际封闭次数占运输易飞材料总次数的百分比和现场实际覆盖面积占现场应覆盖面积的百分比。

（5）噪声排放填制说明

1）噪声值计划值为当地环保部门按《声环境质量标准》（GB3096-2008）或《建筑施工场界环境噪声排放标准》（GB12523-2011）标准批准确定的噪声排放限值。

2）噪声排放实际值是对表中的3.1打桩施工阶段噪声值、3.2土方基础施工阶段噪声值、3.3结构施工阶段噪声值、3.4装修装饰施工阶段噪声监测结果的平均值，分别进行昼间和夜间的统计,如：结构施工昼间噪声排放值＝（70+68+69+70+73）[每次噪声监测数值]÷5（噪声监测总次数）。

3）表中3.5现场噪声排放合格率，计划数为目标或企业环境策划规定应达到的现场噪声排放合格率,实际数为现场噪声排放合格率实际完成值,现场噪声排放合格率＝4（噪声排放监测合格的次数）÷5（噪声监测总次数）×100%。

（6）固体废弃物控制填制说明

1）表中4.1固体废弃物分类处置率计划数为目标或企业环境策划规定应达到的现场固体废弃物分类处置率,实际数为现场固体废弃物分类处置率实际达到值。

2）固体废弃物分类处置率＝（20+25+30+35+40）[现场产生固体废弃物进行分类处置数量（车）]÷（20+25+30+35+40+80）[现场产生固体废弃物的总量（车）]×100%或固体废弃物分类处置率＝（4）[检查现场产生固体废弃物进行分类处置次数（次）]÷（6）[检查现场产生固体废弃物的处置总次数（次）]×100%。

3）表中4.2有毒有害废弃物无害处置率,计划数为目标或企业环境策划规定应达到的有毒有害废弃物无害处置率,实际数为现场有毒有害废弃物无害处置率实际完成值。

4）现场有毒有害废弃物无害处置率＝（10+20+30+15+30）[有毒有害废弃物无害处置量（kg）]÷（10+20+30+15+30+35）[有毒有害废弃物处置总量（kg）×100%。

5）有毒有害废弃物无害处置指有毒有害废弃物无害交供应商回收（废油漆、废涂料、墨盒、硒鼓等）、分包方处置（维修配件、废油等）、交有资质单位处置（废电脑、打印机等）,有合同或协议、资质证书、处置记录或有毒有害废弃物处置五联单。

（7）有毒有害气体检测填制说明

1）表中5.1住宅工程室内空气质量检测合格率,计划数为按《民用建筑工程室内环境污染控制规范》（GB50325-2010）确定的目标或企业环境策划氡、游离甲醛、笨、氨TOVC等有毒有害气体检测合格率,实际数为现场氡、游离甲醛、笨、氨 TOVC 等有毒有害气体检测合格率实际检测合格率。

2）住宅工程室内空气质量检测合格率＝40000（住宅工程室内氡、游离甲醛、笨、氨 TOVC 等有毒有害气体检测合格面积）［m^2］÷42000（住宅工程室内氡、游离甲醛、笨、氨 TOVC 等有毒有害气体检测总面积）［m^2］×100%。

（8）消防填制说明

1）表中 5.1 现场消防器材达标率，计划数为目标或企业环境策划规定应达到的现场消防器材达标率，实际数为现场消防器材达标率实际完成值。

2）现场消防器材达标率＝（65+68+69+67+65+65+70+70）［现场每次检查消防器材合格数量总和（个）］÷（70+70+70+70+70+70+70+70）［现场每次检查消防器材数量总和（个）］×100%。

（9）施工机械填制说明

1）表中 6.1 运输机械尾气达标率，计划数为目标或企业环境策划规定应达到的运输机械尾气达标率，实际数为现场运输机械尾气达标率实际完成值。

2）现场运输机械尾气达标率＝15（现场运输机械尾气环保部门检测合格数量）［台数］÷18（现场运输机械尾气检测总数量）［台数］×100%。

第 2 讲 项目环境保护管理

一、项目环境因素识别

项目经理部根据建筑施工行业特点，结合企业有关规定与要求，将在办公、采购、施工和服务等活动中常见的环境因素汇集、编制《重大环境因素清单》。

项目经理部在识别环境因素时，应考虑业主、周边单位、居民等对环保和文明施工的要求。施工过程中应根据法律法规要求以及企业的实际情况，适时更新《重大环境因素清单》。

1. 环境因素识别的对象和范围

应从项目的办公、设计、采购、施工和竣工后服务等活动中识别环境因素。

识别环境因素时应考虑本单位在过程活动中，自身可以管理、控制、处理以及可施加影响（如对供应商、运输商、分包商）的方面和范围。识别环境因素应考虑三种状态、三种时态和六个方面：

（1）三种状态

1）正常状态：指稳定、列行性、计划已做出安排的活动状态，如正常施工状态。

2）异常状态：非例行的活动或事件，如施工中的设备检修，工程停工状态。

3）紧急状态：指可能出现的突发性事故或环保设施失效的紧急状态，如发生火灾事故、地震、爆炸等意外状态。

(2) 三种时态

1) 过去：以往遗留的环境问题，而会对目前的过程、活动产生影响的环境问题。

2) 现在：当前正在发生、并持续到未来的环境问题。

3) 将来：计划中的活动在将来可能产生的环境问题，如：新工艺、新材料的采用可能产生的环境影响。

(3) 六个方面

1) 大气排放：包括向大气实施点源、无组织排放各类污染环境因素的，如锅炉的烟尘排放。

2) 水体排放：生活污水与施工过程形成的废水等各类污染因素的产生与排放，如食堂含油污水，砼搅拌站污水排放。

3) 各类固体废弃物：包括施工过程以及生活、办公活动中产生的各种固体废弃物，如建筑垃圾、生活垃圾及办公垃圾。

4) 土地污染：由各种化学物质、油类、重金属等对土壤所造成的污染、积累和扩散。

5) 原材料和自然资源的耗用：施工和办公过程中对原材料、纸张、水、电等方面资源的耗用。

6) 当地其它环境问题和社区问题：如施工噪声、夜间工地照明的光污染。

2. 重大环境因素清单

表 1—41 重大环境因素清单

序号	环境因素	活动点/工序/部位	环境影响
1	噪声的排放	施工机械:推土机、挖掘机、装载机、钻孔桩机、打夯机、砼输送泵、运输设备:翻斗车、电动工具:电锯、压刨、空压机、切割机、砼振捣棒、冲击钻	影响人体健康、社区居民休息
		脚手架装卸、安装与拆除	影响人体健康、社区居民休息
		模板支拆、清理与修复	影响人体健康、社区居民休息
2	粉尘的排放	施工场地平整作业、砂堆、石灰、现场路面、进出车辆车轮带泥砂、水泥搬运、砼搅拌、木工房锯末、拆除作业	污染大气、影响居民身体健康
3	运输的遗洒	运输渣土、商品混凝土、生活垃圾	污染路面、影响居民生活
4	有毒有害废物的排放	施工现场（废化工材料及其包装物、容器等、废玻璃丝布、废铝箔纸、工业棉布、油手套、含油棉纱棉布、漆刷、油刷、废旧测温计等）	污染土地、水体
		现场清洗工具废渣、机械维修保养废渣	污染土地、水体
		办公区废复写纸、复印机废墨盒和废粉、打印机废硒鼓、废色带、废电池、废磁盘、废计算器、废日光灯、废涂改液瓶	污染土地、水体

续表

序号	环境因素	活动点/工序/部位	环境影响
5	油漆、涂料、胶及含胶材料中甲苯、甲醛气味的排放	建筑产品	影响客户健康
6	火灾、爆炸的发生	油漆、易燃材料库房及作业面、木工房、电气焊作业点、氧气瓶（库）、乙炔气瓶（库）、液化气瓶、油库、建筑垃圾、冬季砼养护作业、施工现场配电室、中心试验室使用的乙醇、松节油、燃煤取暖、锅炉爆炸	污染大气
7	污水的排放	食堂、现场搅拌站、厕所、现场混凝土泵冲洗	污染水体
8	生产水、电的消耗	现场	资源浪费
9	办公用纸的消耗	办公室	资源浪费

二、环境因素评价

1. 环境因素评价原则

环境因素评价是在识别环境因素的基础上，为改进环境绩效而确定项目重要环境因素的工作。

确定重要环境因素应考虑：当前某环境因素所造成的环境影响与相关法规要求的符合程度，其环境影响的范围和程度，发生的频次，资源的耗用及可节约的程序，相关方的关心程度等。

环境因素评价的工作流程是：分析环境因素产生的环境影响评价影响的程度确定重要环境因素。

项目经理部根据评价结果编制本单位重要环境因素清单，并整理、保存评价记录。

2. 环境因素评价方法

（1）直接判断法：（用于对能源、资源消耗评价）分为违法或超标两种判断结论。

（2）综合打分法：（适用于其它环境因素的评价），从以下六个方面进行评价：

1）环境影响发生频率评分标准

表1—42 环境影响发生频率评分标准

等级	发生频率	评分，M1
1	频繁发生，连续发生至每日发生	5
2	经常发生，每日至少一次至每周一次	4
3	每周一次至每月一次	3
4	很少发生，每月少于一次至每年一次	2
5	不发生，几乎不发生，一年以上一次	1

2) 法律、法规符合的程度评分标准

表1—43 法律、法规符合的程度评分标准

等级	内容	评分，M2
1	超标	5
2	接近标准	3
3	未超标准	1

3) 法规符合性评分标准

排放的污染物与现行污染物排放标准比较，根据其影响程度判断是否超标或未超标。

表1—44 法规符合性评分标准

等级	影响程度	评分，M3
1	影响范围大或有毒有害	5
2	影响范围中且无毒有害	3
3	影响范围小且无毒无害	1

4) 环境影响的恢复能力评分标准

表1—45 环境影响的恢复能力评分标准

级别	恢复能力	评分，M4
1	一年以上才可恢复或不可恢复	5
2	半年至一年可恢复	4
3	一月至半年可恢复	3
4	一周至一月可恢复	2
5	一天至一周可恢复	1

5) 公众及媒介对影响的关注程度评分标准

表1—46 公众及媒介对影响的关注程度评分标准

级别	关注程度	评分，M5
1	社会极度关注	5
2	地区极度关注	4
3	地区关注	3
4	社区关注	2
5	不为关注	1

6) 改变环境影响的技术难度和经济承受能力评分标准

表1—47 改变环境影响的技术难度和经济承受能力评分标准

级别	技术难度	评分，M6
1	技术难度大或投资巨大	1
2	技术难度中或投资较大	2
3	技术难度小或投资较少	3

（3）对《环境因素清单》中的环境因素，经上述环境因素评价，即：从上列一个或多个评价因子上分别进行打分，根据评价的项数 n，取各项评价因子评分值之和：Mn=M1+M2+M3+M4+M5+M6。若 Mn＞3n 时即定为重要环境因素。

三、环境因素更新

发生下列情况时，项目应与企业配合组织有关人员对环境因素进行补充识别和评价；同时更新《环境因素清单》

（1）环境保护法律、法规等有关要求发生变化；
（2）公司的产品、过程、活动发生较大变化；
（3）相关方有合理抱怨；
（4）公司的环境方针目标发生变化。

四、项目环境管理方案/计划

各项目于工程开工前，在评价重要环境因素的基础上，编制本项目的环境管理方案/计划。同时负责组织落实经批准的项目环境管理方案/计划。

项目环境管理计划的内容主要包括：

（1）环境因素识别与重要环境因素的确定；
（2）环境目标和指标；
（3）组织机构及重要环境管理岗位的设置；
（4）重要环境管理岗位职责描述；
（5）针对重要环境因素的控制措施；
（6）应急准备与响应方案；
（7）监视与测量；
（8）培训安排。

五、项目环境管理控制目标

项目环境管理目标必须根据国家和地方环境管理要求，并结合企业环境管理目标以及项目所在区域周围的环境要求确定。控制指标见施工现场环境因素及控制指标一览表（表1—48）。

表1—48 施工现场环境因素及控制指标一览表

序号	环境因素	目标	指标		
				场界噪声限值	
			施工内容	昼间	夜间
1	场界噪声	确保施工现场场界噪声达标	土石方	≤75	≤55
			打桩	≤85	禁止施工
			结构施工	≤70	≤55
			装修施工	≤65	≤55
		项目办公室前院内汽车禁止长鸣笛办公室内人员禁止大声喧哗			

续表

序号	环境因素	目标	指标
2	施工现场扬尘	减少和控制施工现场粉尘排放	施工现场道路硬化率% 现场允许设搅拌站,其封闭率% 水泥等易飞扬材料入库率%
3	污水排放	要求施工现场设沉淀池、隔油池、化粪池,保证污水排放达标	施工现场设沉淀池达标率% 现场食堂设隔油池达标率% 厕所设化粪池率%(另设干厕协议也可)
4	废弃物	建筑垃圾及废弃物实行分类管理	分类管理率%
		可回收废物及时回收	废物回收率%
5	道路遗洒	杜绝物料灰土遗洒	生活区、施工现场不发生任何运输物料的道路遗洒
6	节能降耗水电油料消耗	项目经理部要求制定"用水用电管理办法"和提出节能降耗指标的要求	节约水电使用,万元施工产值节电%,节水%,节约水电按实施计划比实际消耗降低%,材料节约%
7	重大环境投诉	制定预案或管理办法	重大环境投诉为零;火灾爆炸事故为零

六、项目环境管理运行控制

施工过程中应严格遵循国家和地方的有关法律法规,减少对场地地形、地貌、水系、水体的破坏和对周围环境的不利影响,严格控制噪声污染、光污染、水污染、大气污染,有毒有害及其他固体废弃物污染,最大限度节能、节电、节水、节材、节地,预防和减少对环境污染的原则性规定和基本要求,实施环境管理体系,建设绿色建筑。(见表1—48施工现场环境因素及控制指标一览表)

1. 施工现场大气的环境保护

施工现场扬尘管理应严格遵守《中华人民共和国大气污染防治法》和地方有关法律、规定。施工现场采取有效防尘抑尘措施,控制场地内施工车辆、机械、设备的废气排放。施工现场主要道路必须进行硬化处理。施工现场应采取覆盖、固化、绿化、洒水等有效措施,做到不泥泞、不扬尘。施工现场的材料存放区、大模板存放区等场地必须平整夯实。

(1)施工现场设置砂浆搅拌机,机棚必须封闭其封闭率100%,并配备有效降尘防尘装置。

(2)水泥和其他易扬尘细颗粒建筑材料应密闭存放入库率100%,使用过程中采用有效防尘措施;施工现场渣土、砂、石应成方堆放,并进行苫盖;土建主体施工、建筑物外侧应使用密目安全网进行封闭。

(3)施工现场道路硬化率100%。裸露地面采取抑尘措施,派有专人负责撒水降尘。大面积的裸露地面、坡面、集中堆放的土方应采用覆盖或固化的抑尘措施。

(4)遇有四级风以上天气不得进行土方回填、转运以及其他可能产生扬尘污染的作业施工。

(5) 清洁模板和绑扎好的钢筋内的锯沫、灰尘垃圾时要使用吸尘器,不得使用吹风机,清除后将垃圾应装袋送入垃圾场分类处理。

(6) 在采用机械剔凿作业时,必须有防粉尘飞扬的控制措施,可用局部遮挡、掩盖或采取水淋等降尘措施。作业人员必须按规定配备防护用品;高层建筑、桥梁的垃圾清运应袋装或使用容器吊运,严禁向下抛撒。

(7) 从事土方、渣土和施工垃圾的运输,必须使用密闭式运输车辆。施工现场出入口处设置冲洗车辆的设施,出场时必须将车辆清理干净,不得将泥沙带出现场。

(8) 拆除旧有建筑时,应随时洒水,减少扬尘污染。渣土要在拆除施工完成之日起三日内清运完毕,并应遵循拆除工程的有关规定。

2. 现场施工材料、垃圾的运输

(1) 施工现场的路面应进行硬化处理,路面不小于出口宽度。根据道路功能不同,可以分为以下几种硬化处理方法。

(2) 运输车辆不允许超量装载。项目环境管理

(3) 运输土方、渣土、垃圾等易散落物质的车辆应使用机械式封闭盖,对车厢进行封闭。且应向市政管理行政部门申请办理运输车辆准运证件。

(4) 对预拌混凝土的运输要加强防止遗撒的管理,所有运输车卸料溜槽处必须装设防止遗撒的活动挡板。混凝土浇筑完后必须在出入口清洗干净车辆方可离开现场。

(5) 运输水泥和其他易飞扬物、细颗粒散体材料时车辆要覆盖严密或使用封闭车厢。必须使用有准运证件的运输车辆。

(6) 施工现场废弃物的运输应确保不遗洒、不混放,送到政府批准的单位或场所进行处理、消纳。

3. 施工现场废气排放

(1) 所用室内建筑材料严禁使用对人体产生危害、对环境产生污染的产品。

(2) 民用建筑工程室内装修中所使用的木板及其他木质材料,严禁采用沥青类防腐、防潮处理剂。

(3) 施工中所使用的阻燃剂、混凝土外加剂氨的释放量不应大于0.10%,测定方法应符合现行国家标准《混凝土外加剂中释放氨的限量》的规定。

(4) 对引进的"四新"技术项目应事前进行调查、评估。

(5) 施工地段土壤含氡量浓度高于周围非地质构造断裂区域3倍及以上,施工前要制定可靠的施工方案,在施工过程中要严格按照施工方案执行。

4. 施工场界噪声影响

施工现场应严格按照国家标准《建筑施工场界噪声限值》(GB12523—2011)的要求。将噪声大的机具合理布局,闹静分开。合理安排噪声作业时间,减轻噪声扰民。

（1）对施工机具设备进行良好维护，从声源上降低噪声。施工过程中设专人定期对搅拌机进行检查、维护、保养。

（2）对搅拌机、空气压缩机、木工机具等噪声大的机械，尽可能安排远离周围居民区一侧，从空间布置上减少噪声影响；

（3）施工现场应首先选用能耗低、性能好、技术含量高、噪声小电动工具。

（4）打桩施工时不得随意敲打钻杆，施工噪音控制在85db以下。

（5）机械剔凿作业使用低噪音的破碎炮和风镐等剔凿机械。夜间（22：00～6：00）、午休（12：00～14：00）不得进行剔凿作业。

（6）对人为的施工噪声应有管理制度和降噪措施，并进行严格控制。

（7）施工前按规定办理噪声排放许可证、夜间施工证。

（8）对混凝土输送泵、振捣棒、木工棚、电锯、钢筋加工场等强噪音设备，实施降噪防护措施。

（9）根据环保噪音标准（分贝）日夜要求的不同，合理协调安排分项施工的作业时间：施工宜安排在6：00～22：00时间进行，因生产工艺上要求必须连续作业或者特殊要求，确需在22时至次日6时期间进行施工的，建设单位和施工单位应在施工前到工程所在地区、县建设行政主管部门提出申请，经批准后方可进行夜间施工。必须进行夜间施工作业的，建设单位应当会同施工单位做好周边居民工作，并公布施工期限。

5. 施工现场废水污染

施工现场污水排放标准应符合国家标准《污水排入城镇下水道水质标准》（GB/T 31962-2015）的要求。对暴雨径流、生活污水、工程污水等不同来源的工地污水，采取去除泥沙、去除油污、分解有机物、沉淀过滤、酸碱中和等针对性的处理方式并进行二次使用。

（1）生活污水排放处理措施：

1）生活区必须统筹安排，合理布局，满足安全、消防、卫生防疫、环境保护、防汛、防洪等要求。

2）施工现场食堂、餐厅应设隔油池，生活污水经隔油沉淀后排入污水管网。隔油池应及时清理，清理出的废物需有准运证，并送到合法的单位进行消纳。生活污水运出现场前必须覆盖严实，不得出现遗洒。清运单位必须持有关部门批准的废弃物消纳资质证明和经营许可证。

3）盥洗设施设置必须满足施工人员使用的水池和水龙头，盥洗设施的下水管线应与污水管线连接，必须保证排水通畅。

4）生活区内厕所必须设置水冲式厕所或环保移动式厕所。

5）厕所污水尽量接入市政污水管道。若工地位于偏远郊区，可建造小型化粪池及渗透井对厕所污水进行处理。

（2）生产污水排放处理措施：

1）生产污水、污油排放应在工程开工前15日，项目经理部负责到工程所在区县环保局进行排污申报登记。工程污水经沉淀池处理后排入市政污水管道。

2）混凝土输送泵及运输车辆清洗处应设置沉淀池（沉淀池的大小根据工程排污量设置），经二次沉淀后循环使用或用于施工现场洒水降尘。废水不得直接排入市政污水管线；

3）施工现场应尽量不设置油料库，若必须存放油料的，应对油料存储和使用采取措施，在库房进行防渗漏处理，防止油料泄露，污染土壤水体；

4）有条件的项目可在现场建造简易的雨水收集池，或采用绿化面积渗漏自然排放。尽量避免雨水跟其他工地污水接触。收集未经污染的雨水，应经沉沙池后排入专用雨水排放管道，或经沉淀后再利用；

5）深基坑支护施工中，大量的施工用水，可在坑内设置临时沉淀池，经过沉淀后继续使用。

6．施工现场光污染

对施工场地直射光线和电焊眩光进行有效控制或遮挡，避免对周围区域产生不利干扰。

（1）施工时需要照明亮度大的工作和焊接作业应尽量安排在白天进行；

（2）统一施工现场照明灯具的规格，使用之前配备定向式可拆除灯罩，使夜间施工照明灯光尽量控制在现场施工区内，同时要尽量选择节能灯具。

（3）施工现场大型照明灯安装要有俯射角度，要设置挡光板控制照明光的照射角度，应无直射光线射入非施工区。

（4）电焊作业应采取遮挡措施，避免电焊眩光外泄。夜间焊接作业点要使用阻燃材料或彩板进行围扩或隔档。

7．施工现场废弃物处置

施工现场废弃物分类为：固体类、液体类和气体类，三种类别分为有毒有害类和无毒有害类均分为可回收和不可回收。

（1）固体废弃物逐步实现资源化、无害化、减量化。

根据需要，设置固体废弃物的放置场地与储放设施，予以标识，实现固体废弃物的分类管理，以便分类存放、收集等。

1）可回收利用的。如：施工材料的下脚料、废包装皮（柔性包装、刚性包装、金属包装）、废零部件、废玻璃、废轮胎、木杆、锯末、落地灰、废钢铁、包装袋等；

2）不可回收有毒有害的。如：化工材料及其包装物和容器、废电池、废墨盒、废色带、废硒鼓、废磁盘、废计算器、废日光灯管、废复写纸、油手套、油刷、含油棉纱棉布废电池、废机油、医疗废弃物、废化学品包装物等，应指定地点或装容器进行管理并及时处理，包括不可回收利用的施工产生的废渣、剔凿的砼渣块等，应设置半封闭围档集中堆放并及时清运。

（2）废弃物的搬运和存放、处置

废弃物按照分类的情况存放在指定地点，并应设置明显的标识。对可回收的废弃物应当进行废物综合利用或者对外销售，尽可能地减少资源、能源的浪费。项目经理部生活、办公产生的废弃物，可直接委托当地垃圾清运部门清运处理，施工垃圾按当地规定运至指定地点集中处理。对有害废弃物必须指定专人与政府有关部门联系，交有资质的部门处理，并做好记录。

8．有毒有害气体的排放

购置有毒有害物质时，其有毒有害气体排放的指标，应符合国家标准或国家强制推行的环保型材料。

（1）建筑工程使用的材料，应尽可能就地取材，建筑材料采购要制订明确的环保材料采购条款，对材料供应单位进行审核、比较、挑选。

（2）装饰材料要使用环保型材料，对有毒有害气体含量限值不能超标，不使用环保不达标的材料，采取措施尽量使用符合对环境无害，对人体健康没有影响的绿色建材。

（3）装饰装修材料的购入应按照以下绿色度进行评价：达到《民用建筑工程室内环境污染控制规范》（GB50325－2010）要求；达到《室内装饰装修材料有害物质限量》（GB18580~18588）要求。

（4）混凝土外加剂选择应符合标准和规程的要求：达到《混凝土外加剂应用规程》的技术要求、《混凝土外加剂中释放氨的限量》（GB18588－2001）以及每方混凝总碱含量应符合当地《混凝土工程碱集料反应技术管理规定》。

（5）氡、游离甲醛、笨、氨等有毒有害气体排放限值达到《民用建筑工程室内环境污染控制规范》（GB50325-2010）标准一类标准，适用于住宅、医院、老年建筑、幼儿园、学校教师等处施工等；达到GB50325-2010标准二类标准，适用于办公楼、商店、旅馆、展览馆、图书馆、体育馆等处施工。

9．油品、化学品污染

施工现场的油品、化学品、实验室内有毒有害品、现场的油漆、涂料和含有化学成分的特殊材料一律实行封闭式、容器式管理和使用，并在施工现场设独立仓库，避免因泄漏、遗洒对环境造成污染。

（1）编制油品、化学品及有毒有害物品的使用及管理办法或作业指导书，并于作业前对操作者进行交底；

（2）施工现场易燃易爆品及化学品存放应设立专用仓库或专用储存柜，防止混存混放。实验室内所有有毒有害原料应存放在指定容器内，有专人负责保管；

（3）机械设备维修保养用油料要适量，加油要小心，防止遗洒。

七、项目环境监测管理

为确保项目环境管理正常运行及环境绩效达到管理目标要求，项目应配合企业对项目环境管理开展监视和测量活动，并监督指导各项目对环境管理方案/环境管理计划的落实。

监视与测量工作的主要内容有：

1．环境管理方案（计划）实施情况及效果；与重要环境因素有关的控制活动是否有效实施；

2．环境管理控制各项内容在项目生产过程中要定期监测，并符合国家有关标准规定；

3．环境保护法律法规的执行情况；

4．主要环境目标、指标的实现程度；

5．对于监视与测量的结果，检查人员做好并保存记录，以反映环境管理体系运行情况和实施效果。

第3讲 绿色施工

绿色施工的概念包括了工程项目的节能减排、环境保护、职业健康安全三部分的内容。施工项目通过建立管理体系和管理制度，采取有效的技术措施，节约资源，减少能耗，降低施工对环境造成的不利影响，保护施工人员的职业健康安全。

一、施工单位绿色施工职责

1．总承包单位应对施工现场的绿色施工负总责。分包单位应服从总承包单位的绿色施工管理，并对所承包工程的绿色施工负责。

2．建立以项目经理为第一责任人的绿色施工管理体系，制定绿色施工管理责任制度，定期开展自检、考核和评比工作。

3．在施工组织设计中编制绿色施工技术措施或专项施工方案，并确保绿色施工费用的有效使用。

4．组织绿色施工教育培训，增强施工人员绿色施工意识。

5．定期对施工现场绿色施工实施情况进行检查，做好检查记录。

6．施工现场的办公区和生活区应设置明显的有节水、节能、节约材料等具体内容的警示标识，并按规定设置安全警示标志。

7．施工前，应根据国家和地方法律、法规的规定，制定施工现场环境保护和人员安全与健康等突发事件的应急预案。

二、绿色施工节能措施

参见本单元第1讲。

三、绿色施工环境保护措施

参见本单元第2讲。

四、绿色施工职业健康安全管理

1. 场地布置及临时设施建设

（1）办公区的布置应靠近施工现场或设在施工现场出入口，确保在施工坠落半径和高压线安全距离之外；如因条件所限办公设置在坠落半径区域内，必须有可靠防护措施。生活区宜布置在施工现场以外，生活区必须统筹安排，合理布局，满足安全、消防、卫生防疫、环境保护、防汛、防洪等要求。

（2）现场临时设施的建设要达到相关的验收规范，保证使用安全。施工现场办公、生活临时设施的设置符合生活区设置和管理标准。

2. 作业条件及环境安全

（1）建设工程施工现场用地应进行围挡，围挡材料宜选用可重复利用的材料，如金属定型材料，不宜使用砌筑砖体或易损、易燃等材料。市政基础设施工程因特殊情况不能进行围挡的，应设置安全警示标志，并在工程险要处采取隔离措施。

（2）施工标志牌应注明工程名称、建设单位、设计单位、施工单位、监理单位，项目经理姓名、联系电话、开工和竣工日期以及施工许可证批准文号等内容；突发事件处置流程图应包括领导小组名单、联系电话及常用急救电话等内容。

（3）施工单位在土方开挖作业前，应依据建设单位提供的全面、详实的岩土工程勘察报告、地下管线资料及相关设计文件，制定切实有效的保护措施或方案，经审批后方可施工；在施工期间应进行适时监测。

（4）施工现场周边高压线防护棚应采用杉杆防护架，变压器处搭设防护棚，变压器上的高压线应采用悬臂结构加钢丝绳拉索；围墙边的高压线应采用双排架搭设。防护架、防护棚搭设应保持距高压线 1 m 以上距离。防护架、防护棚距施工现场一侧应设置警示灯、警示旗，间距 6m，用 36 V 低压线送电。防护架下必须设置灭火器。

（5）施工现场应按要求完善各项安全防护设施，确保施工生产安全。

3. 职业健康安全

关于职业健康安全的具体内容参见"第 3 单元　施工项目安全管理"。

第 2 部分

安全员现场安全生产管理

第 1 单元　安全管理

第 1 讲　项目安全人员配备、安全生产职责

一、项目经理安全生产职责

（1）对承包项目工程生产经营过程中的安全生产负全面领导责任；

（2）贯彻落实安全生产方针、政策、法规和各项规章制度，结合项目工程特点及施工全过程的情况，制定本项目工程各项安全生产管理办法或提出要求，并监督其实施；

（3）在组织项目工程业务承包，聘用业务人员时，必须本着安全工作只能加强的原则，根据工程特点确定安全工作的管理体制和人员，并明确各业务承包人的安全责任和考核指标，支持、指导安全管理人员的工作；

（4）健全和完善用工管理手续，录用外包队必须及时向有关部门申报，严格用工制度与管理，适时组织上岗安全教育，要对外包工队的健康与安全负责，加强劳动保护工作；

（5）组织落实施工组织设计中的安全技术措施，组织并监督项目工程施工中安全技术交底制度和设备、设施验收制度的实施；

（6）领导、组织施工现场定期的安全生产检查，发现施工生产中不安全问题，组织制定措施，及时解决。对上级提出的安全生产与管理方面的问题，要定时、定人、定措施予以解决；

（7）发生事故，要做好现场保护与抢救工作，及时上报。组织、配合事故的调查，认真落实制定的防范措施，吸取事故教训。

二、项目技术负责人安全生产职责

（1）对项目工程生产经营中的安全生产负技术责任；

（2）贯彻、落实安全生产方针、政策、严格执行安全技术规程、规范、标准，结合项目工程特点，主持项目工程的安全技术交底；

（3）参加或组织编制施工组织设计。编制、审查施工方案时，要制定、审查安全技术措施，保证其可行性与针对性，并随时检查、监督、落实；

（4）主持制定技术措施计划和季节性施工方案的同时，制定相应的安全技术措施并监督执行，及时解决执行中出现的问题；

（5）项目工程采用新材料、新技术、新工艺，要及时上报，经批准后方可实施，同时要组织上岗人员的安全技术培训、教育，认真执行相应的安全技术措施与安全操作工艺、要求，预防施工中因化学物品引起的火灾、中毒或其他新工艺实施中可能造成的事故；

（6）主持安全防护设施和设备的验收，发现设备、设施的不正常情况后及时采取措施，严格控制不符合标准要求的防护设备、设施投入使用。

（7）参加安全生产检查，对施工中存在的不安全因素，从技术方面提出整改意见和办法予以消除；

（8）参加、配合因工伤亡及重大未遂事故的调查，从技术上分析事故原因，提出防范措施、意见。

三、分包单位负责人安全生产职责

（1）认真执行安全生产的各项法规、规定、规章制度及安全操作规程，合理安排班组人员工作，对本队人员在生产中的安全和健康负责；

（2）按制度严格履行各项劳务用工手续，做好本队人员的岗位安全培训。经常组织学习安全操作规程，监督本队人员遵守劳动、安全纪律，做到不违章指挥，制止违章作业；

（3）必须保持本队人员的相对稳定。人员变更，须事先向有关部门申报，批准后新来人员应按规定办理各种手续，并经入场和上岗安全教育后方准上岗；

（4）根据上级的交底向本队各工种进行详细的书面安全交底，针对当天任务、作业环境等情况，做好班前安全讲话，监督其执行情况，发现问题，及时纠正、解决；

（5）定期和不定期组织，检查本队人员作业现场安全生产状况，发现问题，及时纠正，重大隐患应立即上报有关领导；

（6）发生因工伤亡及未遂事故，保护好现场，做好伤者抢救工作，并立即上报有关部门。

四、项目专职安全生产管理人员安全生产职责

（1）负责施工现场安全生产日常检查并做好检查记录；

（2）现场监督危险性较大工程安全专项施工方案实施情况；

（3）对作业人员违规违章行为有权予以纠正或查处；

（4）对施工现场存在的安全隐患有权责令立即整改；
（5）对于发现的重大安全隐患，有权向企业安全生产管理机构报告；
（6）依法报告生产安全事故情况。

五、项目安全人员配备

（1）建筑工程、装修工程按照建筑面积配备：
① 1万平方米以下的工程不少于1人；
② 1万～5万平方米的工程不少于2人；
③ 5万平方米及以上的工程不少于3人，且按专业配备专职安全生产管理人员。
（2）土木工程、线路管道、设备安装工程按照工程合同价配备：
① 5000万元以下的工程不少于1人；
② 5000万～1亿元的工程不少于2人；
③ 1亿元及以上的工程不少于3人，且按专业配备专职安全生产管理人员。
（3）劳务分包单位施工人员在50人以下的，应当配备1名专职安全生产管理人员；50人-200人的，应当配备2名专职安全生产管理人员；200人及以上的，应当配备3名及以上专职安全生产管理人员，并根据所承担的分部分项工程施工危险实际情况增加，不得少于工程施工人员总人数的5‰。

第2讲 施工现场安全投入

1.生产经营单位应当具备的安全生产条件所必需的资金投入，由生产经营单位的决策机构、主要负责人或者个人经营的投资人予以保证，并对由于安全生产所必需的资金投入不足导致的后果承担责任。

2.建筑施工企业以建筑安装工程造价为计提依据。各工程类别安全费用提取标准如下：
（1）房屋建筑工程、矿山工程为2.0%；
（2）电力工程、水利水电工程、铁路工程为1.5%；
（3）市政公用工程、机电安装工程、公路工程为1.0%。

建筑施工企业提取的安全费用列入工程造价，在竞标时，不得删减。国家对基本建设投资概算另有规定的，从其规定。总包单位应当将安全费用按比例直接支付分包单位，分包单位不再重复提取。

3.建筑施工企业安全生产资金投入或者安全费用，应当专项用于下列安全生产事项：
（1）安全技术措施工程建设；
（2）安全设备、设施的更新和维护；
（3）安全生产宣传、教育和培训；

（4）劳动防护用品配备；
（5）其他保障安全生产的事项。

第3讲　安全生产、绿色文明施工目标

一、安全生产目标：

（1）杜绝一般生产安全事故、机械事故、火灾事故；
（2）无职业病、无食物中毒；
（3）无地下管线破坏事故；

二、绿色文明施工目标：

（1）环境保护4个节约、5个100%；
（2）无环境污染和扰民事件；
（3）安全培训教育考核率100%；
（4）特种作业持证上岗率100%；
（5）采用环保、重复使用的材料；
（6）现场日常综合管理达标；

第4讲　危险性较大工程专项方案编制及专家论证

危险性较大的分部分项工程是指建筑工程在施工过程中存在的、可能导致作业人员群死群伤或造成重大不良社会影响的分部分项工程。

施工单位在编制施工组织（总）设计的基础上，针对危险性较大的分部分项工程应单独编制专项施工方案。对于超过一定规模的危险性较大的分部分项工程，施工单位应当组织专家对专项方案进行论证。

一、危险性较大的分部分项工程范围如下：

（1）基坑支护、降水工程

开挖深度超过3m（含3m）或虽未超过3m但地质条件和周边环境复杂的基坑（槽）支护、降水工程。

（2）土方开挖工程

开挖深度超过3m（含3m）的基坑（槽）的土方开挖工程。

（3）模板工程及支撑体系

1）各类工具式模板工程：包括大模板、滑模、爬模、飞模等工程。

2）混凝土模板支撑工程：搭设高度 5m 及以上；搭设跨度 10m 及以上；施工总荷载 10kN/m2 及以上；集中线荷载 15kN/m 及以上；高度大于支撑水平投影宽度且相对独立无联系构件的混凝土模板支撑工程。

3）承重支撑体系：用于钢结构安装等满堂支撑体系。

（4）起重吊装及安装拆卸工程

1）采用非常规起重设备、方法，且单件起吊重量在 10kN 及以上的起重吊装工程。

2）采用起重机械进行安装的工程。

3）起重机械设备自身的安装、拆卸。

（5）脚手架工程

1）搭设高度 24m 及以上的落地式钢管脚手架工程。

2）附着式整体和分片提升脚手架工程。

3）悬挑式脚手架工程。

4）吊篮脚手架工程。

5）自制卸料平台、移动操作平台工程。

6）新型及异型脚手架工程。

（6）拆除、爆破工程

1）建筑物、构筑物拆除工程。

2）采用爆破拆除的工程。

（7）其它

1）建筑幕墙安装工程。

2）钢结构、网架和索膜结构安装工程。

3）人工挖扩孔桩工程。

4）地下暗挖、顶管及水下作业工程。

5）预应力工程。

6）采用新技术、新工艺、新材料、新设备及尚无相关技术标准的危险性较大的分部分项工程。

二、超过一定规模的危险性较大的分部分项工程如下：

（1）深基坑工程

1）开挖深度超过 5m（含 5m）的基坑（槽）的土方开挖、支护、降水工程。

2）开挖深度虽未超过 5m，但地质条件、周围环境和地下管线复杂，或影响毗邻建筑（构筑）物安全的基坑（槽）的土方开挖、支护、降水工程。

（2）模板工程及支撑体系

1）工具式模板工程：包括滑模、爬模、飞模工程。

2）混凝土模板支撑工程：搭设高度 8m 及以上；搭设跨度 18m 及以上；施工总荷载 15kN/m^2 及以上；集中线荷载 20kN/m 及以上。

3）承重支撑体系：用于钢结构安装等满堂支撑体系，承受单点集中荷载700kg以上。

（3）起重吊装及安装拆卸工程

1）采用非常规起重设备、方法，且单件起吊重量在100kN及以上的起重吊装工程。

2）起重量300kN及以上的起重设备安装工程；高度200m及以上内爬起重设备的拆除工程。

（4）脚手架工程

1）搭设高度50m及以上落地式钢管脚手架工程。

2）提升高度150m及以上附着式整体和分片提升脚手架工程。

3）架体高度20m及以上悬挑式脚手架工程。

（5）拆除、爆破工程

1）采用爆破拆除的工程。

2）码头、桥梁、高架、烟囱、水塔或拆除中容易引起有毒有害气（液）体或粉尘扩散、易燃易爆事故发生的特殊建、构筑物的拆除工程。

3）可能影响行人、交通、电力设施、通讯设施或其它建、构筑物安全的拆除工程。

4）文物保护建筑、优秀历史建筑或历史文化风貌区控制范围的拆除工程。

（6）其它

1）施工高度50m及以上的建筑幕墙安装工程。

2）跨度大于36m及以上的钢结构安装工程；跨度大于60m及以上的网架和索膜结构安装工程。

3）开挖深度超过16m的人工挖孔桩工程。

4）地下暗挖工程、顶管工程、水下作业工程。

5）采用新技术、新工艺、新材料、新设备及尚无相关技术标准的危险性较大的分部分项工程。

第5讲 施工现场危险源辨识及预案制定

1.建筑施工项目应当制定具体应急预案，并对生产经营场所及周边环境开展隐患排查，及时采取措施消除隐患，防止发生突发事件。

2.建筑施工项目对重大危险源应当登记建档，进行定期检测、评估、监控，并制定应急预案，告知从业人员和相关人员在紧急情况下应当采取的应急措施。

登记建档应当包括重大危险源的名称、地点、性质和可能造成的危害等内容。

3.危险源辩识

建筑施工项目应成立由项目经理任组长的危险源辩识评价小组，在工程开工前由危险源辩识评价小组对施工现场的主要和关键工序中的危险因素进行辩识。

4.危险源分类

建筑施工项目的危险源大概可分为以下几类：高处坠落、物体打击、触电、坍塌、机械伤害、起重伤害、中毒和窒息、火灾和爆炸、车辆伤害、粉尘、噪声、灼烫、其他等。

施工现场内的危险源主要与施工部位、分部分项（工序）工程、施工装置（设施、机械）及物质有关。如：

脚手架（包括落地架、悬挑架、爬架等）、模板支撑体系、起重吊装、物料提升机、施工电梯安装与运行，基坑（槽）施工，局部结构工程或临时建筑（工棚、围墙等）失稳，造成坍塌、倒塌意外；高度大于2m的作业面（包括高空、洞口、临边作业），因安全防护设施不符合或无防护设施、人员未配备劳动保护用品造成人员踏空、滑倒、失稳等意外；焊接、金属切割、冲击钻孔（凿岩）等施工及各种施工电器设备的安全保护（如：漏电保护、绝缘、接地保护等）不符合，造成人员触电、局部火灾等意外；工程材料、构件及设备的堆放与搬（吊）运等发生高空坠落、堆放散落、撞击人员等意外；人工挖孔桩（井）、室内涂料（油漆）及粘贴等因通风排气不畅造成人员窒息或气体中毒；施工用易燃易爆化学物品临时存放或使用不符合、防护不到位，造成火灾或人员中毒意外；工地饮食因卫生不符合，造成集体食物中毒或疾病。

5.危险源识别

在对危险源进行识别时应充分考虑正常、异常、紧急三种状态以及过去、现在、将来三种时态。主要从以下作业活动进行辩识：施工准备、施工阶段、关键工序、工地地址、工地内平面布局、建筑物构造、所使用的机械设备装置、有害作业部位（粉尘、毒物、噪音、振动、高低温）、各项制度（女工劳动保护、体力劳动强度等）、生活设施和应急、外出工作人员和外来工作人员。重点放在工程施工的基础、主体、装饰、装修阶段及危险品的控制及影响上，并考虑国家法律、法规的要求，特种作业人员、危险设施、经常接触有毒、有害物质的作业活动和情况；具有易燃、易爆特性的作业活动和情况；具有职业性健康伤害、损害的作业活动和情况；曾经发生或行业内经常发生事故的作业活动和情况。

6.风险评价

风险评价是评估危险源所带来的风险大小及确定风险是否可容许的全过程，根据评价的结果对风险进行分级。按不同级别的风险有针对性地采取风险控制措施。

安全风险的大小可采用事故后果的严重程度与事故发生的可能性的乘积来衡量。见表2—1。

表 2—1　风险的评价分级确定表

可能性	后果	1	2	3	4	5
	A	低	低	低	中	高
	B	低	低	中	高	极高
	C	低	中	高	极高	极高
	D	中	高	高	极高	极高
	E	高	高	极高	极高	极高

7.风险控制

极高：作为重点的控制对象，制订方案实施控制。

高：直至风险降低后才能开始工作。为降低风险有时必须配备大量资源。当风险涉及正在进行中的工作时，应采取应急措施。在方案和规章制度中制订控制办法，并对其实施控制。

中：应努力降低风险，但应仔细测定并限定预防成本，在规章制度内进行预防和控制。

低：是指风险减低到合理可行的，最低水平不需要另外的控制措施，应考虑投资效果更佳的解决方案或不增加额外成本的改进措施，需要监测来确保控制措施得以维持。

建筑施工项目应当根据建设工程施工的特点、范围，对施工现场易发生重大事故的部位、环节进行监控，制定施工现场生产安全事故应急救援预案。实行施工总承包的，由总承包单位统一组织编制建设工程生产安全事故应急救援预案，工程总承包单位和分包单位按照应急救援预案，各自建立应急救援组织或者配备应急救援人员，配备救援器材、设备，并定期组织演练。主要预案应包括：生产安全事故应急救援预案；大模板工程专项应急预案；脚手架工程专项应急预案；深基础土方工程专项应急预案；起重机械专项应急预案；电动吊篮应急预案；消防安全应急预案；防汛应急预案；法定传染病暴发与流行事件应急预案；

高温、低温作业应急预案；集体食堂食物中毒事故应急预案；急性职业中毒事故应急预案等。

第6讲　农民工教育培训及特种作业人员持证上岗

1.建筑施工项目负责人、专职安全生产管理人员应当经建设行政主管部门考核合格后方可任职。具体证书样式见图 2—1。

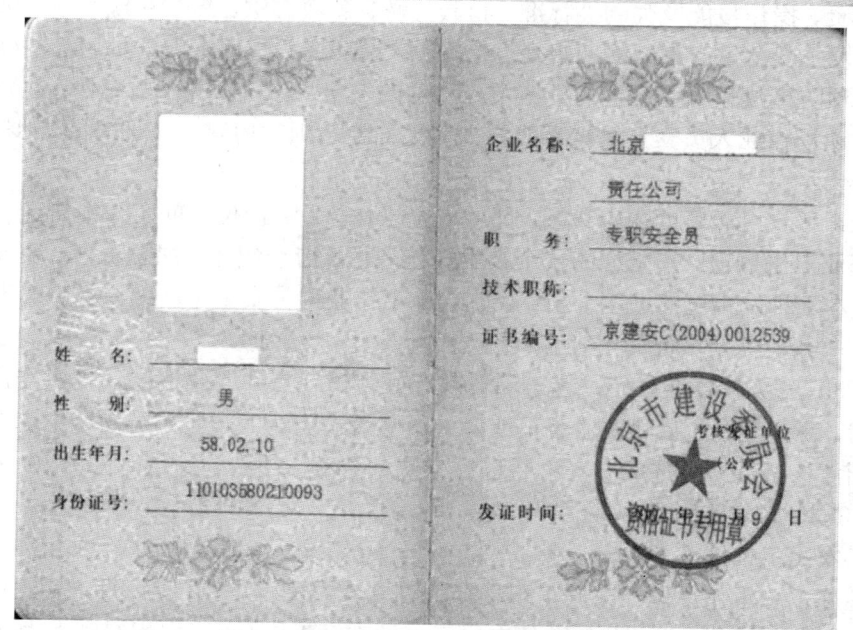

图2—1 "三类人员"考核合格证书样式

建筑施工项目应当对管理人员和作业人员每年至少进行一次安全生产教育培训,其教育培训情况记入个人工作档案。安全生产教育培训考核不合格的人员,不得上岗。

2.作业人员进入新的岗位或者新的施工现场前,应当接受安全生产教育培训。未经教育培训或者教育培训考核不合格的人员,不得上岗作业。施工单位在采用新技术、新工艺、新设备、新材料时,应当对作业人员进行相应的安全生产教育培训。

3.建筑施工项目应当对从业人员进行与其所从事岗位相应的安全教育培训；从业人员调整工作岗位或采用新工艺、新技术、新设备、新材料的，应当对其进行专门的安全教育和培训。未经安全教育和培训合格的从业人员，不得上岗作业。

4.农民工教育考核

（1）新入场从业人员是指新入场的学徒工、实习生、委托培训人员、合同工、新分配的院校学生、参加劳动的学生、临时借调人员、相关方人员、劳务分包人员等。

（2）三级教育分为公司级、项目部级、班组级安全教育。

公司级岗前安全教育内容应当包括：国家、省市及有关部门制定的安全生产方针、政策、法规、标准、规程；安全生产基本知识；本单位安全生产情况及安全生产规章制度和劳动纪律；从业人员安全生产权利和义务；有关事故案例等。培训时间不少于 15 小时。

项目级安全教育的主要内容包括：本项目的安全生产状况；本项目工作环境、工程特点及危险因素；所从事工种可能遭受的职业伤害和伤亡事故；所从事工种的安全职责、操作技能及强制性标准；自救互救、急救方法、疏散和现场紧急情况的处理、发生安全生产事故的应急处理措施；安全设备设施、个人防护用品的使用和维护；预防事故和职业危害的措施及应注意的安全事项；有关事故案例；《建设工程施工现场作业人员安全知识手册》；其他需要培训的内容。培训时间不少于 15 小时。

班组级安全教育的内容包括：岗位安全操作规程；岗位之间工作衔接配合的安全与职业卫生事项；本工种的安全技术操作规程、劳动纪律、岗位责任、主要工作内容、本工种发生过的案例分析；《建筑施工作业人员安全生产知识教育培训考核试卷》；其他需要培训的内容。培训时间不少于 20 小时。

（3）三级教育结束后，施工项目部选好考试地点并向属地区、县建委提出考试申请，由属地区、县建委监督员或协管员从《建筑施工作业人员安全生产知识教育培训考核试卷》中选取一套考卷进行考试、监考、阅卷。考试时间为 90 分钟，得分 60 分（含）以上的为合格。

5.农民工夜校

各施工总承包单位要在施工现场挂牌设立"农民工夜校"，每月定期组织开展建筑专业分包单位、劳务分包单位农民工培训教育工作。夜校面积原则上为 50-100 平米，夜校内应有电视、录像等必须的教学设备。

6.特种作业人员持证上岗的相关要求

从事特种作业人员，均应经政府主管部门批准并有培训资质的机构培训合格，取得特种作业操作资格证方可上岗作业，（见图一）并按照审查和发证的要求定期进行复审、换证。由使用单位负责审查操作资格证并留存复印件。电气焊工，场内机动车驾驶员的操作资格证按主管部门规定执行。

建筑施工特种作业包括：

（1）建筑电工；
（2）建筑架子工；
（3）建筑起重信号司索工；
（4）建筑起重机械司机；
（5）建筑起重机械安装拆卸工；
（6）高处作业吊篮安装拆卸工；
（7）经省级以上人民政府建设主管部门认定的其他特种作业。

建筑施工特种作业操作资格证书封皮采用深绿色塑料封皮对开，尺寸为100mm×75mm。

特种作业操作资格证书正本及副本均采用纸质，正本加盖钢印和发证机关章后塑封，尺寸为90mm×60mm。

建筑施工特种作业操作资格证书样式见图2—2和图2—3。

（封皮正面）

（封皮背面）

图2—2 建筑施工特种作业操作资格证书封皮样式

建筑施工特种作业操作资格证

证号

姓名 ________ 身份证号 ________

操作类别 ________

初次领证日期 ________

发证机关印章

使用期 自 ________ 至 ________

一寸彩色照片

第一次复核 ________

（正本）

建筑施工特种作业操作资格证副证

证号

姓名 ________ 身份证号 ________

操作类别 ________

第一次复核记录：

发证机关（盖章）

第二次复核记录：

发证机关（盖章）

（副本）

图 2—3　建筑施工特种作业操作资格证书样式

7.建筑施工特种作业操作资格证书编号规则

（1）建筑施工特种作业操作资格证书编号共十四位。其中：

①第一位为持证人所在省（市、自治区）简称，如山东省为“鲁”；

②第二位为持证人所在地设区市的英文代码，由各省自行确定；

③第三、四位为工种类别代码，用 2 个阿拉伯数字标注（工种类别代码表见表 A）；

④第五至八位为发证年份，用4个阿拉伯数字标注；

⑤第八至十四位为证书序号，用6个阿拉伯数字标注，从000001开始。示例：鲁A012008000001

表示在山东济南的建筑电工，2008年取得证书，证书序列号为000001。

（2）工种类别代码表A

序号	工种类别	代码
1	建筑电工	01
2	建筑架子工	02
3	建筑起重信号司索工	03
4	建筑起重机械司机	04
5	建筑起重机械安装拆卸工	05
6	高处作业吊篮安装拆卸工	06

8.特种作业操作资格证的有效期为6年，每2年复审一次。特种作业操作资格证需延期或者复审的，

应当于期满前1个月内向原发证部门或者异地相关部门办理延期或者复审手续。复审内容包括责任事故记录、违法违章记录、参加培训记录等。复审不合格的，经重新安全培训考核合格后，办理延期手续。个人在特种作业操作资格证有效期内，连续从事本工种10年以上，严格遵守有关安全生产的法律法规的，在特种作业操作资格证的有效期满时，经原发证部门或者异地相关部门同意，不再复审，特种作业操作资格证的有效期延长2年。

第7讲 劳动保护用品、职业病防治

1.建筑施工项目应当向作业人员提供安全防护用具和安全防护服装，并书面告知危险岗位的操作规程和违章操作的危害。

作业人员应当遵守安全施工的强制性标准、规章制度和操作规程，正确使用安全防护用具、机械设备等。

2.建筑施工项目采购、租赁的安全防护用具、机械设备、施工机具及配件，应当具有生产（制造）许可证、产品合格证，并在进入施工现场前进行查验。

3.施工现场的安全防护用具、机械设备、施工机具及配件必须由专人管理，定期进行检查、维修和保养，建立相应的资料档案，并按照国家有关规定及时报废。

4.建筑施工项目应当为劳动者创造符合国家职业卫生标准和卫生要求的工作环境和条件，并采取措施保障劳动者获得职业卫生保护。

5.建筑施工项目应当建立、健全职业病防治责任制，加强对职业病防治的管理，提高职业病防治水平，对本单位产生的职业病危害承担责任。

6.产生职业病危害的用人单位的设立除应当符合法律、行政法规规定的设立条件外，其工作场所还应当符合下列职业卫生要求：

（1）职业病危害因素的强度或者浓度符合国家职业卫生标准；

（2）有与职业病危害防护相适应的设施；

（3）生产布局合理，符合有害与无害作业分开的原则；

（4）有配套的更衣间、洗浴间、孕妇休息间等卫生设施；

（5）设备、工具、用具等设施符合保护劳动者生理、心理健康的要求；

（6）法律、行政法规和国务院卫生行政部门关于保护劳动者健康的其他要求。

7.建筑施工项目的职业病防护设施所需费用应当纳入建设项目工程预算，并与主体工程同时设计，同时施工，同时投入生产和使用。职业病危害严重的建设项目的防护设施设计，应当经卫生行政部门进行卫生审查，符合国家职业卫生标准和卫生要求的，方可施工。

8.建筑施工项目应当采取下列职业病防治管理措施：

（1）设置或者指定职业卫生管理机构或者组织，配备专职或者兼职的职业卫生专业人员，负责本单位的职业病防治工作；

（2）制定职业病防治计划和实施方案；

（3）建立、健全职业卫生管理制度和操作规程；

（4）建立、健全职业卫生档案和劳动者健康监护档案；

（5）建立、健全工作场所职业病危害因素监测及评价制度；

（6）建立、健全职业病危害事故应急救援预案。

9.建筑施工项目必须采用有效的职业病防护设施，并为劳动者提供个人使用的职业病防护用品。

建筑施工项目为劳动者个人提供的职业病防护用品必须符合防治职业病的要求；不符合要求的，不得使用。

10.任何单位和个人不得生产、经营、进口和使用国家明令禁止使用的可能产生职业病危害的设备或者材料。

11.建筑施工项目的负责人应当接受职业卫生培训，遵守职业病防治法律、法规，依法组织本单位的职业病防治工作。

12.建筑施工项目应当对劳动者进行上岗前的职业卫生培训和在岗期间的定期职业卫生培训，普及职业卫生知识，督促劳动者遵守职业病防治法律、法规、规章和操作规程，指导劳动者正确使用职业病防护设备和个人使用的职业病防护用品。

13.劳动者应当学习和掌握相关的职业卫生知识，遵守职业病防治法律、法规、规章和操作规程，正确使用、维护职业病防护设备和个人使用的职业病防护用品，发现职业病危害事故隐患应当及时报告。劳动者不履行前款规定义务的，用人单位应当对其进行教育。

14.对从事接触职业病危害的作业的劳动者，用人单位应当按照国务院卫生行政部门的规定组织上岗前、在岗期间和离岗时的职业健康检查，并将检查结果如实告知劳动者。职业健康检查费用由建筑施工项目承担。

15.建筑施工项目不得安排未经上岗前职业健康检查的劳动者从事接触职业病危害的作业;不得安排有职业禁忌的劳动者从事其所禁忌的作业;对在职业健康检查中发现有与所从事的职业相关的健康损害的劳动者,应当调离原工作岗位,并妥善安置;对未进行离岗前职业健康检查的劳动者不得解除或者终止与其订立的劳动合同。

第8讲 安全管理内业资料管理

建设工程施工现场安全资料分类情况见表2—2。

表2—2 建设工程施工现场安全资料分类表

类别编号	工程安全资料名称	表格编号（或资料来源）	保存单位				
			建设单位	监理单位	施工单位	租赁单位	拆装单位
AQ-A类	建设单位施工现场安全资料						
	建设工程施工许可证	建设单位	●	●	●		
	施工现场安全监督备案登记表	表AQ-A-1（表JD-1)	●	●	●		
	地上、地下管线及建（构）筑物资料移交单	表AQ-A-2	●	●	●		
	安全防护、文明施工措施费用支付统计	建设单位	●	●	●		
	夜间施工审批手续	建设单位	●		●		
AQ-B类	监理单位施工现场安全资料						
	监理管理资料						
	监理合同（含安全监理工作内容）	监理单位	●	●			
	监理规划（含安全监理方案）、安全监理实施细则	监理单位		●			
	施工单位安全管理体系、安全生产人员的岗位证书等及审核资料	监理单位		●	●		
AQ-B1	施工单位的安全生产责任制、安全管理规章制度及审核资料	监理单位		●	●		
	施工单位的专项安全施工方案及工程项目应急救援预案的审核资料	监理单位		●	●		
	安全监理专题会议纪要	监理单位	●	●	●		
	安全事故隐患、安全生产问题的报告、处理意见等有关文件	监理单位	●	●	●		

续表

类别编号	工程安全资料名称	表格编号（或资料来源）	保存单位				
			建设单位	监理单位	施工单位	租赁单位	拆装单位
AQ-B2	监理工作记录						
	工程技术文件报审表	表AQ-B2-1（表B2-1）	●	●	●		
	施工现场起重机械拆装报审表	表AQ-B2-2		●	●	●	
	施工现场起重机械验收核查表	表AQ-B2-3		●	●		
	安全防护、文明施工措施费用支付申请表	表AQ-B2-4	●	●	●		
	安全防护、文明施工措施费用支付证书	表AQ-B2-5	●	●	●		
	安全隐患报告书	表AQ-B2-6	●	●	●		
	工作联系单	表AQ-B2-7（表B4-1）		●	●		
	监理通知	表AQ-B2-8（表B2-16）	●	●	●		
	工程暂停令	表AQ-B2-9（表B2-19）	●	●	●		
	监理通知回复单	表AQ-B2-10（表B2-15）		●	●		
	工程复工报审表	表AQ-B2-11（表B2-9）	●	●	●		
AQ-C类	施工单位施工现场安全资料						
AQ-C1	工程项目安全管理资料						
	工程概况表	AQ-C1-1		●	●		
	项目重大危险源控制措施	AQ-C1-2			●		
	项目重大危险源识别汇总表	AQ-C1-3	●	●	●		
	危险性较大的分部分项工程专家论证表	AQ-C1-4		●	●		
	危险性较大的分部分项工程汇总表	AQ-C1-5		●	●		
	施工现场检查汇总表	AQ-C1-6			●		
	施工现场检查评分记录（安全管理）	AQ-C1-7			●		
	施工现场检查评分记录（生活区管理）	AQ-C1-8			●		
	施工现场检查评分记录（现场、料具管理）	AQ-C1-9			●		
	施工现场检查评分记录（环境保护）	AQ-C1-10			●		
	施工现场检查评分记录（脚手架）	AQ-C1-11			●		
	施工现场检查评分记录（安全防护）	AQ-C1-12			●		
	施工现场检查评分记录（施工用电）	AQ-C1-13			●		
	施工现场检查评分记录（塔吊、起重吊装）	AQ-C1-14			●		

续表

类别编号	工程安全资料名称	表格编号（或资料来源）	建设单位	监理单位	施工单位	租赁单位	拆装单位
	施工现场检查评分记录（机械安全）	AQ-C1-15			●		
	施工现场检查评分记录（保卫消防）	AQ-C1-16			●		
	项目经理部安全生产责任制	施工单位		●	●		
	项目经理部安全管理机构设置	施工单位	●	●	●		
	项目经理部安全生产管理制度	施工单位			●		
	总分包安全管理协议书	施工单位			●		
	施工组织设计及专项安全技术措施	施工单位		●	●		
	冬雨季施工方案	施工单位			●		
	安全技术交底汇总表	AQ-C1-17		●	●		
	作业人员安全教育记录表	AQ-C1-18			●		
	安全资金投入记录	施工单位			●		
	施工现场安全事故登记表	AQ-C1-19	●	●	●		
	特种作业人员登记表	AQ-C1-20		●	●		
	地上、地下管线保护措施验收记录表	AQ-C1-21		●	●		
	安全防护用品合格证及检测资料	施工单位			●		
	生产安全事故应急预案	施工单位	●	●	●		
	安全标识	施工单位			●		
	违章处理记录	施工单位			●		
AQ-C2	工程项目生活区资料						
	现场、生活区卫生设施布置图	施工单位			●		
	办公室、生活区、食堂等各项卫生管理制度	施工单位			●		
	应急药品、器材的登记及使用记录	施工单位			●		
	项目急性职业中毒应急预案	施工单位			●		
	食堂及炊事人员的证件	施工单位			●		
AQ-C3	工程项目现场、料具资料						
	居民来访记录	施工单位			●		
	各阶段现场存放材料堆放平面图及责任划分	施工单位			●		
	材料保存、保管措施	施工单位			●		
	成品保护措施	施工单位			●		
	现场各种垃圾存放、消纳管理资料	施工单位			●		
AQ-C4	工程项目环境保护资料						

续表

类别编号	工程安全资料名称	表格编号（或资料来源）	保存单位 建设单位	保存单位 监理单位	保存单位 施工单位	保存单位 租赁单位	保存单位 拆装单位
	项目环境管理方案	施工单位			●		
	环境保护管理机构及职责划分	施工单位			●		
	施工噪声监测记录	AQ-C4-1	●		●		
AQ-C5	工程项目脚手架资料						
	脚手架、卸料平台及支撑体系设计及施工方案	施工单位		●	●		
	钢管扣件式支撑体系验收表	AQ-C5-1		●	●		
	落地式（或悬挑）脚手架搭设验收表	AQ-C5-2		●	●		
	工具式脚手架安装验收表	AQ-C5-3		●	●		
AQ-C6	工程项目安全防护资料						
	基坑、土方及护坡方案、模板施工方案	施工单位		●	●		
	各项安全防护设施检查记录	施工单位			●		
	基坑支护验收表	AQ-C6-1		●	●		
	基坑支护沉降观测记录表	AQ-C6-2		●	●		
	基坑支护水平位移观测记录表	AQ-C6-3		●	●		
	人工挖孔桩防护检查表	AQ-C6-4		●	●		
	特殊部位气体检测记录	AQ-C6-5		●	●		
AQ-C7	工程项目施工用电资料						
	临时用电施工组织设计及变更资料	施工单位		●	●		
	施工现场临时用电验收表	AQ-C7-1		●	●		
	总、分包临电安全管理协议	施工单位			●		
	电气设备测试、调试记录	施工单位			●		
	电气线路绝缘强度测试记录	AQ-C7-2	●		●		
	临时用电接地电阻测试记录表	AQ-C7-3		●	●		
	电工巡检维修记录	AQ-C7-4			●		
AQ-C8	工程项目塔式起重机、起重吊装资料						
	塔式起重机租赁、使用、拆装的管理资料	施工单位		●	●	●	●
	塔式起重机拆装统一检查验收表格	AQ-C8-1		●	●	●	●
	塔式起重机拆装方案及群塔作业方案、起重吊装作业的专项施工方案	施工单位		●	●	●	●
	塔式起重机平面布置图	施工单位		●	●	●	

续表

类别编号	工程安全资料名称	表格编号（或资料来源）	保存单位 建设单位	监理单位	施工单位	租赁单位	拆装单位
	对塔机组和信号工安全技术交底	施工单位			●	●	●
	施工起重机械运行记录	AQ-C8-2			●	●	
AQ-C9	工程项目机械安全资料						
	机械租赁合同、出租、承租双方安全管理协议书	施工单位		●	●	●	●
	物料提升机、外用电梯、电动吊篮拆装方案	施工单位		●	●	●	●
	施工升降机拆装统一检查验收表格	AQ-C9-1		●	●	●	●
	施工机械检查验收表（电动吊篮）	AQ-C9-2		●	●	●	●
	打桩（钻孔）机械验收记录	AQ-C9-3		●	●		
	施工机械检查验收表（混凝土搅拌机）	AQ-C9-4		●	●	●	
	施工机械检查验收表（机动翻斗车）	AQ-C9-5		●	●		
	施工机械检查验收表（龙门吊）	AQ-C9-6		●	●		
	施工机械检查验收表（汽车吊）	AQ-C9-7		●	●		
	施工机械检查验收表（挖掘机）	AQ-C9-8		●	●		
	施工机械检查验收表（装载机）	AQ-C9-9		●	●		
	施工机械检查验收表（物料提升机）	AQ-C9-10		●	●	●	●
	施工机械检查验收表（混凝土泵）	AQ-C9-11		●	●		
	施工机械检查验收表（钢筋机械）	AQ-C9-12		●	●		
	施工机械检查验收表（木工设备）	AQ-C9-13			●		
	施工机械检查验收表（其它中小型）	AQ-C9-14			●	●	
	施工起重机械运行记录	施工单位			●	●	
	机械设备检查维修保养记录表	AQ-C9-15			●	●	
AQ-C10	工程项目保卫消防资料						
	施工现场消防重点部位登记表	AQ-C10-1			●		
	保卫消防设备平面图	施工单位			●		
	现场保卫消防制度、方案、预案	施工单位			●		
	现场保卫消防协议	施工单位			●		
	现场保卫消防组织机构及活动记录	施工单位			●		
	施工项目消防审批手续	施工单位	●		●		
	施工用保温材料产品检测及验收资料	施工单位			●		
	消防设施、器材验收、维修记录	施工单位			●		
	防水施工现场安全措施及交底	施工单位			●		

类别编号	工程安全资料名称	表格编号（或资料来源）	保存单位				
			建设单位	监理单位	施工单位	租赁单位	拆装单位
	警卫人员值班、巡查工作记录	施工单位			●		
	用火作业审批表	AQ-C10-2			●		
	其他材料						
AQ-C11	安全技术交底表	AQ-C11-1			●		
	应知应会考核表登记及试卷	施工单位			●		
	施工现场安全日志	AQ-C11-2			●		
	班组班前讲话记录	AQ-C11-3			●		
	工程项目安全检查隐患整改记录表	AQ-C11-4			●		

注：《规程》中相关内容、表格应依据新标准、规定随时进行调整。

第9讲 建筑施工项目安全生产制度

1.安全生产责任制度

2.安全生产教育和培训制度

3.安全生产检查制度

（1）建筑施工企业应当根据本单位生产经营活动的特点，对安全生产状况进行经常性检查。检查情况应当记录在案，并按照规定的期限保存。

（2）建筑施工企业对本单位存在的生产安全事故隐患的治理负全部责任，发现事故隐患的，应当立即采取措施，予以消除；对非本单位原因造成的事故隐患，不能及时消除或者难以消除的，应当采取必要的安全措施，并及时向所在地的安全生产监督管理部门或者政府其他有关部门报告。

检查记录的内容包括：对现场安全生产情况的评价、发现的问题、存在的事故隐患等，对检查中发现的事故隐患能立即整改应立即整改，不能立即整改应及时签发隐患整改通知书，建立登记、整改、复查记录台帐，制定整改计划和方案，按照定人、定时间、定措施、定经费的原则进行整改，落实整改责任人和监督人，在隐患没有排除前，必须采取可靠的防护措施，确保施工人员的人身安全和国家财产不受损失。

（3）建筑施工项目每月开展文明施工综合检查不少于两次,每日有安全检查。

4.有较大危险因素的生产经营场所、设备和设施的安全管理制度

5.危险作业管理制度

6.劳动防护用品配备和管理制度

7. 安全生产奖励和惩罚制度
8. 生产安全事故报告和处理制度
9. 其他保障安全生产的规章制度

第 10 讲　安全事故报告与处理、应急救援

一、生产安全事故的报告

建筑施工项目发生生产安全事故，应当按照国家和本市生产安全事故报告和调查处理的有关规定，及时、如实地向负责安全生产监督管理的部门、建设行政主管部门或者其他有关部门报告；特种设备发生事故的，还应当同时向特种设备安全监督管理部门报告。

（1）发生生产安全事故后，施工单位应当采取措施防止事故扩大，保护事故现场。需要移动现场物品时，应当做出标记和书面记录，妥善保管有关证物。

（2）事故发生后，事故现场有关人员应当立即向本单位负责人报告；施工单位必须在 1 小时内向工程所在地区县建委和区县安全监管局报告，区县建委和区县安全监管局接到事故报告后应在 2 小时内，分别向市住房城乡建设委和市安全监管局报告。

建设工程实行总承包的，分包单位发生事故后，应立即向总承包单位报告，总承包单位和分包单位均依上款规定向工程所在地区县建委和区县安全监管局报告。

（3）自事故发生之日起 30 日内，事故造成的伤亡人数发生变化的，应当及时补报。道路交通事故、火灾事故自发生之日起 7 日内，事故造成的伤亡人数发生变化的，应当及时补报。

二、生产安全事故的处理

事故发生后，有关单位和人员应当妥善保护事故现场以及相关证据，任何单位和个人不得破坏事故现场、毁灭相关证据。

因抢救人员、防止事故扩大以及疏通交通等原因，需要移动事故现场物件的，应当做出标识，绘制现场简图并做出书面记录，妥善保存现场重要痕迹、物证。

（1）发生生产安全事故造成人员伤害需要抢救的，发生事故的建筑施工企业应当及时将受伤人员送到医疗机构，并垫付医疗费。

（2）事故发生单位应当认真吸取事故教训，落实防范和整改措施，防止事故再次发生。防范和整改措施的落实情况应当接受工会和职工的监督。

（3）事故单位及其相关单位提供与事故有关的下列材料：
①营业执照、行政许可及资质证明复印件；
②组织机构及相关人员职责证明；

③安全生产责任制度和相关管理制度；
④与事故相关的合同、伤亡人员身份证明及劳动关系证明；
⑤与事故相关的设备、工艺资料和安全操作规程；
⑥有关人员安全教育培训情况和特种作业人员资格证明；
⑦事故造成人员伤亡和直接经济损失等基本情况的说明；
⑧事故现场示意图；
⑨有关责任人员上一年年收入情况；
⑩与事故有关的其他材料。

第①项和第⑨项规定的材料内容，需要有关部门予以确认的，相关部门应当予以配合。

三、应急救援

（1）建筑施工项目应当制定本单位生产安全事故应急救援预案，建立应急救援组织或者配备应急救援人员，配备必要的应急救援器材、设备，并定期组织演练。

（2）建筑施工项目应当根据建设工程施工的特点、范围，对施工现场易发生重大事故的部位、环节进行监控，制定施工现场生产安全事故应急救援预案。实行施工总承包的，由总承包单位统一组织编制建设工程生产安全事故应急救援预案，工程总承包单位和分包单位按照应急救援预案，各自建立应急救援组织或者配备应急救援人员，配备救援器材、设备，并定期组织演练。

（3）建筑施工项目制定的生产安全事故应急救援预案主要包括下列内容：
①应急救援组织及其职责；
②危险目标的确定和潜在危险性评估；
③应急救援预案启动程序；
④紧急处置措施方案；
⑤应急救援组织的训练和演习；
⑥应急救援设备器材的储备；
⑦经费保障。

第11讲　安全警示标志

建筑施工项目应当在有较大危险因素的生产经营场所和有关设施、设备上，设置明显的安全警示标志。

1.施工现场入口处、施工起重机械、临时用电设施、脚手架、出入通道口、楼梯口、电梯井口、孔洞口、桥梁口、隧道口、基坑边沿、爆破物及有害危险气体和液体存放处等危险部位，设置明显的安全警示标志。安全警示标志必须符合国家标准。

2.安全标志

（1）禁止标志：是禁止人们不安全行为的图形标志。具体参见图2—4中1-1～1-16。

图2—4 安全标志

（2）警告标志：是提醒人们对周围环境引起注意，以避免可能发生危险的图形标志。具体参见图2—5中2-1～2-23。

图2—5 安全标志

(3) 指令标志：是强制人们做出某种动作或采取防范措施的图形标志。具体参见图2—5中3-1～3-8。

(4) 提示标志：是向人们提供某种信息的图形标志。具体参见图2—4中4-1～4-2和5-1～5-7。

第2单元 绿色施工

第1讲 职业健康与安全

一、场地布置、作业条件及环境安全

（1）施工现场实行封闭式管理，围墙坚固、严密，高度不得低于 1.8 米。围墙材质使用专用金属定型材料或砌块砌筑。如图 2—6 所示。

图 2—6 施工现场围档示意图

（2）施工现场大门和门柱应牢固美观，高度不得低于 2 米，大门上应标有企业标识。如图 2—7 所示。

图 2—7 施工现场大门示意图

（3）施工现场在大门明显处设置标志牌和企业标识。标牌应写明工程名称、

面积、层数、建设单位、设计单位、施工单位、施工单位、监理单位、政府监督人员及联系电话、项目经理及联系电话，开竣工日期。标牌面积不得小于0.7米h0.5米，字体为仿宋体，标牌底边距地面不得低于1.2米。

（4）施工现场大门内应有施工现场平面布置图、公共突发事件应急处置流程图和安全生产、消防保卫、环境卫生、文明施工制度板。如图2—8所示。

图 2—8

（5）建设单位、施工单位必须在施工现场设置群众来访接待室，有专人值班，并做好记录。

（6）施工区域、办公区域和生活区域应有明确划分，设标志牌，明确负责人。如图2—9所示。

图 2—9

（7）建筑工程红线外占用地须经有关部门批准，应按规定办理手续，并按施工现场的标准进行管理。

（8）施工现场临时搭建的建筑物应当符合安全使用要求，施工现场使用的装配式活动房屋应当具有产品合格证。建设工程竣工一个月内，临建设施应全部拆除。

（9）严禁在尚未竣工的建筑物内设置员工集体宿舍。

二、材料码放

(1) 施工现场内各种材料应按照施工平面图统一布置,分类码放整齐,材料标识要清晰准确。材料的存放场地应平整夯实,有排水措施。如图 2—10 所示。

图 2—10 材料码放示意图

(2) 施工现场的材料保管应根据材料的特点采取相应的保护措施。如图 2—11 所示。

图 2—11 材料保护措施示意图

三、卫生防疫

(1) 施工现场办公区、生活区卫生工作应由专人负责，明确责任。如图 2—12 所示。

图 2—12　生活区明确责任示意图

(2) 办公区、生活区应保持整洁卫生，垃圾应存放在密闭容器，定期灭蝇，及时清运。如图 2—13 所示。

图 2—13　密闭式垃圾站

(3) 施工现场设置的临时食堂必须具备餐饮服务许可证、炊事人员身体健康证、卫生知识培训证。如图 2—14 所示。

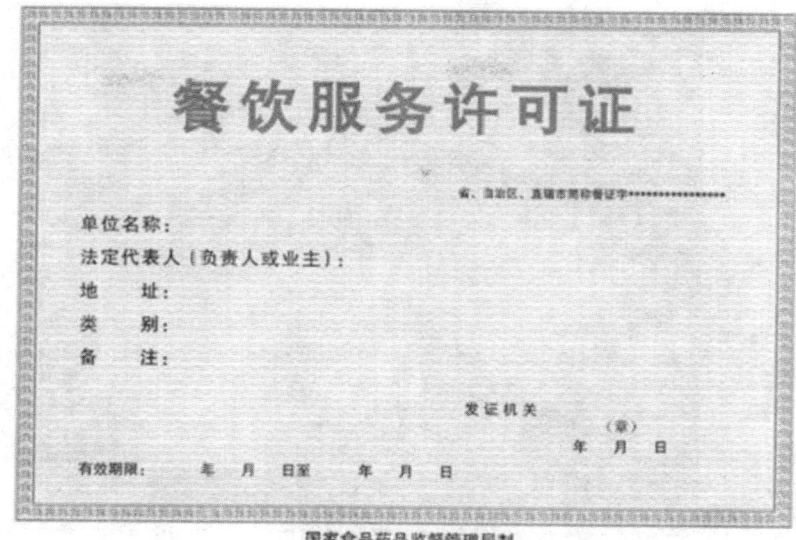

图 2—14 餐饮服务许可证示意图

（4）食堂和操作间内墙应抹灰，屋顶不得吸附灰尘，应有水泥抹面锅台、地面，必须设排风设施。如图 2—15 所示。操作间必须有生熟分开的炊具及存放柜橱。库房内应有存放各种佐料和剩食的密闭器皿，有距墙距地面大于 20 厘米的粮食存放台。

图 2—15 食堂示意图

（5）食堂操作间和仓库不得兼作宿舍使用。

（6）食堂炊事员上岗必须穿戴洁净的工作服帽，并保持个人卫生。如图 2—16 所示。

图 2—16 炊事员照片

（7）施工现场应制定卫生急救措施，配备保健药箱、一般常用药品及急救器材。如图 2—17 所示。

图 2—17 急救药品

四、职业健康

（1）施工现场应在易产生职业病危害的作业岗位和设备、场所设置警示标识或警示说明。

（2）深井、地下隧道、管道施工、地下室防腐、防水作业等不能保证良好自然通风的作业区，应配备强制通风设施。

（3）在粉尘作业场所，应采取喷淋等设施降低粉尘浓度，操作人员应佩戴防尘口罩；焊接作业时，操作人员应佩戴防护面罩、护目镜及手套等个人防护用品。

（4）高温作业时，施工现场应配备防暑降温用品，合理安排作息时间。如图2—18所示。

图2—18 职业健康宣传栏

第2讲 环境保护

一、一般规定

（1）工程的施工组织设计中应有防治扬尘、噪声、固体废物和废水等污染环境的有效措施，并在施工作业中认真组织实施。

（2）施工现场应建立环境保护管理体系，责任落实到人，并保证有效运行。

（3）对施工现场防治扬尘、噪声、水污染及环境保护管理工作进行检查，填写检查记录。

（4）对施工人员进行环境保护培训及考核。

（5）定期对职工进行环保法规知识培训考核。

二、大气污染防治

（1）施工现场主要道路必须100%进行硬化处理，其他路面应采取覆盖、固化、绿化等有效措施防止扬尘。施工现场的材料存放区、大模板存放区等场地必须平整夯实。如图2—19所示。

图 2—19 道路硬化情况

（2）遇有四级风以上天气不得进行土方回填、转运以及其他可能产生扬尘污染的施工。

（3）施工现场应有专人负责环保工作，配备相应的洒水设备，及时洒水，减少扬尘污染。如图 2—20 所示。

图 2—20 现场洒水设备

（4）建筑物内的施工垃圾清运必须采用封闭式专用垃圾道或封闭式容器吊运，严禁凌空抛撒。施工现场应设密闭式垃圾站，施工垃圾、生活垃圾分类存放。施工垃圾清运时应提前适量洒水，并按规定及时清运消纳。如图 2—21 所示。

图 2—21 施工垃圾与生活垃圾分开

（5）水泥和其它易飞扬的细颗粒建筑材料应密闭存放，使用过程中应采取有效措施防止扬尘。施工现场土方应集中堆放，100%采取覆盖或固化等措施。如图 2—22、图 2—23 所示。

图 2—22 水泥库照片

图 2—23 降尘措施

（6）从事土方、渣土和施工垃圾的运输，必须使用密闭式运输车辆。施工现场出入口处设置冲洗车辆的设施，出场时必须100%清理干净，不得将泥沙带出现场。如图2—24所示。

图2—24 出入口的冲洗设施

（7）市政道路施工铣刨作业时，应采用冲洗等措施，控制扬尘污染。灰土和无机料拌合，应采用预拌进场，碾压过程中要洒水降尘。

（8）规划市区内的施工现场，混凝土浇注量超过100立方米以上的工程，应当使用预拌混凝土，施工现场设置搅拌机的机棚必须封闭，并配备有效的降尘防尘装置。

（9）施工现场使用的热水锅炉，炊事炉灶及冬施取暖锅炉等必须使用清洁燃料。施工机械、车辆尾气排放应符合环保要求。

（10）拆除旧有建筑时，100%洒水，减少扬尘污染。渣土要在拆除施工完成之日起三日内清运完毕，并应遵守拆除工程的有关规定。如图2—25所示。

图2—25 拆除现场降尘措施

（11）暂时不开发的空地100%必须进行绿化。如图2—26所示。

图2—26 绿化措施

三、水污染防治

（1）搅拌机前台、混凝土输送泵及运输车辆清洗处应当设置沉淀池。废水不得直接排入市政污水管网，经二次沉淀后循环使用或用于洒水降尘。如图2—27所示。

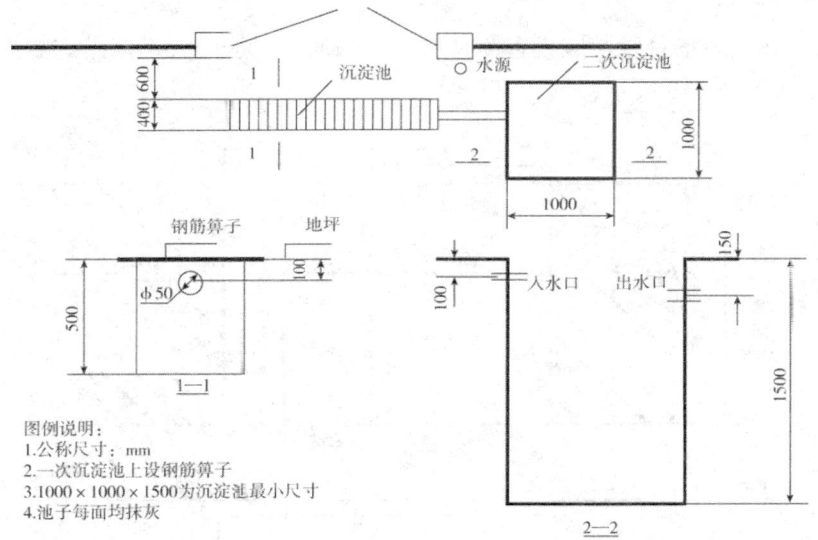

沉淀池示意图

图2—27 沉淀池示意图

（2）现场存放油料，必须对库房进行防渗漏处理，储存和使用都要采取措施，防止油料泄漏，污染土壤水体。如图 2—28 所示。

图 2—28

（3）施工现场食堂，应设置简易有效的隔油池，加强管理，指定专人负责定期掏油。如图 2—29 所示：

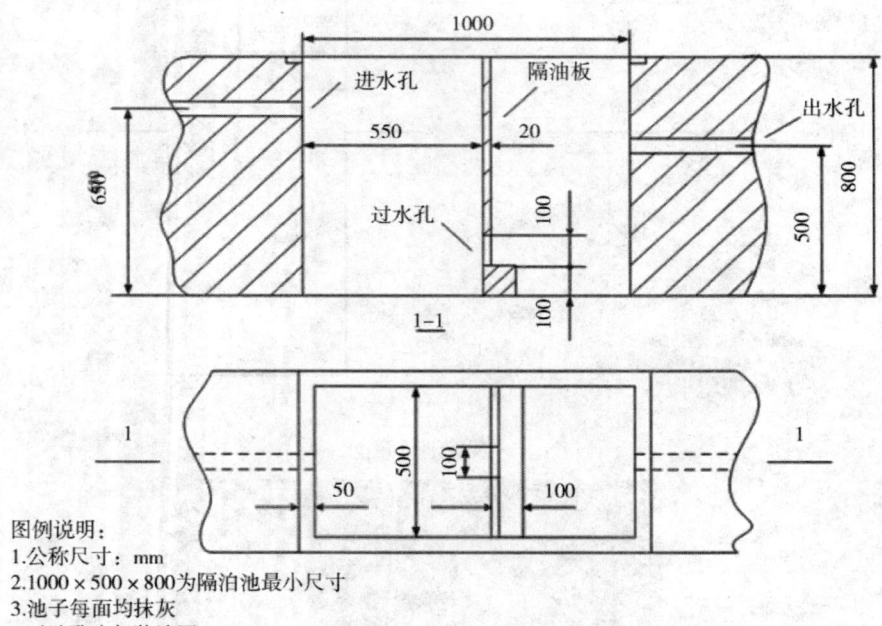

图例说明：
1. 公称尺寸：mm
2. 1000×500×800 为隔泊池最小尺寸
3. 池子每面均抹灰
4. 过油孔应加装滤网

图 2-29 隔油池示意图

四、噪声污染防治

（1）施工现场应遵照《建筑施工场界噪声限值》制定降噪措施。在城市市区范围内，建筑施工过程中使用的设备，可能产生噪声污染的，施工单位应按有关规定向工程所在地的环保部门申报。

（2）施工现场的电锯、电刨、搅拌机、固定式混凝土输送泵、大型空气压缩机等强噪声设备应搭设封闭式机棚，并尽可能设置在远离居民区的一侧，以减少噪声污染。

（3）因生产工艺上要求必须连续作业或者特殊需要，确需在 22 时至次日 6 时期间进行施工的，建设单位和施工单位应当在施工前到工程所在地的区、县建设行政主管部门提出申请，经批准后方可进行夜间施工。

建设单位应当会同施工单位做好周边居民工作。并公布施工期限。

（4）进行夜间施工作业的，应采取措施，最大限度减少施工噪声，可采用隔音布、低噪声震捣棒等方法。

（5）对人为的施工噪声应有管理制度和降噪措施，并进行严格控制。承担夜间材料运输的车辆，进入施工现场严禁鸣笛，装卸材料应做到轻拿轻放，最大限度地减少噪声扰民。

（6）施工现场应进行噪声值监测，监测方法执行《建筑施工场界噪声测量方法》，噪声值不应超过国家或地方噪声排放标准。

噪声防治方法如图 2—30。

图 2—30 噪声防治方法

第 3 讲　施工降水

一、一般规定

施工降水应遵循保护优先、合理抽取、抽水有偿、综合利用的原则。

二、限制施工降水

(1) 建设单位或者施工单位应当采用连续墙、护坡桩＋桩间旋喷桩、水泥土桩＋型钢等帷幕隔水方法，隔断地下水进入施工区域。如图2—31所示。

图2—31 基坑支护

(2) 因地下结构、地层及地下水、施工条件和技术等原因，使得采用帷幕隔水方法很难实施或者虽能实施，但增加的工程投资明显不合理的，施工降水方案经过专家评审并通过后，可以采用管井、井点等方法进行施工降水。

(3) 施工降水方案评审内容：

①采用帷幕隔水方法不可行的依据和理由是否充分；②施工降水对施工安全、环境影响评估是否合理；③计算抽排水量是否合理；

④降水综合利用措施是否合理。

(4) 采用管井、井点等进行施工降水的工程，施工单位应当安装抽排水计量设施，并按有关规定缴费。施工单位应当按照住房和城乡建设部《城市排水许可管理办法》的规定，申领城市排水许可证。

三、施工降水管理

(1) 采用管井、井点等进行施工降水的，抽排水计量设施必须有效工作。建设单位、施工单位应保证降水利用设施的正常运行，并采取有效措施，防止污染地下水和地表水。

(2) 施工现场应综合利用工地抽排的全部地下水，减少资源浪费。降水应优先用于工地钢筋混凝土的养护、降尘、冲厕、工地车辆的洗刷等方面；剩余部分，施工单位应主动与园林、环卫部门和居民社区联系，将其用于周边指定绿地、景观及环境卫生。

(3) 监理单位应当对施工降水进行全过程监理，检查和督促建设单位和施工单位严格执行本办法和相关技术标准。

（4）施工单位未经专家评审通过，采用管井、井点等进行施工降水的、或者施工单位违反本节第二条的规定的，监理单位应当及时予以制止。

第3单元　安全防护

第1讲　基槽（坑、沟）、大直径桩

一、土方开挖对周边建筑物、构筑物的防护措施要求

（1）土方开挖前必须制定保证周边建筑物、构筑物安全的措施并经技术部门审批后方准施工。在确保土方开挖、基坑暴露期间的安全外，还必须保证邻近建（构）筑物、道路、管线的安全。需要进行降排水的，应慎重考虑降排水产生的沉降，根据需要采取有效的措施，并加强监测。

（2）施工现场应当按深基坑支护工程设计方案、施工要求配备应急抢险器材和人员。

（3）基坑开挖完成后，地下结构工程的施工单位应当及时施工，防止基坑长时间暴露。

（4）用于土方施工的机械进场，经验收合格后方可使用，机械操作人员必须持证上岗。

（5）配合机械清底、平地、修坡等人员，必须在机械回转半径以外作业。如必须进入回转半径内作业时，应先停止机械回转并制动，方可开始作业，机上、机下人员应随时取得密切联系。

二、坑、沟的临边防护要求如下：

（1）在基础施工前及开挖槽、坑、沟土方前，建设单位必须以书面形式向施工企业提供详细的与施工现场相关的地下管线资料，施工企业采取有效措施保护地下各类管线。

（2）基础施工前应具备完整的岩土工程勘察报告及设计文件。

（3）基坑施工应编制施工方案，方案要有针对性。当基坑深度超过3米时要由专业施工技术人员编制安全专项施工方案，经企业技术部门审核，企业技术负责人签字后报监理单位，由监理单位总监理工程师审核、签字。实行施工总承包，应由专业分包单位技术负责人和总包单位企业技术负责人签字后报监理单位，由监理单位总监理工程师审核、签字。由施工企业技术负责人、监理单位总监理工程师签字。

（4）根据现场土质条件及基坑周边情况，采取合理的支护措施。深度在5米以内的基槽（坑）、管沟边坡最陡坡度执行《建筑施工安全检查标准》(JGJ59-2011)要求。

（5）土方开挖前必须制定保证周边建筑物、构筑物安全的措施，应纳入土方方案中。方案应经监理单位审核、签字后方准施工。

（6）雨季施工期间基坑周边必须要有良好的排水系统和设施。

（7）危险处和通道处及行人过路处开挖的槽、坑、沟，必须采取有效的防护措施，防止人员坠落，夜间应设红色标志灯。

（8）开挖槽、坑、沟深度超过 1.5 米，应根据土质和深度情况按规定放坡或加可靠支撑，并设置人员上下坡道或爬梯，爬梯两侧应用密目网封闭（见图2—32）。开挖槽、坑、沟深度超过 5 米时，必须设置马道，坡度不小于 1：3。开挖深度超过 2 米的，必须在边沿处设立两道防护栏杆，用密目网封闭（见图2—33）。

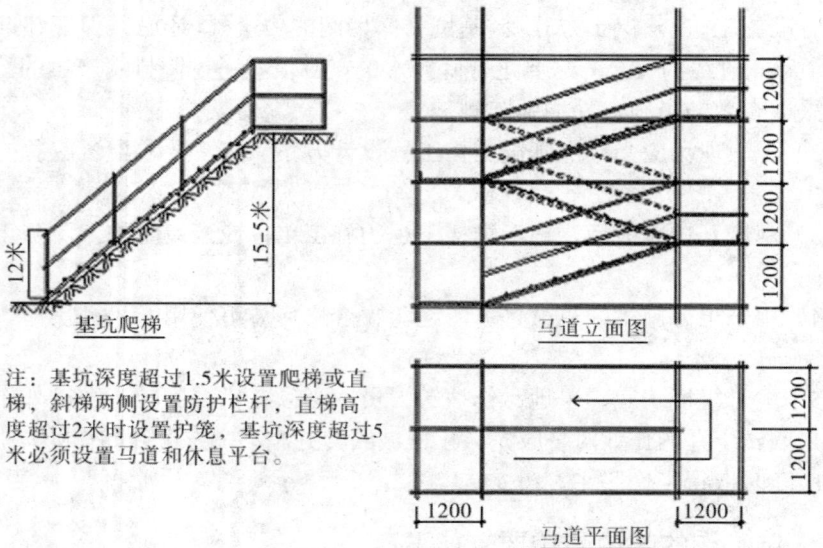

图2—32 爬梯、马道示意图及照片

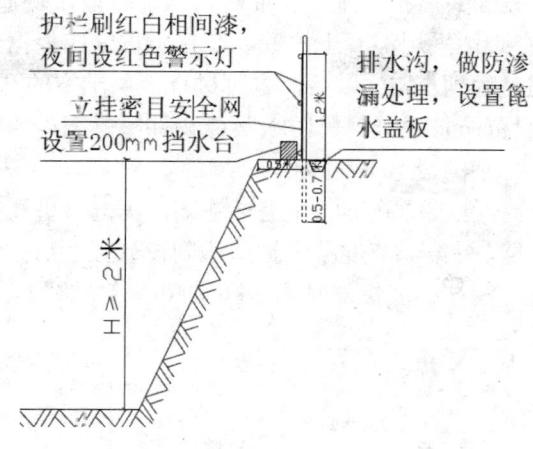

图 2—33 基坑护栏示意图

(9) 槽、坑、沟边 1 米以内不得堆土、堆料、停置机具。(见图 2—34)。

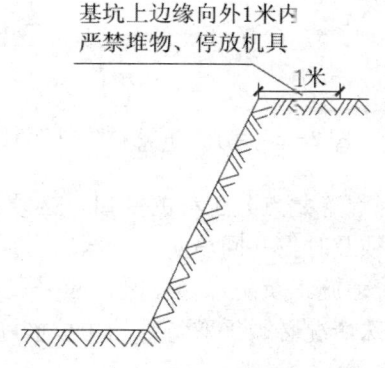

图 2—34 基坑周边示意图

三、大孔径桩、扩底桩的防护要求如下：

(1) 大孔径桩及扩底桩施工，必须严格执行行业标准《大直径扩底灌注桩技术规程》(JGJ/T225-2010) 规定。

(2) 人工挖大孔径桩的施工企业必须具备总承包一级以上资质或地基与基础工程专业承包一级资质。

(3) 编制人工挖大孔径桩及扩底桩施工方案必须经企技术部门审核，经企业技术负责人签字后报监理单位，由监理单位总监理工程师审核、签字。

(4) 挖大孔径桩及扩底桩必须制定防坠人、落物、坍塌、人员窒息等安全措施。挖大孔径桩必须采用混凝土护壁，混凝土强度达到规定的强度和养护时间后方可进行下层土方开挖。下孔作业前应进行有毒、有害气体检测，排除孔内有害气体。并向孔内输送新鲜空气或氧气。确认安全后方可下孔。孔下作业人员连续作业不得超过2个小时,并设专人监护。施工作业时,保证作业区域通风良好。

(5) 人工挖空必须采用混凝土护壁,其首层护壁应根据土质情况做成沿口护圈。护圈混凝土强度达到 5MPa 以后,方可进行下层土方的开挖。

(6) 孔口应设置防护设施,严防人员或物件坠落孔内,孔下作业人员应戴安全帽。

(7) 严格按照挖孔桩的施工顺序进行施工,第一节桩孔土方挖完后,必须浇注第一节混凝土护壁,待第一节混凝土护壁达到设计强度后方可进行第二节土方开挖。分节逐步进行。挖孔扩底桩严禁用炸药扩底。(见图 2—35)

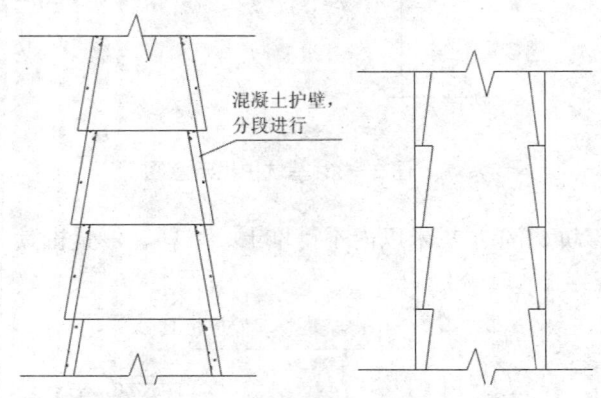

图 2—35 大孔径扩底桩防护示意图

(8) 基础施工时降水(井点)工程的井口,必须设置牢固防护盖板或围栏和警示标志。完工后,必须及时将井回填实。

(9) 深井或地下管道施工及防水作业区,应采取有效的通风措施,并进行有毒、有害气体检测。特殊情况必须采取特殊的防护措施,防止发生中毒事故。

四、对地下管线保护的要求如下:

(1) 要求建设单位提供各类地下设施资料(包括:电缆、燃气、上水、污水、雨水、中水、热力管线的分布和现状资料)。

(2) 施工单位对建设方提供的地下设施资料进行勘察核实,对所有地下管线的位置设置警示牌(或警示标识)。

(3) 根据管线走向及具体位置,在地面上做出标志(用白灰标识)。

(4) 对于已探明的地下管线,应采取适当的措施进行保护,以防止施工对管线的损害,保护方案应事先取得管线所属部门的同意并得到监理工程师的书面批准。

(5) 管线开挖过程中先进行人工探坑,然后视管线深度、位置,确定采用机械开挖或人工开挖的方法。靠近电力电缆等周边 2 米内的土方必须人工开挖。

(6) 管线挖出后应及时采取保护措施,如采用支架、悬吊、套管、设置挡板等措施,如遇到燃气管道应及时检测管道是否泄漏,并严格执行动火作业程序。对于燃气、电力管线,应设置集水坑,防止管线被浸泡。

（7）对于道路下的给水管线和压力污水管线，除采取以上措施外，在车辆穿越时，还要确保管线受力后不变形，不断裂。

（8）对于本工程中所有管线的位置设置警示牌。

（9）严禁私自利用、损坏原有管线。

第2讲 脚手架搭设及作业防护

一、脚手架搭设及作业防护的要求如下：

（1）构配件选择要求

①钢管应选用符合现行国家标准《直缝电焊钢管》(GB/T13793-2016)中 Q235-A 级的普通钢管，其材质性能应符合现行国家标准《碳素结构钢》(GB/T700-2006) 的有关规定。

②钢管规格 Φ48h3.5mm，壁厚最小值不得小于 3.0mm。除满足上述规定外钢管不应有压扁、锈蚀、弯曲以及焊缝开裂等缺陷并在钢管内外壁涂刷防锈漆。

③扣件应采用可锻铸铁制造，其材质应符合现行国家标准《钢管脚手架扣件》(GB15831-2006)的有关规定。

④脚手板应符合现行行业标准《建筑施工扣件式钢管脚手架安全技术规范》(JGJ130-2011)的规定。

（2）搭设要求

①脚手架搭设高度小于 24m 时，底部应铺设通长脚手板；搭设高度大于 24m 时，底部应铺设通长脚手板或增设专用底托。

②立杆搭设应符合下列规定：

a 当立杆基础不在同一高度上时，必须将高处的纵向扫地杆向低处延长两跨与立杆固定，高低差不应大于 1m。靠边坡上方的立杆轴线到边坡的距离不应小于 500mm；（见图 2—36）

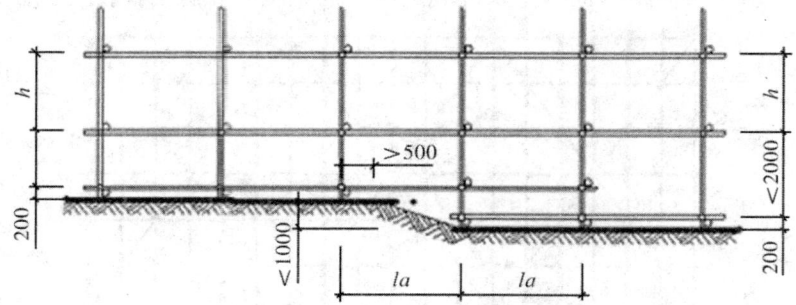

图 2—36 不同基础高度架体搭设

b 立杆接长除顶层顶步外，其余各层各步接头必须采用对接扣件连接；

c 立杆顶端宜高出女儿墙上皮 1m,高出檐口上皮 1.5m。
③水平杆搭设应符合下列规定:
a 纵向水平杆应设置在立杆内侧,其长度不宜小于 3 跨;
b 纵向水平杆接长宜采用对接扣件连接,也可采用搭接;
c 横向水平杆应放置在纵向水平杆上部,靠墙一端至墙装饰面距离不宜大于 100mm;(见图 2—37)。

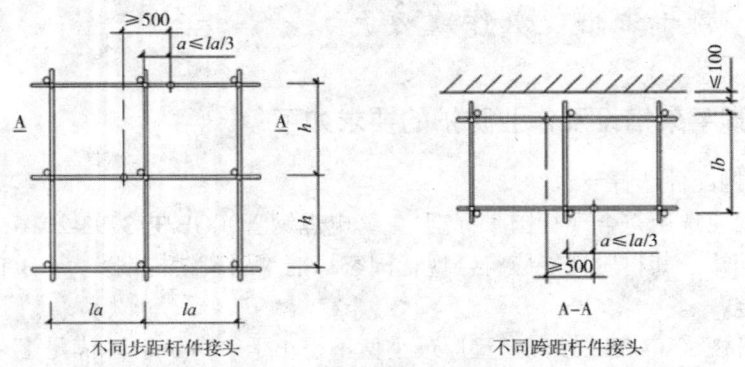

图 2—37 水平杆件接头布置

d 主节点处必须设置横向水平杆。
④杆件的对接、搭接应符合下列规定:
a 杆件接头应交错布置,两根相邻杆件接头不应设置在同步或同跨内,接头位置错开距离不应小于 500mm,各接头中心至最近主节点的距离不宜大于纵距的 1/3;(见图 2—37)
b 搭接接头的搭接长度不应小于 1m,应采用不少于 3 个旋转扣件固定。
⑤扫地杆设置应符合下列要求:
a 纵向扫地杆必须连续设置,钢管中心距地面或垫板不得大于 200mm;
b 脚手架底部主节点处应设置横向扫地杆,其位置应在纵向扫地杆下方。
⑥剪刀撑设置应符合下列要求:
应在脚手架外侧立面整个长度和高度方向连续设置剪刀撑;(见图 2—38)

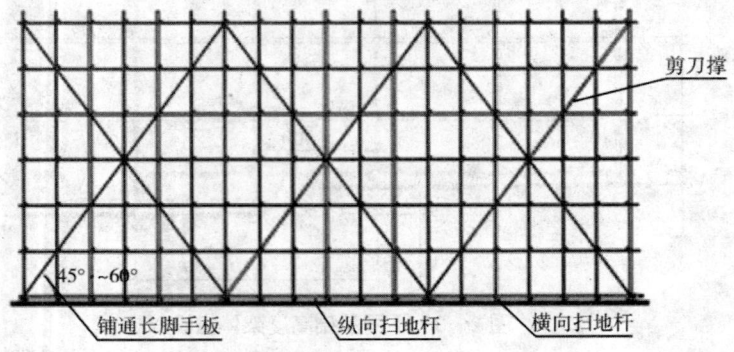

图 2—38 连续剪刀撑设置

c 剪刀撑杆件接长可采用搭接或对接,斜杆与立杆交结点必须设扣件连接。

d 横向斜撑设置:一字型、开口型双排脚手架的两端均必须设置横向斜撑。24m 以上双排脚手架,除拐角应设置横向斜撑外,中间每隔 6m 设置一道。

⑦连墙件设置应符合下列规定:

a 架体搭设高度在 6m 以下时,可采用加抛撑的方法保持架体稳定;(见图 2—39)

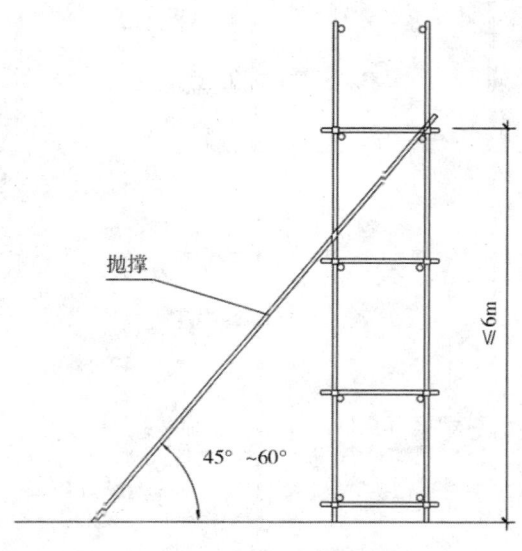

图 2—39 抛撑设置

b 架体搭设高度在 6m 以上时必须设置连墙件,连墙件与结构的连接应为刚性连接(见图 2—40);

c 连墙件的竖向间距不宜大于层高,且小于 4m;横向间距不宜超过开间尺寸,且小于 6m;

d 连墙件应靠近主节点设置,距离主节点不得大于 300 mm;

e 开口型脚手架的两端及脚手架的开口处必须设置连墙件;

f 连墙件应采用双扣件与结构拉结。

g 连墙件应从底层第一步纵向水平杆处开始设置。

h 严禁使用仅有拉筋的柔性连墙件。

c 连墙件的竖向间距不宜大于层高,且小于 4m;横向间距不宜超过开间尺寸,且小于 6m;

d 连墙件应靠近主节点设置,距离主节点不得大于 300 mm;

e 开口型脚手架的两端及脚手架的开口处必须设置连墙件;

f 连墙件应采用双扣件与结构拉结。

g 连墙件应从底层第一步纵向水平杆处开始设置。

h 严禁使用仅有拉筋的柔性连墙件。

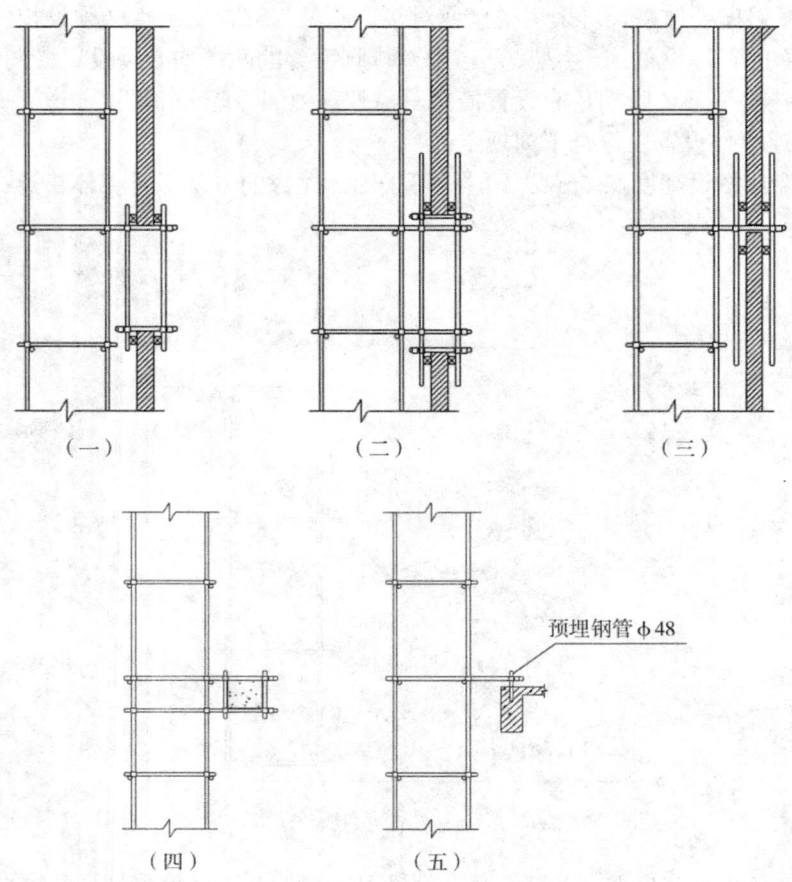

图 2—40 连墙件常用做法

⑧扣件安装应符合下列规定：

a 螺栓拧紧力矩应控制在 40N·m～65N·m 之间；

b 主节点处固定横向水平杆、纵向水平杆、横向斜撑等用的直角扣件、旋转扣件的中心点的相互距离不应大于 150mm；

c 对接扣件开口应朝上或朝内；

d 各杆件端头伸出扣件盖板边缘的长度不应小于 100mm。

⑨连墙件、剪刀撑、横向斜撑应随立杆、纵横向水平杆同步搭设。

⑩架体应通过连墙件与建筑物连接牢固。

⑪脚手板的设置应符合下列规定：

a 作业层脚手板应铺满、铺稳，离开施工墙面不宜大于 120～150mm；

b 脚手板应设置在不少于三根的横向水平杆上，可采用对接平铺，亦可采用搭接铺设；

c 脚手板对接平铺时，接头处必须设两根横向水平杆，脚手板外伸长度应取

130~150mm；脚手板搭接铺设时，接头必须支在横向水平杆上，搭接长度应大于200mm，其伸出横向水平杆的长度不应小于100mm；（见图2—41）。

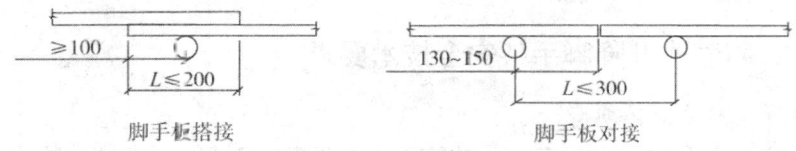

图2—41 脚手板搭接、对接图

d 作业层端部脚手板探头长度应取150mm，其板长两端均应与支承杆可靠固定。

⑫搭设高度大于24m的双排脚手架应采用钢丝绳保险体系，钢丝绳不得参与受力计算。

⑬铺板层小横杆设置间距不得大于立杆纵距的1/2。

⑭塔吊、电梯、物料提升机、卸料平台等需要断开或开口处除设置连墙件外还须设置横向斜撑。（见图2—42）

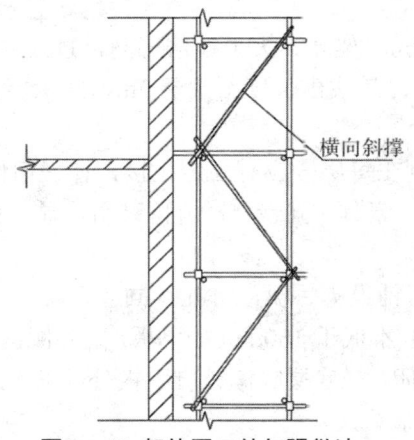

图2—42 架体开口处加强做法

⑮脚手架基础必须平整坚实，有排水措施，满足架体支搭要求，确保不沉陷不积水。

（3）高大脚手架设计方案

①当搭设高度超过24米时，应进行架体稳定性计算。

②计算内容应为包括立杆、连墙件、基础等部位的整体稳定性计算

③应按《建筑施工扣件式钢管脚手架安全技术规范》（JGJ130-2011）中的计算公式进行计算。

第3讲　工具式脚手架搭设及作业防护

一、附着式升降脚手架安全技术要求

附着式脚手架必须符合以下规定。

（1）附着升降脚手架有专项的施工组织设计方案，对所有部件的强度、刚度、稳定性、变形和抗倾覆、螺栓、焊缝连接点强度，吊具、索具、支承部位工程结构等都应有计算验算，专项方案应当由总承包单位技术负责人及相关专业承包单位技术负责人签字。经施工单位审核合格后报监理单位，由项目总监理工程师审核签字。

（2）生产或经营单位有建设部颁发的生产和使用证，有当地安全监督部门发放的准用证。

（3）专业队伍安装，证件齐全，责任到人升降机操作人员应持证上岗。

（4）水平梁与主框架应是定型产品，节点必须采用焊接或螺栓连接，不得采用钢管扣件连接。

（5）架宽 0.9~1.1m，架高不大于 5 倍层高，直线支承跨度不大于 8m，折线或曲线跨度不大于 5.4m，悬挑出长度不大于 3m，面积不大于 110m^2。搭设规范要求同落地脚手架。

（6）要架沿竖向侧在每层楼应有固定拉接，在任何情况下不少于两处，所有拉接牢固可靠所有吊具、索具、同步自动升降装置、显示控制等均应符合规定，有效。

（7）每层合理严密铺设脚手板，绑扎牢固。在每一作业层外侧必须设双层防护栏杆（高 0.6~1.2m）及不低于 180mm 挡脚板。架外侧密目网严密防护，无空洞，架与墙之间严密可靠封闭，最底层除满铺脚手板外，在下方同时用安全网或密目网封严。升降时架体上严禁站人。

（8）防坠落装置与提升设备分别装在两套支承结构上，灵敏可靠。防倾斜装置应是定型产品（不许用扣件连接），垂直度不大于 3cm，导向间隙小于 5mm，升降中上部悬臂部分不大于架高 2/5 或不超过 6m，与建筑物可靠连接。

（9）搭设及每次升降前有详细交底。搭好及升降后有检查验收，并有记录，有责任人签字。架上有上下行人通道。升降时下方设安全警戒线，有专人负责。

二、电梯井架、平台搭设要求

（1）电梯安装用脚手架（以下简称电梯井架）支搭前，安装电梯单位要向施工单位提出架子使用要求，架子施工单位要参照本章规定和使用要求拟定电梯井架搭设方案，报上级技术技术负责人和监理单位审批后，交架子工实施。

（2）电梯井架应使用钢管支搭或采取钢丝绳吊架子。使用其他材料必须经公司技术监理单位审核批准，并报监理单位审核批准。

（3）电梯井架绑完后，要经使用单位、施工单位、监理单位施工、技术、安

全负责人共同验收，签字后方可使用。

（4）架子搭完后任何人不准擅自拆改，因安装需要局部拆改架子时，需经架子工工长批准，由架子工进行拆改作业。

（5）电梯井架每步至少铺三分之二的脚手板。所留的上人孔道要互相错开，留孔一侧要加一道护身栏。脚手板铺好后，必须绑牢不准任意移动。在电梯井架上的人员必须挂牢安全带。

（6）在电梯井架上从事电焊作业时，严禁使用井架钢管或钢丝绳做地线。

（7）采用电梯自升安装方法施工时，所需搭设的上下临时操作台必须符合挑架子和操作平台架子的有关规定，在上层操作台的下面要铺满脚手板或满挂安全网。下层操作台要做到不倾斜，不晃动。安装电梯时，严禁抛扔任何物料，所有小型工具应装在工具袋内，严禁任何人向架井内抛物料。

（8）结构施工电梯井搭设脚手架必须依据《建筑施工扣件式钢管手架安全术规范》编写专项方案并有计算，超过30米以上应加卸荷。

（9）电梯井施工使用定型平台时必须用不小于14#工字钢做支撑点，严禁借用大模板穿墙螺栓作支撑点。

（10）每升降一次必须进行检查验收并填写验收单合格后方可使用。

三、外挂脚手架搭设的要求如下：

（1）外挂脚手架应编制专项方案，对所有部件的强度、刚度、稳定性、变形和抗倾覆、螺栓、焊缝连接点强度，吊具、索具、支承部位工程结构等都应有计算验算，并经应为企业技术部门审核，经企业技术负责人签字后报监理单位，由监理单位总监理工程师审核、签字。

（2）外挂架子采用预制焊接的定型边框为立杆的其立杆间距不得大于2米。穿墙钩要加垫板用双螺栓与墙体固定牢并有防脱钩装置的措施。（见图2—43）

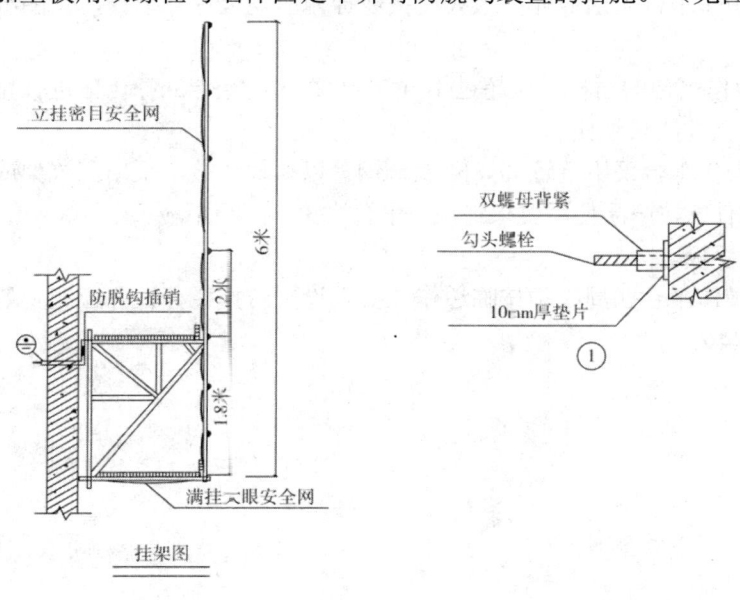

图 2—43 外挂脚手架示意图

（3）外挂架子悬挂点穿墙螺栓，必须有足够的强度，满足施工需要，穿墙螺栓加垫板用双螺母紧固，挂钩必须有防脱钩装置，同时悬挂点处的建筑物结构强度必须满足施工需要。提升：外挂架提升必须在上层墙体浇筑完成后且混凝土强度达 7.5MPa 进行（以 2~3 天的同条件试块为准）。每片设两个吊点。

（4）起吊前用钢丝绳先兜住挂架两端支撑架内侧平台，挂好钩后，清理平台上物品，松开穿墙螺栓，平稳提吊。提升顺序按流水段顺序。

（5）外挂架搭设完毕应形成一个封闭整体，转角处、错台位置应用钢管安全网封闭严密。外挂架使用的钩头螺栓在安装前，应检查周围的砼是否坚硬、牢固，若发现砼有松散或不密实，应立即采取加固措施。

四、移动作业平台的搭设

（1）移动操作平台，必须符合下列规定：

（1）操作平台应由专业技术人员按现行相应规范进行设计，及图纸应编写施工设计方案。

（2）操作平台的面积不应超过 10 ㎡，高度不应超过 5m。还应进行稳定计算，并采取减少立柱的长细比。

（3）操作平台采用钢管 Φ48h3.5 mm 钢管以扣件连接，采用门式架或承插式钢管脚手架部件，按产品使用要求组成。平台次梁，间距不应大于 100cm；台面满铺 5cm 厚的脚手板。

（4）操作平台四周必须按临边作业要求设置防护栏杆，并应布置登高扶梯。

（见图 2—44）

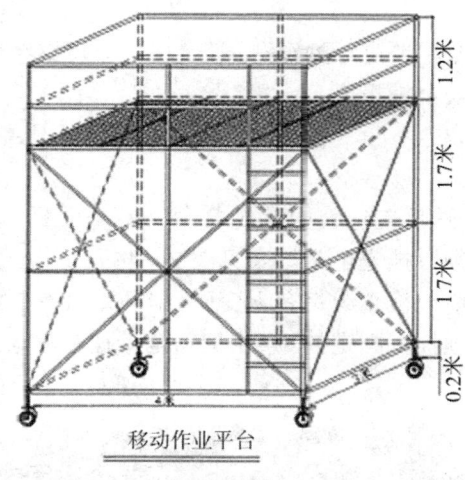

图 2—44 移动平台示意图

第4讲 "三宝"、"四口"和临边防护

一、安全帽、安全带、安全网的选用要求

（1）安全帽的选用应符合如下要求

①安全帽由帽壳、帽衬、下颏带及其他附件组成。（见图2—45）。

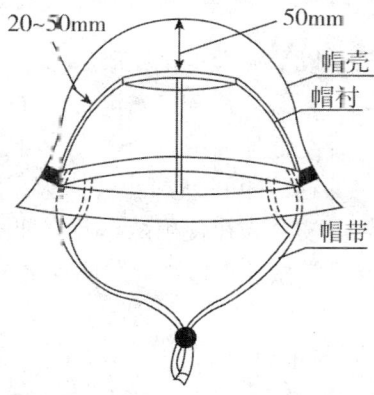

图 2—45 安全帽示意图

②安全帽的选用必须有产品检验合格证，购入的产品经验收后，方准使用。

③安全帽不应存放在：酸、碱、高温、日晒、潮湿等环境中，更不可和硬物放在一起。

④安全帽的使用期：塑料帽、纸胶帽不超过两年半；玻璃钢橡胶帽不超过三年

半。

⑤对到期的安全帽要进行抽查测试，合格后方可继续使用，以后每年抽检一次，抽检不合格则该批安全帽报废。

⑥如果发现开裂、下凹、老化、裂痕和磨损等情况，就要及时更换，确保使用安全。

（2）安全带的选用应符合如下要求

①高处作业必须系挂安全带。（见图2—46）

②安全带使用前应检查绳带有无变质、卡环是否有裂纹，卡簧弹跳性是否良好。高处作业安全带必须挂在固定处。禁止把安全带挂在移动或带尖锐梭角或不牢固的物件上。

图2—46 安全带高挂低用

③凡在坠落高度基准面2m以上（含2m）无法采取可靠防护措施的高处作业人员必须正确使用安全带，安全带必须符合《安全带》（GB6095-2009）标准。

④安全带必须高挂低用，杜绝低挂高用。

⑤安全带不使用时要妥善保管，不可接触高温、明火、强酸、强碱或尖锐物体，不要存放在潮湿的仓库中保管。安全带在使用两年后应抽验一次。

⑥使用频繁的安全带，要经常做外观检查，发现异常时，应立即更换新绳。使用期为3~5年，发现异常应提前报废。

（3）安全网的选用应符合如下要求

①安全网绳不得损坏和腐朽，搭设好的水平安全网在承受100kg重的砂袋假人，从10m高处的冲击后，网绳、系绳、边绳不断。搭设安全网支撑杆间距不得大于4m。

②安全网应采用锦纶、维纶、涤纶、或其他的耐候性不低于上述品种（耐候性）的材料制成。

③无外脚手架或采用单排外脚手架和工具式脚手架时，凡高度在4m以上的建

筑物，首层四周必须支固定 3m 宽的水平安全网（20m 以上的建筑物搭设 6m 宽双层安全网），网底距下方物体表面不得小于 3m（20m 以上的建筑物不得小于 5m）。安全网下方不得堆物品。

④在施工程 20m 以上的建筑每隔 4 层（10m）应固定一道 3m 宽的水平安全网。安全网的外边沿应高于内边沿 50～60cm。

⑤扣件式钢管外脚手架，必须立挂密目安全网，沿外架子内侧进行封闭，安全网之间必须连接牢固，并与架体固定。（见图 2—47）

⑥施工现场使用的安全网、密目式安全网必须符合国家标准。企业安全部门对安全防护用品进行严格管理。

图 2—47 外脚手架防护

四、"四口"的安全防护要求

（1）"四口"是指楼梯口、电梯井口、预留洞口、通道口

（2）1.5m×1.5m 以下的孔洞，用坚实盖板盖住，有防止挪动、位移的措施（见图 2—48）。1.5m×1.5m 以上的孔洞，四周设两道防护栏杆，中间支搭水平安全网。结构施工中伸缩缝和后浇带处加固定盖板防护。（见图 2—49）

图 2—48 洞口防护

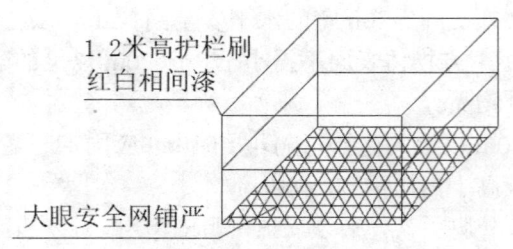

图 2—49 1.5m×1.5m 以上的孔洞防护图

（3）电梯井口必须设高度不低于 1.2m 的金属防护门。电梯井内首层和首层以上每隔四层设一道水平安全网，安全网应封闭严密。（见图 2—50）

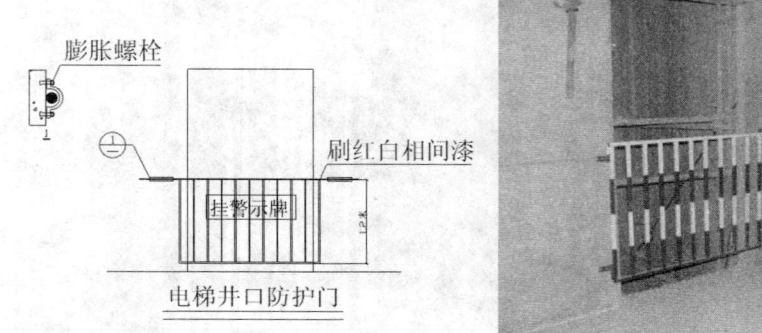

图 2—50　电梯井防护门

（4）管道井和烟道必须采取有效防护措施，防止人员、物体坠落。墙面等处的竖向洞口必须设置固定式防护门并有警示标志。

结构施工中电梯井和管道竖井不得作为垂直运输通道和垃圾通道。

（5）楼梯踏步及休息平台处，必须设两道牢固防护栏杆或立挂安全网。回转式楼梯间支设首层水平安全网，每隔四层（10米）设一道水平安全网。

阳台栏板应随层安装，不能随层安装的，必须在阳台临边处设一道防护栏杆，防护栏杆设上下两道水平杆，并立挂密目安全网。两道防护栏杆，用密目网密封。

（6）建筑物楼层邻边四周，未砌筑、安装维护结构时，必须设一道防护栏杆，防护栏杆设上下两道水平杆，并立挂密目安全网。两道防护栏杆，立挂安全网。（见图 2—51）

（7）建筑物出入口必须搭设宽于出入通道两侧的防护棚，建筑超过 24 米的棚顶应满铺不小于 50mm 厚度的脚手板。通道两侧用密目安全网封闭。多层建筑防护棚长度不小于 3m，高层不小于 6m，防护棚高度不低于 3m。（见图 2—52）

图 2—51 楼层临边防护

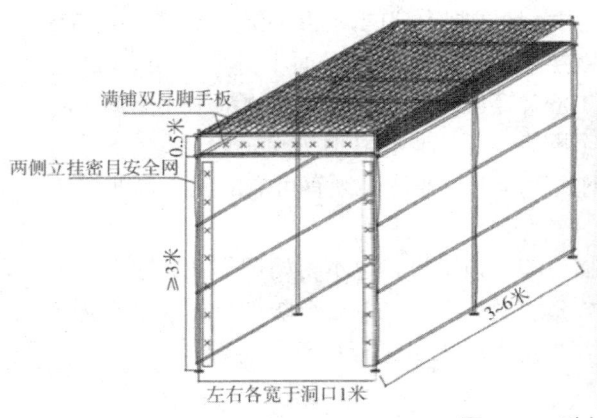

图 2—52 防护棚

(8) 因施工需要临时拆除洞口、临边防护的，必须专人监护，监护人员撤离前必须将原防护设施复位。

三、"五临边"的安全防护要求

(1) "五临边"是指深度超过 2 米的槽、坑、沟的周边；在施工程无外脚手架的屋面（作业面）和框架结构楼层的周边；井字架、龙门架、外用电梯和脚手架与建筑物的通道、上下跑道和斜侧道的两侧边；尚未安装栏板、栏杆阳台、料台、挑平台的周边；在施工程的楼梯口的梯段边。

(2) 五临边必须设置防护栏杆，防护栏杆由上、下两道横杆及栏杆柱组成，上横杆离地高度 1.2m，下杆离地高度 0.6m。坡度大于 1：2 的斜屋面，防护栏杆应高于 1.5m，并加挂安全立网。横杆长度大于 2m 时，必须加设栏杆柱；给排水沟槽、桥梁工程、泥浆池等临边危险部位应进行有效防护。

(3) 各种垂直运输卸料平台临边防护必须到位，侧边设 1.2m 高两道防护栏杆和安全网全封闭，进料口设置防护门。或采用 1.2m 高定型彩钢板全封闭，平台口还应设置含踢脚防护的安全门或活动防护栏杆。卸料平台底板要求采用厚 4cm 以上木板、钢板等硬质板材铺设，并设有防滑条，严禁只采用毛竹脚手片。悬挑式钢平台的搁支点与上部拉结点必须位于建筑物上，不得设置在脚手架等施工设备上。斜拉杆或钢丝绳，构造上宜两边各设前后两道，两道中的每一道均应作单道受力计算使用。

第5讲 高处作业防护

1.使用落地式脚手架必须使用密目安全网沿架体内侧进行封闭，网之间连接牢固并与架体固定，安全网要整洁美观。

2.凡高度在 4m 以上的建筑物不使用落地式脚手架的，首层四周必须支固定 3m 宽的水平安全网（高层建筑支 6m 宽双层网），网底距接触面不得小于 3m（高层不得小于 5m）。高层建筑每隔四层（10m）还应固定一道 3m 宽的水平安全网，网接口处必须连接严密。支搭的水平安全网直至无高处作业时方可拆除。

3.在 2m 以上高度从事支模、绑钢筋等施工作业时必须有可靠的施工作业面，并设置安全稳固的爬梯。

物料必须堆放平稳，不得放置在临边和洞口附近，也不得妨碍作业、通行。建筑施工对施工现场以外人或物可能造成危害的，应当采取安全防护措施。施工交叉作业时，应当制定相应的安全措施，并指定专职人员进行检查与协调。

第4单元 模板施工

第1讲 模板工程施工方案

1.大模板工程施工前，施工单位必须编制技术、安全专项施工方案，并由应为经企业技术部门审核，企业技术负责人签字后报监理单位，由监理单位总监理工程师审核、签字。并对大模板施工相关作业人员进行书面安全技术交底，施工现场模板工程安全技术交底要结合本工程实际情况，并符合相关标准。安全技术交底要有拆、合模板顺序和临时固定方法。安全交底签字齐全，作业班组全体人员在交底上有签字等内容。

2.大模板安装前应按配模设计平面图规定位置将操作平台、护栏、爬梯及工具箱等安装齐全并连接牢固；（见图 2—53）

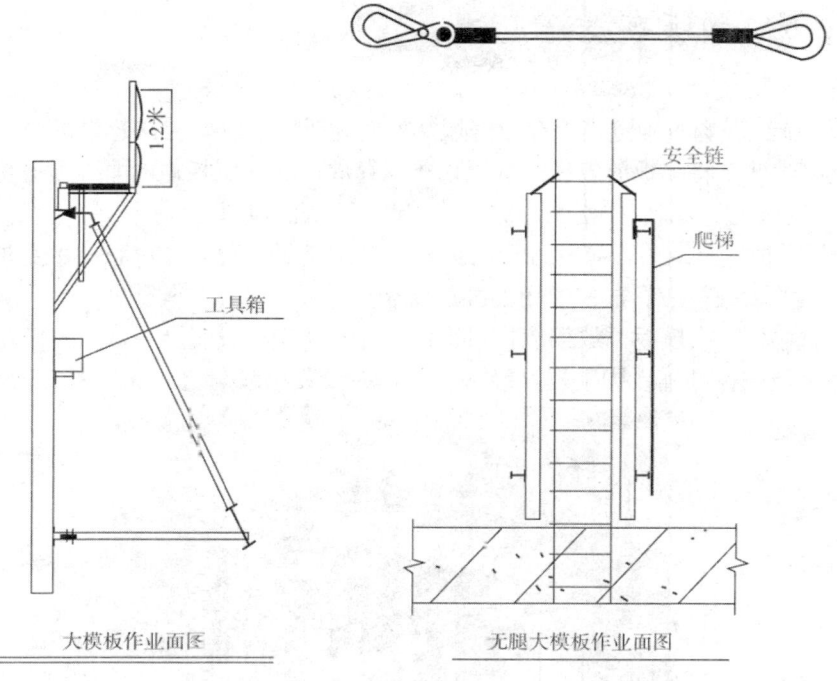

图 2—53 大模板示意图

3.大模板安装过程中要有防止倾倒的固定措施；

4.大模板支撑必须牢固、稳定，支撑点应设在坚固可靠处，不得与脚手架拉结；

5.大模板就位后紧固好穿墙螺栓方可解除吊车吊环，对空间狭窄，无法安装支腿的模板和就位后的模板不能及时安装穿墙螺栓时，应用索具（安全链）采取临时固定措施，严禁使用铅丝临时固定（见图2—54）；

图 2—54

第 2 讲 模板存放、吊运

1. 施工现场应确定模板存放区域，大模板现场堆放区应在起重机的有效工作范围之内，严禁将模板放置在存放区以外。存放区应设围栏，地面必须平整夯实，有排水措施，不得堆放在松土、冻土或凹凸不平的场地上。

2. 大模板堆放时，有支撑架的大模板必须满足自稳角 70 度—80 度要求；没有支撑架的大模板应存放在专用的插放支架内，不得倚靠在其他物体上，防止模板下脚滑移倾倒。大模板插放架应搭设牢固，各立面均应设斜支撑。上方作业面应按照脚手架防护标准铺设脚手板，设护身栏，并设爬梯或马道。（见图 2—55）

图 2—55

3. 大模板在存放时，应采取两块大模板板面对板面相对放置的方法，且应在模板中间留置不小于 600mm 的操作间距；存放时间超过 48 小时的大模板必须有用拉杆连接绑牢等可靠的防倾倒措施。

4. 当施工间隙超过 24 小时、气象预报次日风力超过 5 级以上及节假日期间，应将流水段拆除的模板吊运至地面存放，当大模板必须存放在施工楼层上，必须有可靠的防倾倒措施，不得沿外墙周边放置，应垂直于外墙存放。

5. 遇有大风等恶劣天气，应对存放的模板采取临时连接的固定措施，同时暂停清理模板和涂刷脱模剂等作业。

6. 大模板吊环设计时均应按吊环受力状况进行强度设计，吊环的材质、位置、数量、安装方法或焊接长度等均须满足设计要求；

7. 吊运大模板必须采用卡环，大模板在每次吊运前必须逐一检查吊索具及每块模板上的吊环是否完整有效；

8. 吊运墙体大模板时应一板一吊，严禁同时吊运两块以上的大模板；大模板单位重量不得大于起重机的荷载；同时吊运两块柱模、角模时，吊点必须在同一水平面上；

9.大模板吊装时应加导引绳（就是在吊环或模板上加两条大绳，通过拉大绳调节模板位置），严禁施工人员直接推拉大模板。

10.吊运大模板时应设专人指挥，模板起吊应平稳，不得偏斜和大幅度摆动。操作人员必须站在安全可靠处，严禁人员和物料随同大模板一同起吊。穿墙螺栓等其他零星部件的垂直运输应采用有边框的吊盘进行，禁止用编织袋直接吊运；

11.当风力超过 5 级或大雨、大雪、大雾时不得进行吊装作业；

12.冬施电加热大模板施工要有可靠的防止触电的安全措施。

第 3 讲 模板支撑系统安装、拆卸

1.设在模板支架立杆底部或顶部的可调底座或底托，其丝杆外径不得小于 36mm，伸出长度不得超过 200mm。（见图 2—56）

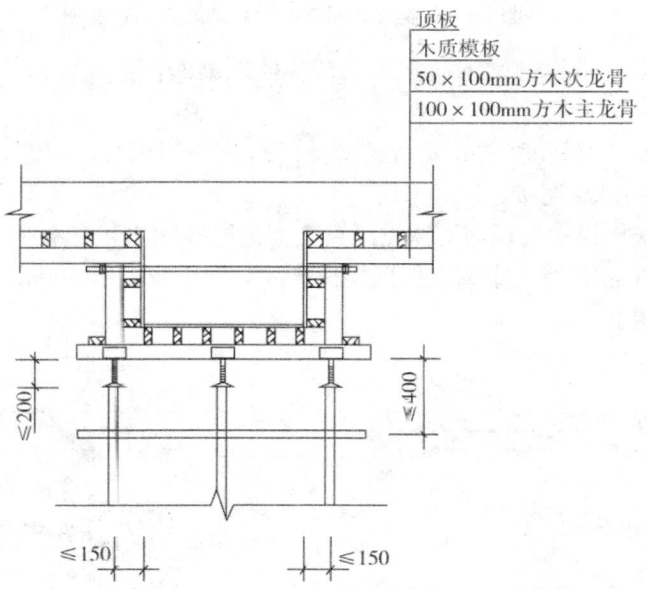

图 2—56 模板支架立杆沿梁截面方向布置图

2.结构梁下模板支架的立杆纵距应沿梁轴线方向布置；立杆横距应以梁底中心线为中心向两侧对称布置，且最外侧立杆距梁侧边距离不得大于 150mm。（见图 2—57、图 2—58）

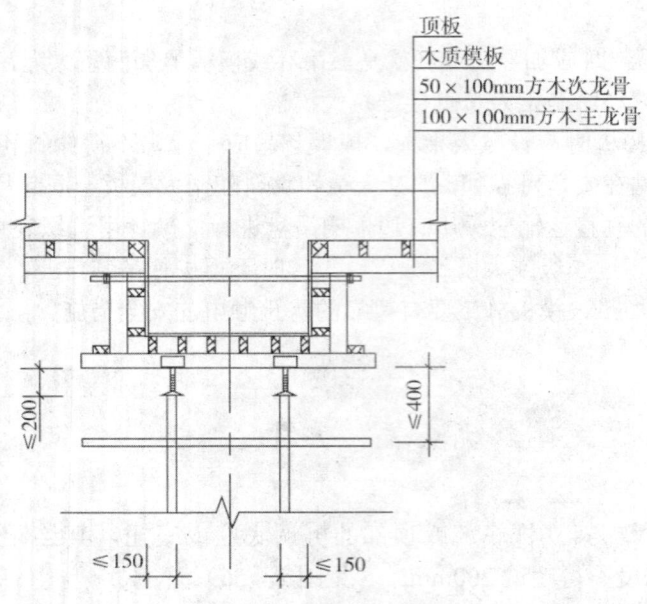

图 2—57 模板支架立杆沿梁截面方向布置图

3.模板支架搭设时梁下横向水平杆应伸入梁两侧板的模板支架内不少于两根立杆,并与立杆扣接。

4.当模板支架高度≥8m或高宽比≥4时,应采用刚性连墙件在水平加强层位置与建筑物结构可靠连接。

5.扣件式模板支架顶部支撑点距离支架顶层横杆的高度不应大于400mm;碗扣式模板支架顶部支撑点距离支架顶层横杆的高度不应大于500mm。(见图2—56、图2—57、图2—58)

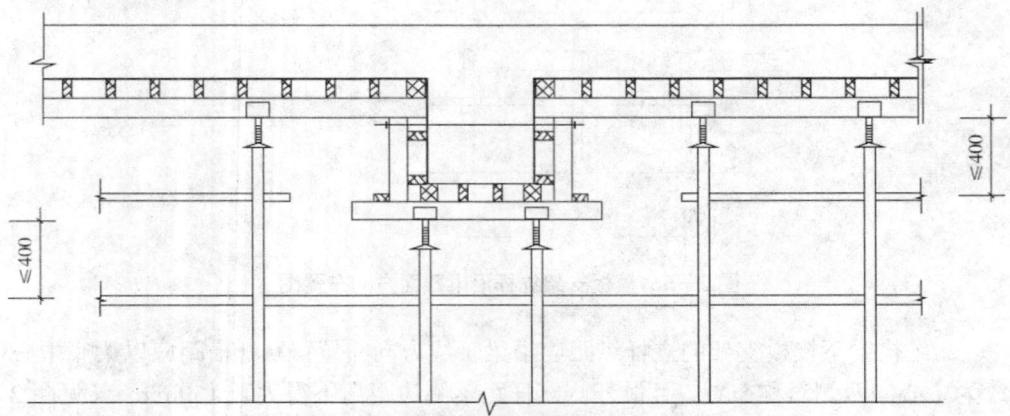

图 2—58 模板支架顶部自由段长度示意图

6.钢管扣件式模板支架的立杆、水平杆、扫地杆、扣件及杆件接头的搭设应满足《建筑施工扣件式钢管脚手架安全技术规范》(JGJ130-2011)的有关要求,立杆接长必须采用对接,禁止搭接。

7.钢管扣件模板支架体系的剪刀撑应符合以下要求

（1）模板支架四边与中间每隔 4-6 排立杆应设置一道竖向剪刀撑，由底至顶连续设置（见图 2—59）；

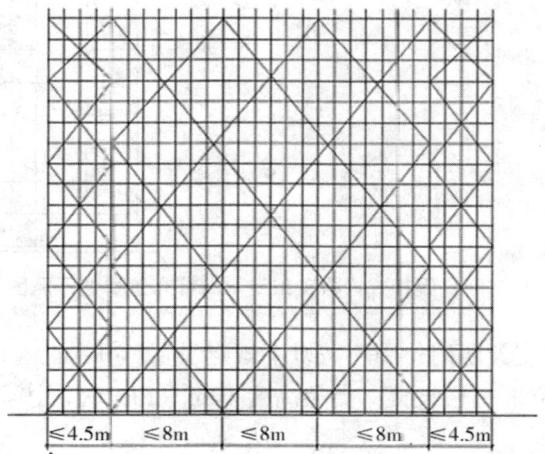

图 2—59 模板支架竖向剪刀撑布置示意图

（2）高于 4m 的模板支架，其两端与中间每隔 4-6 排立杆从顶层开始向下每隔 2-4 步设置水平剪刀撑；8、钢管扣件模板支架体系在下列情况下应设置水平加强层

（1）模板支架高度≥8m 或高宽比≥4 时，顶部和底部（扫地杆的设置层）应设置水平加强层。

（2）底部和顶部加强层的间距≥16m 时，每隔 8～12m 增设一道水平加强层。

（3）水平加强层做法：用水平斜杆以"之"字形将水平剪刀撑连接，水平斜杆宽度不小于 3m。（见图 2—60）

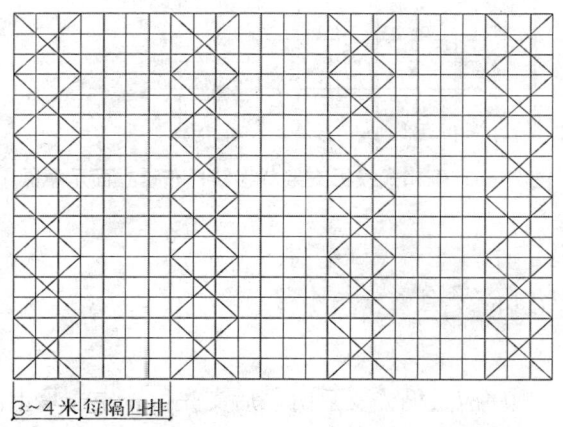

图 2—60 模板支架水平加强层布置示意图

9.碗扣式模板支架高度超过 4m 时，应在四周拐角处设置专用斜杆或四面设置八字斜杆，并且每两排设置一组通高专用斜杆。（见图 2—61、图 2—62）

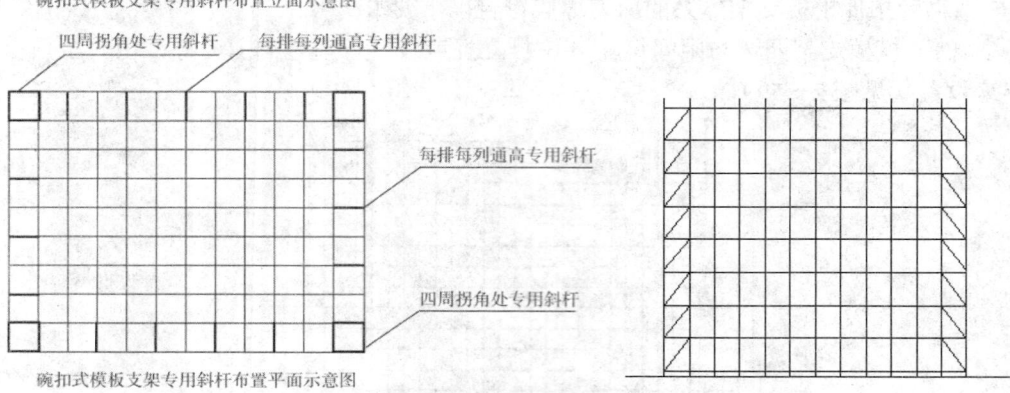

图 2—61 碗扣式模板支架专用斜杆布置平面示意图

10.碗扣式模板支架四周外围应按以下规定设置斜杆：支架高度在 4m～12m 时，按不少于 1/3 的外立面框格设置；支架高度 12m～20m 时，按不少于 1/2 的外立面框格设置。

11.碗扣式模板支架架体立杆接头位置应相互错开，同一断面上有接头的立杆数量不应超过立杆总数的 50%。

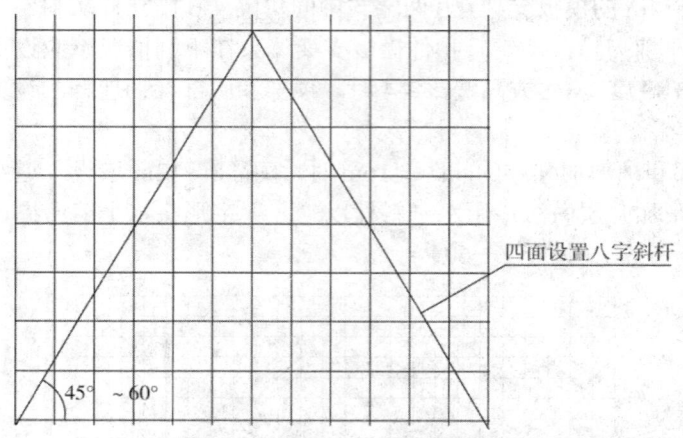

图 2—62 碗扣式模板支架八字斜杆布置立面示意图

第 4 讲　模板拆除安全

1.大模板的拆除顺序应遵循先支后拆、后支先拆，先非承重部位、后承重部位以及自上而下顺序的原则；

2.拆除有支撑架的大模板时，应先拆除模板与混凝土结构之间的穿墙螺栓及其他连接件，松动地脚螺栓，使模板后倾与墙体脱离开；

3.任何情况下，严禁操作人员站在模板上口采用晃动、撬动或用大锤砸模板的方法拆除模板；

4.拆除的穿墙螺栓、连接件及拆模用工具必须妥善保管和放置，不得随意散放在操作平台上，以免吊装时坠落伤人；

5.起吊大模板前应先检查模板与混凝土结构之间所有穿墙螺栓、连接件是否全部拆除，必须在确认模板和混凝土结构之间无任何连接后方可起吊大模板，移动模板时不得碰撞墙体。吊运时应垂直起吊，严禁使用吊车撕撤模板或斜吊。

第5单元 卸料平台

第1讲 构配件

1.钢材

（1）工字钢：应符合《热轧型钢》（GB/T706-2008）中关于热轧工字钢的规定，其型号应由计算确定。

（2）槽钢：应符合《热轧型钢》（GB/T706-2008）中关于热轧槽钢的规定，其型号应由设计计算确定。

（3）圆钢：应符合《热轧钢棒尺寸、外形、重量及允许偏差》（GB/T702-2008）中关于热轧圆钢的规定，其型号应设计计算确定。

（4）钢管：应符合现行国家标准《直缝电焊钢管》（GB/T13793-2015）中规定的3#普通钢管或《碳素结构钢》（GB/T700-2006）中Q235-A级钢的规定。

2.其他

（1）钢丝绳：应符合《重要用途钢丝绳》（GB/T8918-2006）关于圆股纤维芯钢丝绳的规定，其型号应由设计计算确定。

（2）绳卡：应与钢丝绳的规格相匹配。

（3）卡环：应与钢丝绳的规格相匹配。

（4）钢管扣件：应采用可锻铸铁制造，其标准应符合应符合现行国家标准《钢管脚手架扣件》（GB15831）的规定。

（5）平台板：使用木脚手板应符合符合现行国家标准《木结构设计规范》（GB50005-2003）2级材质标准，使用钢板应符合现行国家标准《碳素结构钢》（GB/T700-2006）中Q235-A级钢的规定。

（6）花篮螺栓：应配合钢丝绳使用，且必须是OO型。

第2讲 构造

1.物料平台由次梁、主梁、吊环、平台板、拉索（钢丝绳）、防护栏杆及挡板组成。（见图2—63）

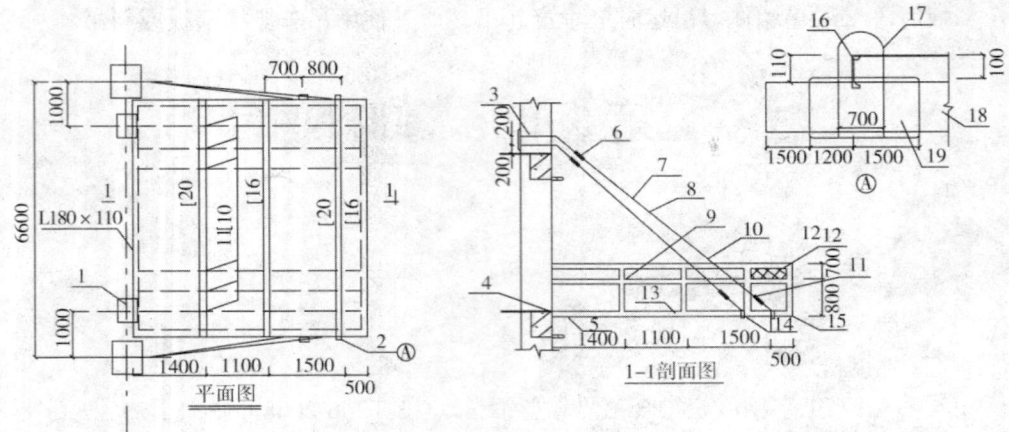

1-梁面预埋件；2-吊环；3-钢丝绳镶拼成环状；4-电焊连接；5-［10与16上口平；6-两套卸甲连接；7-钢丝绳镶拼；8-钢丝绳（6×37 ϕ21.5）；9-栏杆与 16焊接；10-每根钢丝绳用三只钢丝卡具（型号ΥT-22）；11-花篮螺栓（□□型3.0″）；12-硬挡板；13、16-［16槽钢；14-［20槽钢；15、18-［12槽钢；17- ϕ25 A3刚吊环；19-10厚钢板与［20焊接

图2—63 物料平台示意图

2.主梁、次梁应使用工字钢或槽钢制作，节点必须采用焊接。

3.吊环应使用圆钢制作。

4.钢丝绳长度宜一次定型。必须使用 OO 型花篮螺栓调节松紧，钢丝绳与 OO 型花篮螺栓的强度应一致。

5.采用钢板作平台板时应用螺栓或焊接与次梁固定。采用木板时应与次梁绑扎牢固。

6.物料平台前端及两侧伸出拉结点或主梁的长度不得大于500mm，；平台如遇脚手架等障碍物需要加长主梁时，其主梁、悬吊钢丝绳以及建筑物锚固点等重要受力部位必须进行设计计算。钢丝绳应与平台边缘垂直，严禁跨越平台垂直上方。

7.物料平台临边应设置不低于 1.5m 的防护栏杆，栏杆内侧设置硬质材料的挡板。

8.物料平台承载面积不宜大于 $20m^2$；长宽比不应大于1.5：1。

第6单元　机械安全

第1讲　基本安全要求

1. 施工现场应建立机械安全生产责任制，配备机械设备管理人员负责施工现场机械设备安全管理工作。
2. 为机械设备使用提供良好的工作环境，安装场地必须平整坚实，有排水设施。
3. 进入现场机械设备必须保持技术状况完好，安全装置齐全、灵敏可靠，经总承包单位使用单位安装单位租赁单位共同验收并报监理审核合格后方可使用。
4. 机械上的各种安全防护装置及监测、指示、仪表、报警等自动报答、信号装置应完好齐全，有缺损时应及时修复。安全防护装置不完整或已失效的机械不得使用。
5. 现场机械设备的明显部位或机棚内要悬挂安全操作规程和岗位责任标牌。
6. 特种设备作业人员必须持合格有效操作证上岗。
7. 操作人员应遵守机械有关保养规定，认真及时做好各级保养工作，经常保持机械的完好状态。严禁带病运行，运行中禁止维护保养；操作人员离机或作业中停电时，必须切断电源。

第2讲　起重机械

一、基本要求

（1）起重机械应具有特种设备制造许可证、产品合格证、制造监督检验证明。其中，塔式起重机、施工升降机（含物料提升机）还应具有全国统一登记备案编号。

（2）起重机械出租单位应当与承租单位签订租赁合同和安全管理协议，明确各自的安全责任，并出具起重机械备案证明，提交安装使用说明书。

（3）需要安装的起重机械安装和拆卸前，拆装单位应与委托单位签订安装和拆卸合同，与施工总承包单位签订安全管理协议，明确各自的安全责任。拆装单位必须依法取得行政主管部门颁发的"起重设备安装工程专业承包企业资质"和"安全生产许可证"，方可从事相应的安装和拆卸业务。

（4）起重机械拆装单位应编制安装、拆卸工程专项施工方案，并由本单位技术负责人签字；按照安全技术标准及安装使用说明书等检查建筑起重机械及现场施工条件；组织施工安全技术交底并签字确认；制定建筑起重机械安装、拆卸工程生产安全事故应急救援预案；起重机械安装、拆卸前，应当填写《施工现场起重机械拆装报审表》，将起重机械安装、拆卸工程专项施工方案，拆装单位资质，安装、拆卸人员名单，安装、拆卸时间等材料报送施工总承包单位和监理单位审核。在从事起重机械安装和拆卸作业 2 个工作日前，将经施工总承包单位和监理单位审核合格的《施工现场起重机械拆装报审表》报送工程所在地区县建委，办理安装告知手续后方可进行安装、拆卸。起重机械安装和拆卸作业前，拆装单位应对拟安装和拆卸设备的完好性进行检查。作业时，拆装单位应当设置警戒区，指派专人负责统一指挥和监护，禁止无关人员进入施工现场。

（5）起重机械安装完毕后，拆装单位应出具自检合格证明，起重机械应达到安全使用标准要求。使用单位应当组织出租、安装、监理等有关单位进行验收，或者委托具有相应资质的检验检测机构进行验收。验收前，应由具有相应资质的检验检测机构进行检验。对于不需要现场安装的起重机械，应当提供由具有相应资质检验机构出具的在有效期内的检验报告。不能提供有效检验报告的起重机械，严禁在施工现场使用。

（6）起塔式起重机、施工升降机（含物料提升机）安装验收合格之日起 30 日内，使用单位应当在工程所在地的区县建委办理使用登记。

（7）起重机械的操作人员、指挥人员必须持证上岗，作业时应密切配合，执行规定的指挥信号。操作人员应按照指挥人员的信号进行作业，当信号不清或错误时，操作人员可拒绝执行。操纵室远离地面的起重机，在正常指挥发生困难时，地面及作业层（高空）的指挥人员均应采用对讲机等有效的通讯联络进行指挥。

（8）在露天有六级及以上大风或大雨、大雪、大雾等恶劣天气时，应停止起重作业。雨雪过后作业前，应先试吊，确认制动器灵敏可靠后方可进行作业。

（9）起重机械的力矩限制器、起重量限制器以及各种行程限位开关等安全保护装置，应完好齐全、灵敏可靠，不得随意调整或拆除。严禁利用限制器和限位装置代替操纵机构。

（10）作业中执行"十不吊"原则，即：被吊物重量超过机械性能允许范围；信号不清；吊物下方有人；吊物上方有人；埋在地下物；斜拉斜牵物；散物捆绑不牢；立式构件、大模板等不用卡环；零散物无容器；吊装物重量不明等。吊物严禁超出施工现场的范围。

（11）重物起升和下降速度应平稳、均匀，不得突然制动。左右回转应平稳，当回转未停稳前不得作反向动作。非重力下降式起重机，不得带载自由下降。严禁起吊重物长时间悬挂在空中，作业中遇突发故障。应采取措施将重物降落到安全地方，并关闭发动机或切断电源后进行检修。在突然停电时，应立即把所有控制器拨到零位，断开电源总开关，并采取措施使重物降到地面。

（12）有架空输电线的场所，起重机的任何部位与输电线的安全距离，应符合表 2—3 规定，以避免起重机结构进入输电线的危险区。

表 2—3

安全距离/m	电玉/kV				
	<1	1～15	20～40	60～110	220
沿垂直方向	1.5	3.0	4.0	5.0	6.0
沿水平方向	1.0	1.5	2.0	4.0	6.0

（13）起重机使用的钢丝绳，其结构形式，规格及强度应符合该型起重机使用说明书的要求。钢丝绳与卷筒应连接牢固，放出钢丝绳时，卷筒上应至少保留三圈，收放钢丝绳时应防止钢丝绳打环、扭结、弯折和乱绳，不得使用扭结、变形的钢丝绳。使用编结的钢丝绳，其编结部分在运行中不得通过卷筒和滑轮。

（14）钢丝绳采用编结固接时，编结部分的长度不得小于钢丝绳直径的20倍，并不应小于300mm，其编结部分应捆扎细钢丝。当采用绳卡固接时，与钢丝绳直径匹配的绳卡的规格、数量应符合下表的规定。

最后一个绳卡距绳头的长度不得小于140mm。绳卡滑鞍（夹板）应在钢丝绳承载时受力的一侧，"U"螺栓应在钢丝绳的尾端，不得正反交错。绳卡初次固定后，应待钢丝绳受力后再度紧固，并宜拧紧到使两绳直径高度压扁1/3。作业中应经常检查紧固情况。见表 2—4。

表 2—4　与绳径匹配的绳卡数

钢丝绳直径（mm）	10以下	10～20	21～26	28～36	36～40
最少绳卡数（个）	3	4	5	6	7
绳卡间距（mm）	80	140	160	220	240

（15）钢丝绳报废标准应按照《起重机钢丝绳保养、维护、安装、检验和报废》（GB/T 5972-2009）规定。

（16）滑轮、起升卷筒及动臂变幅卷筒均应设有钢丝绳防脱装置，该装置与滑轮或卷筒侧板最外缘的间隙不应超过钢丝绳直径的20%。钩应设有防钢丝绳脱钩的装置。

（17）采用双机抬吊作业时，应选用起重性能相似的起重机进行。抬吊时应统一指挥，动作应配合协调，载荷应分配合理，单机的起吊载荷不得超过允许载荷的80%。在吊装过程中，两台起重机的吊钩滑轮组应保持垂直状态。

（18）起重机械钢结构不得变形，主要焊缝不应有裂纹和开焊，各连接件应紧固，无松动，符合要求。

二、履带起重机

（1）起重机应在平坦坚实的地面上作业、行走和停放。在正常作业时，坡度不得大于3°，并应与沟渠、基坑保持安全距离。

（2）起重机变幅应缓慢平稳，严禁在起重臂未停稳前变换挡位；起重机载荷达到额定起重量的90%及以上时，严禁下降起重臂，升降动作应慢速进行，并严禁同时进行两种及以上动作。

（3）当起重机如需带载行走时，载荷不得超过允许起重量的70%，行走道路应坚实平整，重物应在起重机正前方向，重物离地面不得大于500mm，并应栓好拉绳，缓慢行驶。严禁长距离带载行驶。

（4）起重机行走时，转弯不应过急；当转弯半径过小时，应分次转弯；当路面凹凸不平时，不得转弯。起重机上下坡道时应无载行走，上坡时应将起重臂仰角适当放小，下坡时应将起重臂仰角适当放大。严禁下坡空挡滑行。

（5）起重机通过桥梁、水坝、排水沟等构筑物时，必须先查明允许载荷后再通过。必要时应对构筑物采取加固措施。通过铁路、地下水管、电缆等设施时，应铺设木板保护，并不得在上面转弯。

三、汽车、轮胎式起重机

（1）起重机行驶和工作的场地应保持平坦坚实，并应与沟渠、基坑保持安全距离。

（2）起重机作业时，起重臂和重物下方严禁有人停留、工作或通过。重物吊运时，严禁从人上方通过。严禁用起重机载运人员。

（3）作业前，应全部伸出支腿，并在撑脚板下垫方木，调整机体使回转支承面的倾斜度在无载荷时不大于1/1000。支腿有定位销的必须插上。底盘为弹性悬挂的起重机，放支腿前应先收紧稳定器。

（4）作业中严禁扳动支腿操纵阀。调整支腿必须在无载荷时进行，并将起重臂转至正前或正后方可再行调整。

（5）汽车式起重机起吊作业时，汽车驾驶室内不得有人，重物不得超越驾驶室上方，且不得在车的前方起吊。

（6）作业中发现起重机倾斜、支腿不稳等异常现象时，应立即使重物下降落在安全的地方，下降中严禁制动。

（7）重物在空中需要较长时间停留时，应将起升卷筒制动锁住，操作人员不得离开操纵室。

（8）起吊重物达到额定起重量的90%以上时，严禁同时进行两种及以上的操作动作。

四、塔式起重机

（1）基础周围应有良好排水措施。

（2）轨道基础钢轨接头处不应悬空，钢轨接头间隙不大于4mm，与另一侧钢轨接头的错开距离不小于1.5m，接头处两轨顶高度差不大于2mm；每间隔6m应设一个轨距拉杆，轨距允许误差不大于公称值的1/1000，其绝对值不大于6mm；轨道终端1m处设置缓冲止挡。

（3）塔式起重机的接地必须牢固可靠，其接地电阻不大于4Ω。

（4）塔顶高度大于 30m 的塔式起重机顶端和两臂端应装设红色障碍灯。

（5）平衡重、压重的安装数量、位置应与设计要求相符，保证正常工作时不位移、不脱落。

（6）塔式起重机安装后，在空载、无风的状态下，塔身轴心线对支承面的侧向垂直度≤4/1000。附着时，最高附着点以下塔身轴心线对支承面侧向垂直度应≤2/1000。风力在四级及以上时，不得进行升降作业。在作业中风力突然增大达到四级时，必须立即停止，并应紧固上、下塔身各连接螺栓。

（7）起重机附着的建筑物，其锚固点的受力强度应满足起重机的设计要求。附着杆系的布置方式、相互间距和附着距离等，应按出厂使用说明书规定执行。有变动时，应另行设计。

（8）在附着框架和附着支座布设时，附着杆倾斜角不得超过 10°，塔身顶升接高到规定锚固间距时，应及时增设与建筑物的锚固装置。塔身高出锚固装置的自由端高度，应符合出厂规定。起重机作业过程中，应经常检查锚固装置，发现松动或异常情况时，应立即停止作业，故障未排除，不得继续作业。

（9）起重机起重量限制器、力矩限制器，起升高度、幅度、行走、回转限位器，小车断绳、断轴保护装置，吊钩、卷筒保险等安全装置必须齐全有效。如图 2—64 所示。

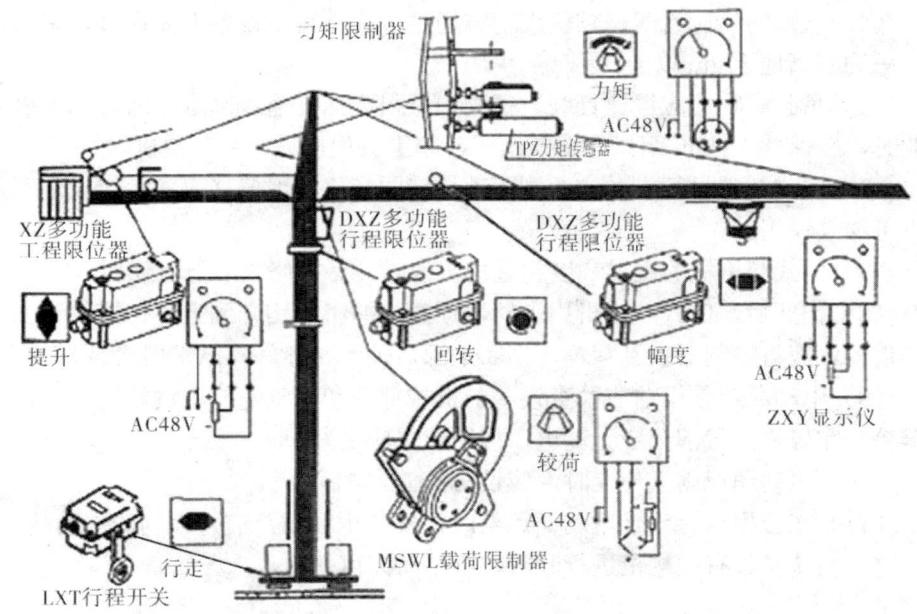

图 2—64 主要安全装置示意图

（10）卡环在使用时，应保证销轴和环底受力。吊运大模板、大灰斗、混凝土斗和预制墙板等大件时，必须使用卡环。

（11）施工现场有多台塔式起重机作业时，总承包单位应组织制定并实施防止塔式起重机相互碰撞的安全措施。不同施工总承包单位在同一施工现场使用多台塔式起重机作业时，建设单位应当协调组织制定防止塔式起重机相互碰撞的安全措施。群塔交叉作业两台塔机之间的最小架设距离应保证处于低位塔机的起重臂端部与另一台塔机的塔身之间至少有 2m 的距离；处于高位塔机的最低位置的部件（吊钩升至最高点或平衡重的最低部位）与低位塔机中处于最高位置部件之间的垂直距离不应小于 2m。

（12）塔身应悬挂安全操作规程、使用登记标志、塔机负责人标牌。塔身禁止悬挂标语。

（13）施工现场塔式起重机平衡臂不得在建筑物上方回转。起重机械吊运物料时，吊物不得超出施工现场。

（14）使用前，施工总承包单位、使用单位与出租单位要共同对作业人员和信号指挥人员等进行联合安全技术交底，相关责任人员签字。

五、门式起重机与电动葫芦

（1）起重机路基和轨道的铺设应符合出厂规定，轨道接地电阻不应大于 4Ω。

（2）使用电缆的门式起重机，应设有电缆卷筒，配电箱应设置在轨道中部。

（3）轨道应平直，鱼尾板连接螺栓应无松动，轨道和起重机运行范围内应无障碍物。门式起重机应松开夹轨器。

（4）重物的吊运路线严禁从人上方通过，亦不得从设备上面通过。空车行走时，吊钩应离地面 2m 以上。

（5）吊起重物后应慢速行驶，行驶中不得突然变速或倒退。两台起重机同时作业时，应保持 3～5m 距离。严禁用一台起重机顶推另一台起重机。

（6）门式起重机行走时，两侧驱动轮应同步，发现偏移应停止作业，调整好后方可继续使用。

（7）门式起重机的主梁挠度超过规定值时，必须修复后方可使用。

（8）作业后，门式起重机用夹轨器锁紧，并将吊钩升到上部位置；钩上不得悬挂重物。应将控制器拨到零位，切断电源，关闭并锁好操纵室门窗。

（9）电动葫芦使用前应检查设备的机械部分和电气部分，钢丝绳、吊钩、限位器等应完好，电气部分应无漏电，接地装置应良好。

（10）电动葫芦露天作业时，应设防雨棚。

（11）在应用自行设计电动葫芦架时，安装电动葫芦前，自制的电动葫芦架，应按照钢结构验收有关规范进行验收，合格后方可使用。

六、施工升降机

（1）施工升降机地基应浇制混凝土基础，地基上表面平整度允许偏差为 10mm，并应有排水设施。金属外壳接地必须牢固可靠，其接地电阻不大于 4Ω。

（2）吊笼和对重升降通道周围设置防护围栏，围栏登机门应装有电气安全开关，使吊笼只有在围栏登机门关好后才能起动。

（3）首层进料口一侧应搭设防护棚，防护棚两侧必须用密目安全网进行封闭。

（4）导轨架顶端自由高度、导轨架与附壁距离、导轨架的两附壁连接点间距离和最低附壁点高度均不得超过出厂规定。附墙架金属结构应完好无损，固定可靠，垂直度不得超过表 2—5 标准规定。

表 2—5 垂直度偏差要求

导轨架架设高度（h）m	$h \leqslant 70$	$70 < h \leqslant 100$	$100 < h \leqslant 150$	$150 < h \leqslant 200$	$h > 200$
垂直度偏差/mm	不大于导轨架架设高度的 1/1000	$\leqslant 70$	$\leqslant 90$	$\leqslant 110$	$\leqslant 130$

（5）吊笼内围护网（包括笼门）不得破损，顶部应有紧急出口，并设有电气安全开关，当门打开时，吊笼不能启动。吊笼顶周围应设护栏。前后吊笼门均应设置装有电气限位安全开关，使吊笼只有在笼门关好后才能起动。

（6）施工升降机上下行程限位开关、上下极限开关、防松绳开关应齐全有效。防坠安全器只能在有效的标定期限内使用，有效标定期不应超过 1 年。

（7）施工升降机的防坠安全器装机使用时，产权单位应根据有关标准的要求按吊笼额定载重量进行坠落试验，以后至少每 3 个月应进行一次额定载重量的坠落试验，并做好试验记录。

（8）传动齿轮、齿条固定牢固，接触表面无点蚀、无剥落，齿轮齿条啮合符合规定。

（9）各停层处应设置层门，层门不得向吊笼通道开启，高度不应低于 1.1m，吊笼门与登机平台边缘的水平距离不应大于 50mm。两侧应绑两道护身栏，并用密目网封闭。

（10）施工升降机乘人或载物时，应使载荷均匀分布，不得偏重。

（11）施工升降机应悬挂安全操作规程、使用登记标志、负责人标牌。

七、物料提升机

（1）基础表面应平整，水平偏差不大于 10mm，有排水设施。

（2）吊笼进料口应设置防护门。

（3）首层进料口一侧应搭设防护棚，防护棚两侧必须用密目安全网进行封闭。

（4）物料提升机应设置附墙架，附墙架材质应与架体材质相符。

（5）附墙架与架体及建筑物之间采用钢性件连接，不得连接在脚手架上。

（6）附墙架设置要符合设计要求，但间隔不大于 9 米，且在建筑物顶层要设置附墙架，架体顶部自由高度不得大于 6m。

（7）架体垂直度偏差不超过 3‰。

（8）物料提升机架体外侧用立网防护严密。

（9）施工现场不得使用钢管等材料自行搭设的龙门架或井架物料提升机。

（10）卷扬机安装在平整坚实位置上，应设置防雨、防砸操作棚，操作人员要有良好的操作视线和联系方法。因条件限制影响视线，必须设置专门的信号指挥人员或安装通讯装置。

（11）固定卷扬机地锚要牢固可靠，钢丝绳不得拖地使用，凡经通道处的钢丝绳应予以遮护。

（12）卷扬机操作人员离开卷扬机或作业中停电时，应切断电源，将吊笼降至地面。

（13）物料提升机吊笼必须使用定型的停靠、断绳保护装置，设置超高限位装置，使吊笼动滑轮上升最高位置与天梁最低处的距离不小于3米。

（14）吊笼前后应设置安全门，防止升降时物料从吊笼中滚落。

（15）楼层停层处应平整、坚实，设置可靠防护门，两侧应绑两道护身栏，并用密目网封闭。

（16）物料提升机应悬挂安全操作规程、使用登记标志、负责人标牌。

第3讲 土方机械

1.作业前，应查明施工场地明、暗设置物（电线、地下电缆、管道、坑道等）的地点及走向，并采用明显记号表示。严禁在离电缆1m距离以内作业。对作业人员进行安全技术交底。

2.作业时，应指派专人负责指挥，无关人员不得进入作业区域。操作人员应随时监视机械各部位的运转及仪表指示值，如发现异常，应立即停机检修。

3.机械运行中，严禁接触转动部位和进行检修。在修理（焊、铆等）工作装置时，应使其降到最低位置，并应在悬空部位垫上垫木。

4.在电杆附近取土时，对不能取消的拉线、地垄和杆身，应留出土台。土台半径：电杆应为1.0～1.5m，拉线应为1.5～2.0m。并应根据土质情况确定坡度。

5.在施工中遇下列情况之一时应立即停工，待符合作业安全条件时，方可继续施工：

（1）填挖区土体不稳定，有发生坍塌危险时；

（2）气候突变，发生暴雨、水位暴涨或山洪暴发时；

（3）在爆破警戒区内发出爆破信号时；

（4）地面涌水冒泥，出现陷车或因雨发生坡道打滑时：

（5）工作面净空不足以保证安全作业时；

（6）施工标志、防护设施损毁失效时。

6.配合机械作业的清底、平地、修坡等人员，应在机械回转半径以外工作。当必须在回转半径以内工作时，应停止机械回转并制动好后，方可作业。

7.雨季施工，机械作业完毕后，应停放在较高的坚实地面上。

8.挖掘机作业时，应待机身停稳后再挖土，当铲斗未离开工作面时，不得作回转、行走等动作。回转制动时，应使用回转制动器，不得用转向离合器反转制动。

9.履带式挖掘机作短距离行走时,主动轮应在后面,斗臂应在正前方与履带平行,制动住回转机构,铲斗应离地面 1m。上、下坡道不得超过机械本身允许最大坡度,下坡应慢速行驶。不得在坡道上变速和空挡滑行。

10.蛙式打夯机必须使用单向开关,操作扶手要采取绝缘措施。蛙式打夯机必须两人操作,应一人扶夯,一人传递电缆线,且必须戴绝缘手套和穿绝缘鞋。严禁在夯机运转时清除积土。夯机用后应切断电源遮盖防雨布。

第4讲 桩工机械

1.打桩机类型应根据桩的类型、桩长、桩径、地质条件、施工工艺等综合考虑选择。打桩作业前,应由施工技术人员向操作人员进行安全技术交底。

2.施工现场应按地基承载力要求进行平整压实。

3.打桩机作业区内应无高压线路。作业区应有明显标志或围栏,非工作人员不得进入。桩锤在施打过程中,操作人员必须在距离桩锤中心 5m 以外监视。

4.安装时,应将桩锤运到立柱正前方 2m 以内,并不得斜吊。吊桩时,应在桩上拴好拉绳,不得与桩锤或机架碰撞。

5.插桩后,应及时校正桩的垂直度。桩入土 3m 以上时,严禁用打桩机行走或回转动作来纠正桩的倾斜度。

6.卷扬钢丝绳应经常润滑,不得干摩擦。钢丝绳的使用及报废标准应执行附录的规定。

7.作业中,当停机时间较长时,应将桩锤落下垫好。检修时不得悬吊桩锤。

8.遇有雷雨、大雾和六级及以上大风等恶劣气候时,应停止一切作业。当风力超过七级或有风暴警报时,应将打桩机顺风向停置,并应增加缆风绳,或将桩立柱放倒地面上。立柱长度在 27m 及以上时,应提前放倒。

9.作业后,应将打桩机停放在坚实平整的地面上,将桩锤落下垫实,并切断动力电源。

第5讲 混凝土机械

1.搅拌机、固定混凝土泵必须搭设封闭式机棚,作业场地应有良好的排水条件,不得有积水。

2.固定式机械应有可靠的基础,移动式机械应在平坦坚硬的地坪上用方木或撑架架牢,并应保持水平。如图 2—65 所示。

图 2—65 布料杆固定

3.作业后,应及时将机内、水箱内、管道内的存料、积水放尽,并应清洁保养机械,清理工作场地,切断电源,锁好开关箱。

4.搅拌机启动装置、离合器、制动器、保险链(销)、防护罩应齐全完好,使用安全可靠。搅拌机停止使用,将料斗升起,必须挂好上料斗的保险链(销)。料斗的钢丝绳达到报废标准时必须及时更换。维修、保养、清理时必须切断电源,设专人监护。

5.混凝土泵作业后,应将料斗内和管道内的混凝土全部输出,然后对泵机、料斗、管道等进行冲洗。当用压缩空气冲洗管道时,进气阀下应立即开大,只有当混凝土顺利排出时,方可将进气阀开至最大。在管道出口端前方 10m 内严禁站人,并应用金属网篮等收集冲出的清洗球和砂石粒。

6.混凝土泵车就位地点应平坦坚实,周围无障碍物,上空无高压输电线。泵车不得停放在斜坡上。就位后,应支起支腿并保持机身的水平和稳定。

7.插入式振动器的电动机电源上,应安装漏电保护装置,接地或接零应安全可靠。操作人员作业时应穿戴绝缘胶鞋和绝缘手套。

第 6 讲 钢筋机械

1.钢筋机械的安装应坚实稳固,保持水平位置。固定式机械应有可靠的基础;移动式机械作业时应揳紧行走轮。

2.室外作业应设置防雨、防砸机棚,机旁应有堆放原料、半成品的场地。见图 2—66 所示。

图 2—66 防雨防砸棚

3.钢筋机械设备的齿轮、皮带等传动部分必须安装防护罩。见图 2—67 所示

图 2—67 钢筋机械防护罩

4.钢筋切断机切断短料时,手和切刀之间的距离应保持在 150mm 以上,如手握端小于 400mm 时,应采用套管或夹具将钢筋短头压住或夹牢。运转中,严禁用手直接清除切刀附近的断头和杂物。

5.钢筋弯曲机作业中,严禁更换轴芯、销子和变换角度以及调速,也不得进行清扫和加油。

6.钢筋调直机和冷拉机工作区域应设置警戒区,无关人员不得在此停留。

7.加工较长的钢筋时,应有专人帮扶,并听从操作人员指挥,不得任意推拉。

8.作业后,应堆放好成品,清理场地,切断电源,锁好开关箱,做好润滑工作。

第7讲　高处作业吊篮

1.吊篮的产权单位应当依法取得法人营业执照后,方可对外出租。出租吊篮时,产权单位应当与使用单位签订租赁合同、安全管理协议,明确各自的安全责任。在租赁合同中应明确每月保养的具体时间。使用单位不得转租吊篮。

2.吊篮的安装和拆卸(包括二次移位)工作由产权单位负责。吊篮安装、拆卸(包括二次移位)前,应制定安装、拆卸的专项方案,并报总承包单位和监理单位备案,同时应对安装工人进行安全技术交底。施工总承包单位应确保现场达到安装的条件。吊篮的安装、拆卸工人(搬运人员除外)应持有有效的"建筑施工特种作业操作资格证书",方可上岗作业。严禁使用单位擅自安装、拆卸吊篮。

3.吊篮安装和拆卸作业时,应设置警戒区,指派专人负责统一指挥和监护,禁止无关人员进入作业现场。

4.吊篮安装完成后,总承包单位、租赁单位、使用单位、监理单位应进行验收,并填写《施工机械检查验收表》(表 AQ-C9-2)。吊篮经验收合格后方可投入使用,未经验收或者验收不合格的不得使用。

5.产权单位应对吊篮操作人员进行吊篮理论知识、安全操作技能的培训,操作人员经考核合格后并取得有效的证明方可操作。一台吊篮应只能上二人及以下人员同时进行作业,作业时吊篮下方严禁站人、严禁交叉作业。

6.吊篮主要结构件不得变形或明显腐蚀,主要焊缝不应有裂纹和开焊,各连接螺栓应联接紧固,符合要求。

7.吊篮悬吊平台四周有应装有安全护栏,工作面护栏高度不低于0.8m,其余部位不低于1.1m,底部应设置高度不小于150mm挡板,底板有防滑措施。悬吊平台工作中纵向倾斜角度不应大于8°。

8.配重应准确、牢固固定在配重点上,并有防止随意移动的措施。

9.吊篮必须装有上、下限位开关,以防止吊篮平台上升或下降到终点超过行程范围。

10.吊篮必须装有动作灵敏、可靠的安全锁,安全锁必须在有效期内使用,校验的有效期为1年,超期必须送具有相应资质的检测机构或生产厂家校验,合格后方可使用。

11.吊篮上的操作人员应配备独立于悬吊平台的安全绳及安全带或其他安全装置,安全绳应固定于有足够强度的建筑物结构上,严禁将安全绳直接固定在吊篮结构上。

12.钢丝绳达到报废标准应更换,报废标准见本章(九)节。

13.吊篮平台上作业人员必须正确佩戴好安全帽,安全带,遵守操作规程,平台内的载荷分布大致均匀,严禁超载使用。正常使用时禁止使用安全锁制动。

14.严禁将吊篮用作垂直运输设备,严禁作业人员从窗口上、下吊篮(首层除外)。

15.五级及以上大风或大雨、大雪、大雾等恶劣天气时,应停止作业。

第8讲 中小型机械和施工机具

1.施工现场的木工设备必须搭设封闭式防砸、防雨的操作棚。

2.机械设备安装、存放应坚实稳固;固定式机械有可靠基础,移动式机械作业时应楔紧或架起行走轮。

3.圆锯的锯盘应安装防护罩,并设置保险档、分料器。凡长度小于 50cm,厚度大于锯盘半径的木料,严禁使用圆锯。

4.平刨安装安全护手装置。不得使用平刨和圆锯合一的多功能机具。

5.砂轮机应使用单向开关。砂轮必须装设不小于 180 度的防护罩和牢固可调整的工作托架。严禁使用不圆、有裂纹和磨损剩余部分不足 25mm 的砂轮。

6.手持电动工具按规定穿戴绝缘防护用品。如图 2—68 所示。

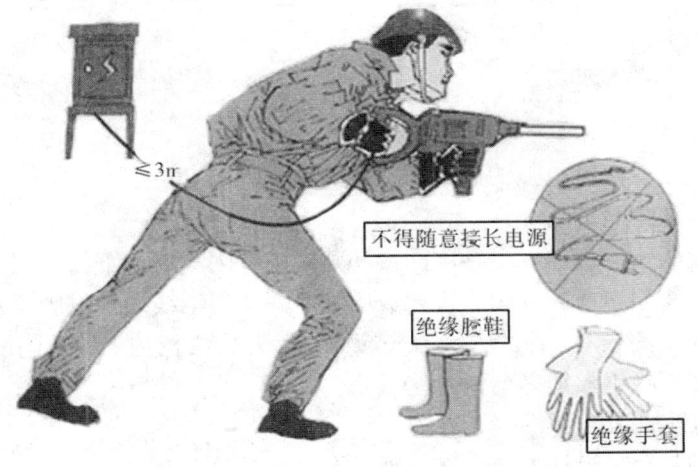

图 2—68 绝缘防护用品

7.手持电动工具作业前的检查应符合下列要求:

(1)外壳、手柄不出现裂缝、破损;

(2)电缆软线及插头等完好无损,开关动作正常,保护接零连接正确牢固可靠;(3)各部防护罩齐全牢固,电气保护装置可靠。

8.使用刃具的机具,应保持刃磨锋利,完好无损,安装正确,牢固可靠。作业中,不得用手触摸刃具、模具和砂轮,发现其有磨钝、破损情况时,应立即停机修整或更换,然后再继续进行作业。

9.使用射钉枪时应符合下列要求:

（1）严禁用手掌推压钉管和将枪口对准人；

（2）击发时，应将射钉枪垂直压紧在工作面上，当两次扣动扳机，子弹均不击发时，应保持原射击位置数秒钟后，再退出射钉弹；

（3）在更换零件或断开射钉枪之前，射枪内均不得装有射钉弹。

第9讲 钢丝绳报废标准

钢丝绳使用的安全程度由下列项目判定：
（1）断丝的性质和数量；
（2）绳端断丝；
（3）断丝的局部聚集；
（4）断丝的增加率；
（5）绳股断裂；
（6）绳径减小，包括绳芯损坏而所致的情况；
（7）弹性减小；
（8）外部磨损；
（9）外部及内部腐蚀；
（10）变形；
（11）由于受热或电弧的作用而引起的损坏。
（12）永久伸长的增加率。

所有的检验均应考虑以上各项因素和其中主要因素。但钢丝绳的损坏往往是由多种因素综合积累造成的，由主管人员应判断并决定钢线绳是报废还是继续使用。

对于钢丝绳的损坏，检验人员首先应弄清除是否由机构上的缺陷所造成，如果是这样，应在更换钢丝绳之前消除这缺陷。

1.断丝的性质和数量

起重机械的总体设计不允许钢丝绳具有无限长的寿命。

对于6股和8股的钢丝绳，断丝主要发生在外表。而对于多层绳股的钢丝绳（典型的多股结构）断丝大多数发生在内部，因而是"不可见的"断裂。

因此，表2—5和表2—6是对各种情况进行综合考虑后的断丝控制标准，它适用于各种结构的钢丝绳。

当制定抗扭钢丝绳的报废标准时，应考虑钢丝绳的结构、工作时间及其使用方式。钢制滑轮上工作的抗扭钢丝绳中断丝根数的控制标准见表2—6的规定。

对出现润滑油已发干或变质现象的局部绳段应予以特别注意。

表 2—5 钢制滑轮上工作的圆股钢丝绳中断丝根数的控制标准

外层绳股承载钢丝数 n	钢丝绳典型结构示例 b（GB 9818-2006 GB/T 20118-2006）e	起重机用钢丝绳必须报废时与疲劳有关的可见断丝数							
		机构工作级别							
		M1、M2、M3、M4				M5、M6、M7、M8			
		交互捻		同向捻		交互捻		同向捻	
		长度范围 d				长度范围 d			
		≤6d	≤30d	≤6d	≤30d	≤6d	≤30d	≤6d	≤30d
≤50	6×7	2	4	1	2	4	8	2	4
51≤n≤75	6×19S*	3	6	2	3	6	12	3	6
76≤n≤100		4	8	2	4	8	16	4	8
101≤n≤120	8×19S*	5	10	2	5	10	19	5	10
121≤n≤140	6×25Fi*	6	11	3	6	11	22	6	11
141≤n≤160	6×36WS*	6	13	3	6	13	26	6	13
161≤n≤180		7	14	4	7	14	29	7	14
181≤n≤200	6×41WS*	8	16	4	8	16	32	8	16
201≤n≤220	6×37	9	18	4	9	18	38	9	18
221≤n≤240		10	19	5	10	19	38	10	19
241≤n≤260		10	21	5	10	21	42	10	21
261≤n≤280		11	22	6	11	22	45	11	22
281≤n≤300		12	24	6	12	24	48	12	24
300<nb		0.04n	0.08n	0.02n	0.04n	0.08n	0.16n	0.04n	0.08n

a 填充钢丝不是承载钢丝，因此检验中要予以扣除。多层绳股钢丝绳仅考虑可见的外层，带钢芯的钢丝绳，其绳芯作为内部绳股对待，不予考虑。
b 统计绳中的可见断丝数时，圆整至整数值。对外层绳股的钢丝直径大于标准直径的特定结构的钢丝绳，在表中做降低等级处理，并以*号表示。
c 一根断丝可能有两处可见端。
d d 为钢丝绳公称直径。
e 钢丝典型结构与国际标准的钢丝绳典型结构是一致的。

表 2—6　钢制滑轮上工作的抗扭钢丝绳中断丝根数的控制标准

达到报废标准的起重机用钢丝绳与疲劳有关的可见断丝数 a			
机构工作级别 M1、M2、M3、M4		机构工作级别 M5、M6、M7、M8	
长度范围 d		长度范围 d	
≤6d	≤30d	≤6d	≤30d
2	4	4	8

a 一根断丝可能有两处可见端。
b d 为钢丝绳公称直径。

2. 绳端断丝

当绳端或其附近出现断丝时，即使数量很少也表明该部位应力很大，可能是由于绳端安装不正确造成的，应查明损坏原因。如果绳长允许，应将断丝的部位切去重新安装。

3. 断丝的局部聚集

如果断丝紧靠一起形成局部聚集，则钢丝绳应报废。如这种断丝聚集在小于 6d 的绳长范围内，或者集中在任一支绳股里，那么，即使断丝数比表列的数值少，钢丝绳也应予报废。

4. 断丝的增加率

在某些使用场合，疲劳是引起钢丝绳损坏的主要原因，断丝则是在使用一个时期以后才开始出现，但断丝数逐渐增加，其时间间隔越来越短。为了判定断丝的增加率，应仔细检验并记录断丝增加情况。利用这个"规律"可用来确定钢丝绳未来报废的日期。

5. 绳股断裂

如果出现整根绳股的断裂，钢丝绳应予以报废。

6. 由于绳芯损坏而引起的绳径减小

绳芯损坏而引起的绳径减小可由下列原因引起：

（1）内部磨损和压痕；

（2）由钢丝绳中各绳股和钢丝之间的摩擦引起的内部磨损，尤其当钢丝绳经受弯曲时更是如此；

（3）纤维绳芯的损坏；

（4）钢丝芯的断裂；

（5）多层股结构中内部股的断裂。

如果这些因素引起钢丝绳实测直径（互相垂直的两个直径测量的平均值）相对公称直径减少 3%（对于抗扭钢丝绳而言）或减少 10%（对于其他钢丝绳而言），则即使未发现断丝该钢丝绳也应予以报废。

微小的损坏，特别是当所有各绳股中应力处于良好平衡时，用通常的检验方法可能是不明显的。然而这种情况会引起钢丝绳的强度大大降低。所以，有任何内部细微损坏的迹象时，均应对钢丝绳内部进行检验，一经证实损坏，则该钢丝绳就应报废。

7. 外部磨损

钢丝绳外层绳股的钢丝表面的磨损，是由于它在压力作用下与滑轮和卷筒的绳槽接触摩擦造成的。这种现象在吊载加速和减速运动时，钢丝绳与滑轮接触的部位特别明显，并表现为外部钢丝磨成平面状。

润滑不足或不正确的润滑以及还在灰尘和砂粒都会加剧磨损。

磨损使钢丝绳的断面积减小因而强度降低。当钢丝绳直径相对于公称直径减小7%或更多时，即使未发现断丝，该钢丝绳也应报废。

8. 弹性降低

在某些情况下（通常与工作环境有关），钢丝绳的弹性会显著降低，继续使用则是不安全的。

钢丝绳的弹性降低是较难发觉的，如检验人员有任何怀疑，则应征询钢丝绳专家的意见。然而，弹性降低通常伴随下述现象：

（1）绳径减小；

（2）钢丝绳捻距增大；

（3）由于各部分相互压紧，钢丝之间和绳股之间缺少空隙；

（4）绳股凹处出现细微的褐色粉末；

（5）虽未发现断丝，但钢丝绳明显的不易弯曲和直径减小比起单纯是由于钢丝磨损而引起的也要快得多。这种情况会导致在动载作用下突然断裂，故应立即报废。

9. 外部及内部腐蚀

腐蚀在海洋或工业污染的大气中特别容易发生。它不仅使钢丝绳的金属面积减少导致破断强度降低，

还将引起表面粗糙、产生裂纹从而加速疲劳。严重的腐蚀还会引起钢丝绳弹性的降低。

（1）外部腐蚀

外部钢丝的腐蚀可用肉眼观察。

（2）内部腐蚀

内部腐蚀比经常伴随它出现的外部腐蚀较难发现。但下列现象可供参考：

a. 钢丝绳直径的变化。钢丝绳在绕过的滑轮的弯曲部位直径通常变小。但对于静止段的钢丝绳则常由于外层绳股出现锈积而引起钢丝绳直径的增加。

b. 钢丝绳外层绳股间的空隙减小，还经常伴随出现外层绳股之间断丝。

如果有任何内部腐蚀的迹象，则应由主管人员对钢丝绳进行内部检验。若确认有严重的内部腐蚀，则钢丝绳应立即报废。

10. 变形

钢丝绳失去正常形状产生可见的畸形称为"变形"。这种变形会导致钢丝绳内

部应力分布不均匀。钢丝绳的变形从外观上区分,主要可分下述几种:

(1) 波浪形

波浪形的变形是:钢丝绳的纵向轴线成螺旋线形状。这种变形不一定导致任何强度上的损失,但如变形严重即会产生跳动造成不规则的传动。时间长了会引起磨损及断丝。

出现波浪形时,在钢丝绳长度不超过 $25d$ 的范围内,若 $d_1 \geqslant 4d/3$,则钢丝绳应报废。见图 2—69。式中 d 为钢丝绳的公称直径;d_1 是钢丝绳变形后包络的直径。

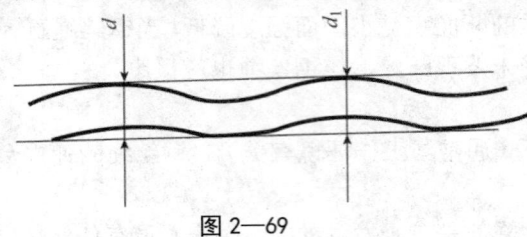

图 2—69

(2) 笼状畸变

这种变形出现在具有钢芯的钢丝绳上。当外层绳股发生脱节或者变得比内部绳股长的时候就会发生这种变形。笼状畸变的钢丝绳应立即报废。

(3) 绳股挤出

这种状况通常伴随笼状畸变一起产生。绳股被挤出说明钢丝绳不平衡。绳股挤出的钢丝绳应立即报废。

(4) 钢丝挤出

此种变形是一部分钢丝或钢丝束在钢丝绳背着滑轮槽的一侧拱起形成环状。这种变形常因冲击载荷而引起。若此种变形严重时,则钢丝绳应报废。

(5) 绳径局部增大

钢丝绳直径有可能发生局部增大,并能波及相当长的一段钢丝绳。绳径增大通常与绳芯畸变有关(如在特殊环境中,纤维芯因受潮而膨胀),其必然结果是外层绳股产生不平衡,而造成定位不正确。

绳径局部严重增大的钢丝绳应报废。

(6) 绳径局部减小

钢丝绳直径的局部减小常常与绳芯的断裂有关。应特别仔细检验靠绳部位有无此种变形。绳径局部严重减小的钢丝绳应报废。

(7) 部分被压扁

钢丝绳部分被压扁是由于机械事故造成的。严重时,则钢丝绳应报废。

(8) 扭结

扭结是由于钢丝绳成环状在不可能绕其轴线转动的情况下被拉紧而造成的一种变形。其结果是出现捻距不均而引起格外的磨损,严重时钢丝绳将产生扭曲,以致只留下极小的一部分钢丝绳强度。

严重扭结的钢丝绳应立即报废。

（9）弯折

弯折是钢丝绳在外界影响下引起的角度变形。这种变形的钢丝绳应立即报废。

11.由于热或电弧的作用而引起的损坏

钢丝绳经受了特殊热力的作用其外表出现可资识别的颜色时，该钢丝绳应予以报废。

第7单元　临时用电

依据《施工现场临时用电安全技术规范》（JGJ46-2005）和《建设工程施工现场安全防护标准》的有关要求，施工现场临时用电应符合以下标准。

本安全标准化管理适用于新建、改建和扩建的工业与民用建筑和市政基础设施施工现场临时用电工程中的电源中性点直接接地的 220/380V 三相四线制低压电力系统的设计、安装、使用、维修和拆除。

建筑施工现场临时用电工程专用的电源中性点直接接地的 220/380V 三相四线制低压电力系统，必须符合下列规定：

1.采用三级配电系统；
2.采用 TN-S 接零保护系统；
3.采用二级漏电保护系统。

第1讲　TN-S 接零保护系统和防雷

一、TN-S 系统（三相五线制）

在施工现场专用变压器的供电的 TN-S 接零保护系统中，电气设备的金属外壳必须与保护零线连接。

保护零线应由工作接地线、配电室（总配电箱）电源侧零线或总漏电保护器电源侧零线处引出。如图 2—70 所示。

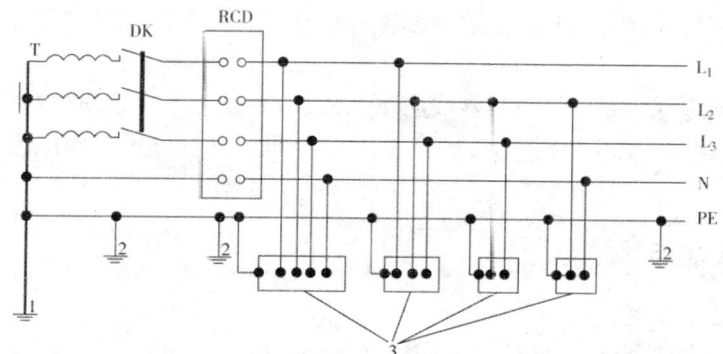

图 2—70　专用变压器供电时 TN-S 接零保护系统示意图

当施工现场与外电线路共用同一供电系统时,电气设备的接地、接零保护应与原系统保持一致。不得一部分设备做保护接零,另一部分设备做保护接地。

二、TN-C-S 系统

采用 TN 系统做保护接零时,工作零线(N 线)必须通过总漏电保护器,保护零线(PE 线)必须由电源进线零线重复接地处或总漏电保护器电源侧零线处,引出形成局部 TN-S 接零保护系统。如图 2—71 所示。

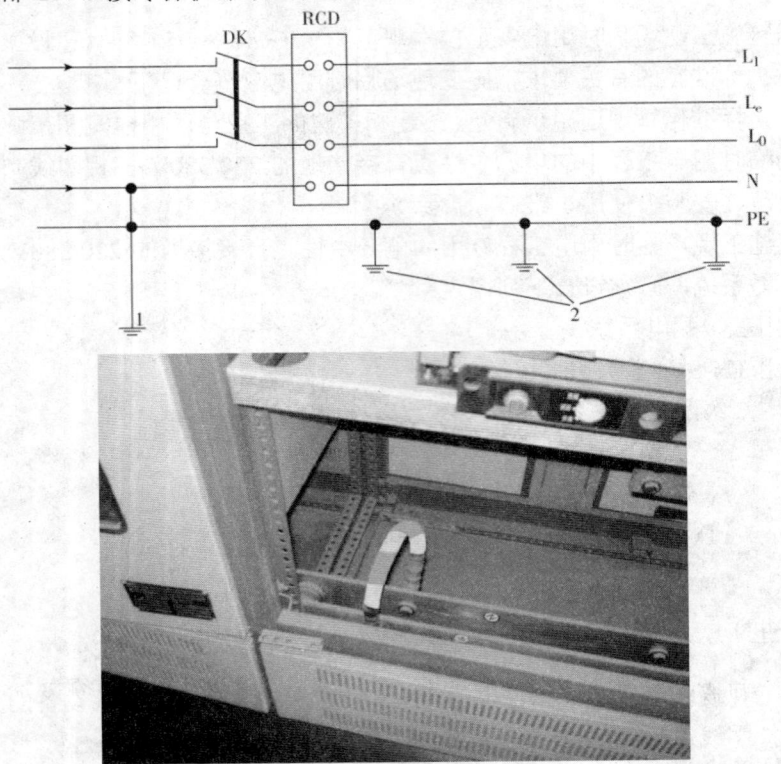

图 2—71　三相四线供电时局部 TN-S 接零保护系统零线引出示意图

在 TN 接零保护系统中,通过总漏电保护器的工作零线与保护零线之间不得再做电器连接。

在 TN 接零保护系统中,PE 零线应单独敷设。重复接地线必须与 PE 线相连接,严禁与 N 线连接。PE 线上严禁装设开关或熔断器,严禁通过工作电流,且严禁断线。

三、接地与接地电阻

(1) 工作接地

将变压器中性点直接接地叫工作接地,阻值应小于 4Ω。

（2）保护接地

将电气设备外壳与大地连接叫保护接地，阻值应小于4Ω。

（3）保护接零

将电气设备外壳与电网的零线连接叫保护接零。

（4）重复接地

TN系统中的保护零线除必须在配电室或总配电箱处做重复接地外，还必须在配电系统的中间处和末端处做重复接地。

在TN系统中，保护零线每一处重复接地装置的接地电阻值应不大于10Ω。在工作接地电阻值允许达到10Ω的电力系统中，所有重复接地的等效电阻值应不大于10Ω。

不得采用铝导体做接地体或地下接地线，垂直接地体宜采用角钢、钢管或光面圆钢（见图2—72），不得采用螺纹钢。

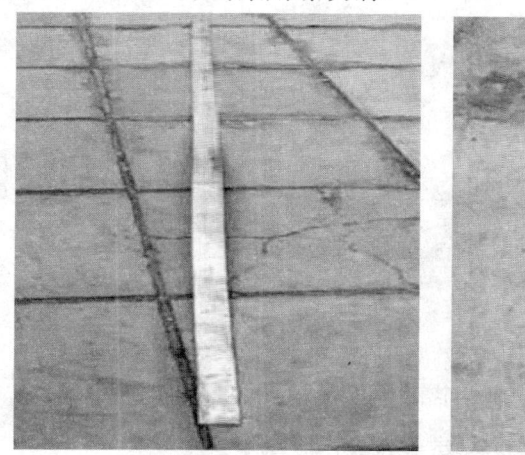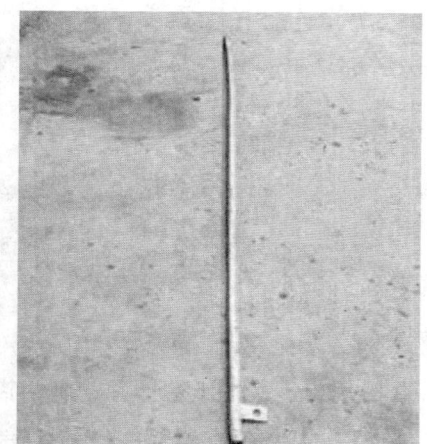

图2—72 接地体材料

四、机械设备防雷装置

（1）施工现场内的起重机、井字架、龙门架等机械设备，当在相邻建筑物、构筑物等设施的防雷装置接闪器的保护范围以外时，应按规定安装防雷装置。

（2）机械设备上的避雷针（接闪器）长度宜为1～2m。塔式起重机可不另设避雷针（接闪器）。

（3）施工现场内所有防雷装置的冲击接地电阻值不得大于30Ω。

五、钢管脚手架防雷

（1）钢管脚手架应至少有两处与建筑物的接地装置对称可靠连接，连接线可采用截面不得小于25×4mm²的镀锌扁钢。

（2）当无法与建筑物的接地装置连接时，应单独设置人工接地体。

第 2 讲 临时用电施工组织设计

施工现场临时用电设备在 5 台及以上或设备总容量在 50kW 及以上者，都应编制用电组织设计。施工现场临时用电设备在 5 台以下或设备总容量在 50kW 以下者，应制定安全用电和电气防火措施。

一、施工现场临时用电组织设计应包括下列内容：

（1）现场勘探；
（2）确定电源进线、变电所或配电室、配电装置、用电设备位置及线路走向；
（3）进行负荷计算；
（4）选择变压器；
（5）设计配电系统；
①设计配电线路，选择导线或电缆；
②设计配电装置，选择电器；
③设计接地装置；
④绘制临时用电工程图纸，主要包括用电工程总平面图、配电装置布置图、配电系统接线图、接地装置设计图。
（6）设计防雷装置；
（7）确定防护措施；
（8）制定安全用电措施和电气放火措施；
临时用电工程图纸应单独绘制，临时用电工程应按图施工。

二、施工现场临时用电平面图。如图 2—73。

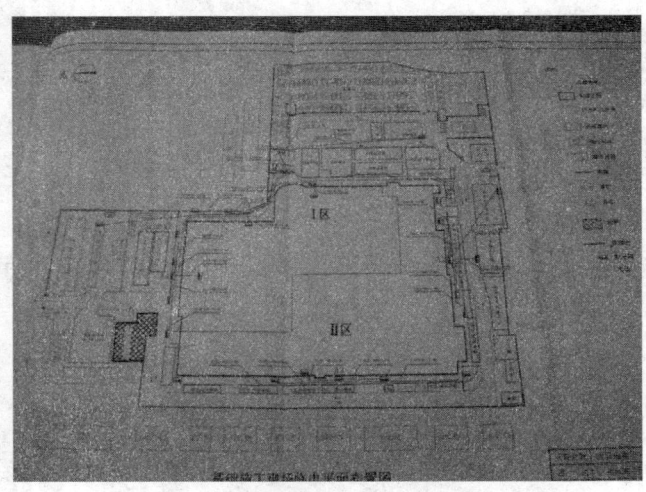

图 2—73 时用电平面图

三、施工现场临时用电系统图。如图 2—74。

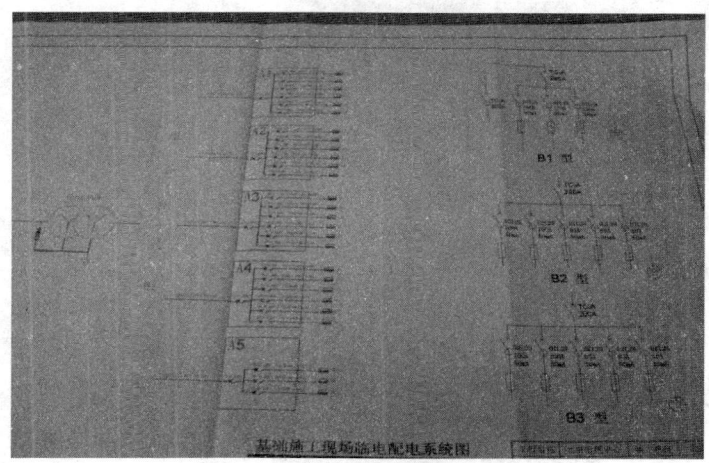

图 2—74 临时用电系统图

四、施工现场临时用电立面图。如图 2—75 所示。

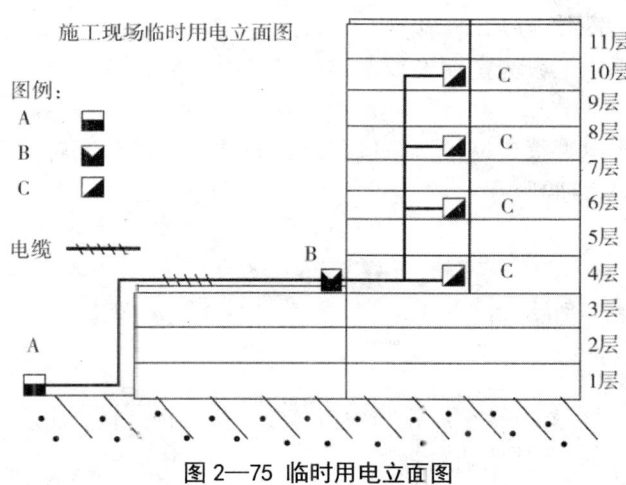

图 2—75 临时用电立面图

临时用电组织设计及变更时，必须履行"编制、审核、批准"程序，由电气工程技术人员组织编制，经相关部门审核及具有法人资格企业的技术负责人批准后实施。变更用电组织设计时应补充有关图纸资料。

临时用电工程必须经编织、审核、批准部门和使用单位共同验收，合格后方可投入使用。

第3讲　安全技术档案

1. 施工现场临时用电必须建立安全技术档案，并应包括下列内容
   （1）用电组织设计的全部资料；
   （2）修改用电组织设计的资料；
   （3）用电技术交底资料；
   （4）用电工程检查验收表；
   （5）电气设备的试、检验凭单和调试记录；
   （6）接地电阻、绝缘电阻和漏电保护器漏电动作参数测定记录表；
   （7）定期检（复）查表；
   （8）电工安装、巡查、维修、拆除工作记录。
2. 安全技术档案要求
   （1）安全技术档案应由主管该现场的电气技术人员负责建立与管理。其中"电气安装、巡查、维修、拆除工作记录"可指定电工代管，每周由项目经理审核认可，并应在临时用电工程拆除后统一归档。
   （2）临时用电工程应定期检查。定期检查时，应复查接地电阻值和绝缘电阻值。
   （3）临时用电工程定期检查应按分部、分项工程进行，对安全隐患必须及时处理，并应履行复查验收手续。

第4讲　外电线路防护

在建工程不得在外电架空线路正下方施工、搭设作业棚、建造生活区设施或堆放构件、架具、材料及其他杂物等。

1. 在建工程（含脚手架）的周边与外电架空线路之间最小安全操作距离应符合表2—7规定。

表2—7　在建工程（含脚手架）的周边与架空线路的边线之间的最小安全操作距离

外电线路电压等级（kV）	<1	1-10	35-110	220	330-500
最小安全操作距离（m）	4.0	6.0	8.0	10	15

2. 施工现场的机动车道与外电架空线路交叉时，架空线路的最低点与路面的最小垂直距离应符合表2—8规定。

表2—8　施工现场的机动车道与架空线路交叉时的最小垂直距离

外电线路电压等级（kV）	<1	1-10	35
最小垂直距离（m）	6.0	7.0	7.0

外电线路的防护实例如图2—76所示。

图2—76 外电线路防护

3.起重机严禁越过无防护设施的外电架空线路作业。在外电架空线路附近吊装时，起重机的任何部位或被吊装物边缘的最大偏斜时与架空线路边线的最小安全距离应符合表2—9规定。

表2—9 起重机与架空线路边线的最小安全距离

电压(kV) 安全距离(m)	<1	10	35	110	220	330	500
沿垂直方向	1.5	3.0	4.0	5.0	6.0	7.0	8.5
沿水平方向	1.5	2.0	3.5	4.0	6.0	7.0	8.5

当达不到上述规定时，必须采取绝缘隔离防护措施，并应悬挂醒目的警告标志。

架设防护设施时，必须经有关部门批准，采用线路暂时停电或其他可靠的安全技术措施，并应有电气工程技术人员和专职安全人员监护。

4.防护设施与外电线路之间的安全距离不得小于表2—10所列数值。

防护设施应坚固、稳定、且对外电线路的隔离防护应达到IP30级（IP30级规定是指防护设施的缝隙，能防止φ2.5mm固体异物穿越）。

表2—10 防护设施与外电线路之间的最小安全距离

外电线路电压等级（kV）	≤10	35	110	220	330	500
最小安全距离（m）	1.7	2.0	2.5	4.0	5.0	6.0

当上述规定的防护措施无法实现时，必须与有关部门协商，采取停电、迁移外电线路或改变工程位置等措施，未采取上述措施的严禁施工。

第 5 讲　配电室

1.配电室应靠近电源、并设在无灰尘、潮气少、震动小、无腐蚀介质、无易燃易爆及道路顺畅的地方。

2.成列的配电柜和控制柜两端应与保护零线和重复接地线作电气连接。

3.配电室和控制室应能自然通风，并应采取防止雨雪侵入和动物进入的措施。如图 2—77 所示。

图 2—77　挡鼠板示意图

4.配电室布置应符合下列要求

（1）配电柜正面的操作通道宽度，单列布置或双列背对背布置不得小于 1.5m 双列面对面布置不得小于 2m。

（2）配电柜后面的维护通道宽度，单列布置或双列面对面布置不得小于 0.8m，双列背对背布置不得小于 1.5m，个别地点有建筑物结构凸的出地方，则此点通道宽度可减少 0.2m。

（3）配电柜侧面的维护通道宽度不少于 1m。

（4）配电室的顶棚与地面的距离不低于 3m。

（5）配电室内设置值班或检修室时，该室边缘距配电柜的水平距离大于 1m，并采取屏障隔离。

（6）配电室内的裸母线与地面垂直距离小于 2.5m 时，采用遮拦，遮拦下面通道高度不得小于 1.9m。

（7）配电室围栏上端与其正上方带电部分的净距离不得小于 0.075m。

（8）配电装置的上端距顶棚不得小于 0.5m。

（9）配电室内的母线涂刷有色漆，以标志相序；以柜正面方向为基准，其涂色符合表 2—11 规定。

表2—11 母线涂色

相别	颜色	垂直排列	水平排列	引下排列
L1（A）	黄	上	后	左
L2（B）	绿	中	中	中
L3（C）	红	下	前	右
N	淡蓝	—	—	—

（10）配电室的建筑物和构筑物的耐火等级不低于3级，室内配置沙箱和可用于扑灭电气火灾的灭火器。如图2—78所示。

图2—78 灭火器

（11）配电室的门向外开，并配锁。
（12）配电室的照明分别设置正常照明和事故照明。如图2—79所示。

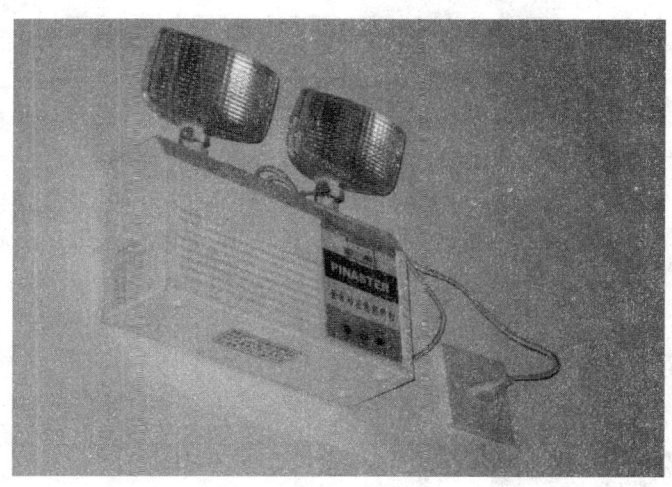

图2—79 配电室应急照明

5.配电柜应装设电源隔离开关及短路、过载、漏电保护电器。电源隔离开关分断时应有明显可见分断点。

6.配电柜或配电线路停电维修时，应挂接地线，并应悬挂"禁止合闸、有人工作"停电标志牌。停送电必须由专人负责。

7.配电室应保持整洁，不得堆放任何妨碍操作、维修的杂物。

第6讲 配电线路

一、架空线路

架空线必须采用绝缘导线。

架空线路必须架设在专用电杆上，严禁架设在树木、脚手架及其他设施上。

架空线在一个挡距内，每层导线接头数不得超过该层导线数的50%，且一根导线只有一个接头。在跨越铁路、公路、河流、电力线路挡距内，架空线不得有接头。

（1）架空线路相序排列应符合下列规定：

①动力、照明线在同一横担上架设时，导线相序排列是：面向负荷从左侧起依次为 L1、N、L2、L3、PE。

②动力线、照明线在二层横担上分别架设时，上层横担面向负荷从左侧依次为 L1、L2、L3；下层横担面向负荷从左侧起依次为 L1、L2、L3、N、PE。

（2）架空线路与邻近线路或固定物的距离

架空线宜采用钢筋混凝土杆或木杆。钢筋混凝土杆不得有露筋、裂纹和扭曲。木杆不得腐朽，其梢径不得小于130mm。

架空线路与邻近线路或固定物的距离应符合表2—12的规定。

表2—12 架空线路与邻近线路或固定物的距离

项目	距离类别						
最小净空距离(m)	架空线路的过引线、接下线与邻线	架空线与架空线电杆外缘			架空线与摆动最大时树梢		
	0.13	0.05			0.50		
最小垂直距离(m)	架空线同杆架设下方的通信、广播线路	架空线最大弧垂于地面			架空线最大弧垂与暂设工程顶端	架空线与邻近电力线路交义	
		施工现场	机动车道	铁路轨道		1kV以下	1-10kV
	1.0	4.0	6.0	7.5	2.5	1.2	2.5
最小水平距离(m)	架空线电杆与路基边缘	架空线电杆与铁路轨道边缘			架空线边线与建筑物凸出部分		
	1.0	杆高(m)+3.0			1.0		

二、电缆线路

（1）电缆的选择

电缆中心必须包含全部工作芯线和用作保护零线或保护线的芯线。需要三相四线制配电的电缆线路必须采用五芯电缆。

五芯电缆必须包含淡蓝、绿/黄二种颜色绝缘芯线，淡蓝色线必须用作 N 线，绿/黄双色线必须用作 PE 线，严禁混用。

（2）电缆设置的基本要求

电缆线路因采用埋地或架空敷设，严禁沿地面明设，随地拖拉。并应避免机械损伤和介质腐蚀，埋地电缆路径应设方位标志。

（3）埋地敷设

电缆在室外直接埋地敷设的深度不得小于 0.6m，并应在电缆紧邻上、下、左、右侧均匀敷设不得小于 50mm 厚的细沙，然后覆盖砖或混凝土等硬质保护层。埋地敷设的电缆的接头应设在地面上的接线盒内，接线盒应能防水、防尘、防机械损坏，并应远离易燃、易爆、易腐蚀场所。如图 2—80 所示。

图 2—80 电缆敷设示意图

（4）架空敷设

电缆架空敷设时，应沿电杆、支架或墙壁敷设，严禁在树木、脚手架架设，并用绝缘子固定，绑扎必须采用绝缘线，架设高度应符合前面架空线的敷设高度要求，沿墙敷设时最大弧垂距地面不得小于 2.0m。如图 2—81 所示。

图 2—81 电缆架空示意图

（5）在建工程内电缆的敷设

在建高层建筑的临时电缆配电必须采取电缆埋地引入,电缆垂直敷设的位置应充分利用在建工程的竖井、垂直孔洞等,并应靠近用电负荷中心,固定点每层楼不得少于一处,电缆水平敷设宜沿墙或门口刚性固定,最大弧垂距地面不得小于 2m。

(6) 电缆的防护

电缆穿越建筑物、构筑物、道路、易受机械损伤、介质腐蚀的场所,以及引出地面从 2m 高度至地下 0.2m 处,必须加设防护套管;埋地电缆与其附近外电电缆和管沟的平行间距不得小于 2m,交叉间距不得小于 1m。

三、室内配线主要要求

(1) 一般要求

室内配线必须采用绝缘导线或电缆。

室内配线应根据配线类型采用瓷屏、瓷(塑料)夹、嵌绝缘槽、穿管或钢索敷设。

潮湿场所或埋地非电缆配线必须穿管敷设,管口和管接头应密封;当采用金属管敷设时,金属管必须作等电位连接,且必须与 PE 线相连接。

(2) 架设的要求

室内非埋地明敷主干线距地面高度不得小于 2.5m。

架空进户线的室外端应采用绝缘子固定,过墙处应穿管保护,距地面高度不得小于 2.5m。并应采取防雨措施。

(3) 电线的选择

室内配线所采用导线或电缆的截面应根据用电设备或线路的计算负荷确定,铜线截面不得小于 1.5mm²,铝线截面不得小于 2.5mm²。

(4) 短路与过载保护

室内配线必须有短路保护。熔断器的熔体额定电流应不大于明敷绝缘导线长期连续负荷允许载流量的 1.5 倍;断路器的瞬动过流脱扣电流整定值应小于线路末端单相短路电流。

室内配线必须有过载保护。绝缘导线长期连续负荷允许载流量不得小于熔断器熔体额定电流或短路器长延时过流脱扣器脱扣电流整定值的 1.25 倍。

对于穿管敷设的绝缘导线线路,其短路保护熔断器的熔体额定电流不应大于穿管绝缘导线长期连续负荷允许载流量的 2.5 倍。

第 7 讲 配电箱与开关箱

一、配电箱及开关箱的设置

(1) 一般要求

①施工现场配电系统应设置配电柜或总配电箱、分配电箱、开关箱（A、B、C箱），实行多级配电。

总配电箱以下可设若干分配电箱，分配电箱以下设若干开关箱。

总配电箱以下可设若干分配电箱，分配电箱以下可设若干开关箱。如图2—82所示。

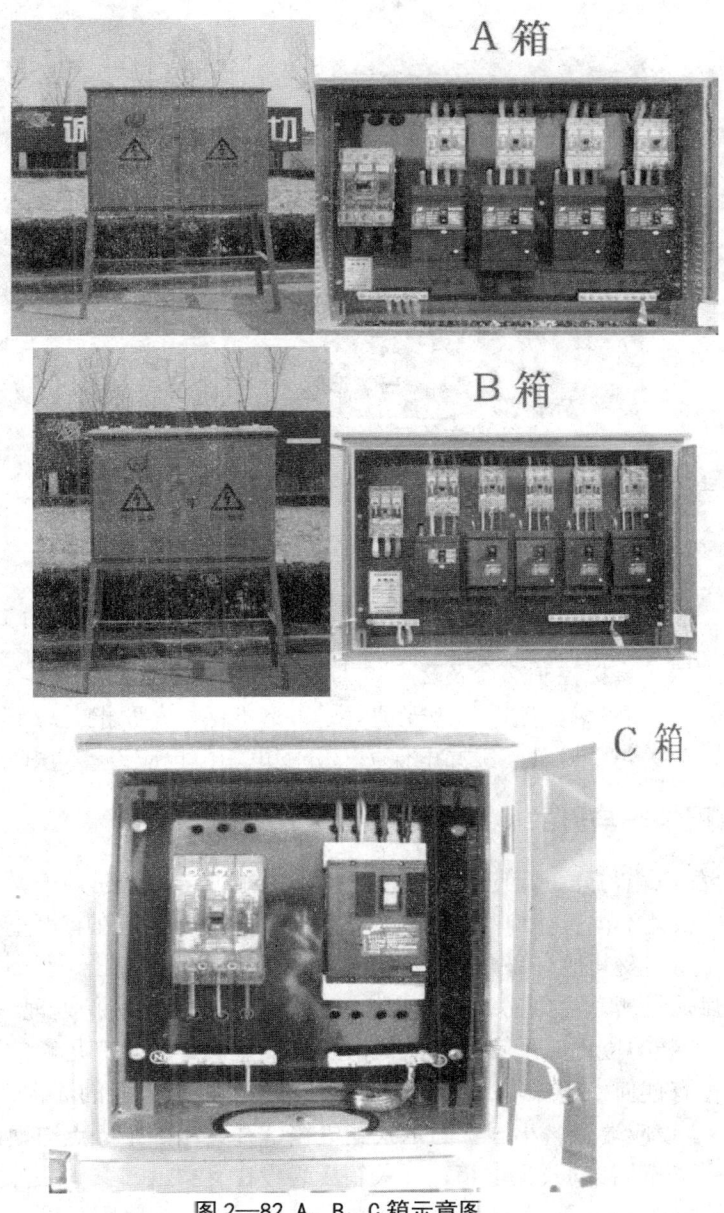

图2—82 A、B、C箱示意图

②动力配电箱和照明配电箱宜分别设置。当合并设置为同一配电箱时，动力和照明应分路配电，动力开关箱与照明开关箱必须分设。

③总配电箱应设在靠近电源的区域,分配电箱应设在用电设备或负荷相对集中的区域,分配电箱与开关箱的距离不得大于 30m,开关箱与其控制的固定式用电设备水平距离不宜超过 3m。如图 2—83 所示。

图 2—83 开关箱与设备之间的距离应在 3 米之内

二、基本安全保障

(1)必须严格执行"一机、一闸、一漏、一箱"的规定,即每一台用电设备,必须有一个专用的开关箱,每个开关箱内必须有一个电源隔离开关和一个漏电断路器(同时具有短路、过载、漏电保护功能)。严禁由同一个开关箱(同一隔离开关和漏电保护器)直接控制 2 台及 2 台以上的用电设备(含插座)。

(2)必须按"多级配电逐级保护"设置漏电保护,即指在总配电箱设置一级漏电保护,开关箱中设置一级漏电保护,分配电箱中也应设置漏电保护。

三、配电箱与开关箱的安装

(1)配电箱与开关箱应装设在便于操作的地方,该处应为干燥、通风及常温场所。另外该处不得有任何的物理性、化学性损害,即不得在有严重损害作用的瓦斯、烟气、潮气及其他有害介质,亦不得在易受外来固定撞击、强烈震动、液体侵溅及热源烘烤场所。否则必须将这些伤害物清除,或者做防护处理。

(2)安装的位置应足够有 2 人同时工作的空间,并且有足够的通道。其附近或通道不得有任何妨碍操作、维修的物品,不得有妨碍作业的灌木、杂草。

(3)装设应端正、牢固。固定式配电箱、开关箱的中心点与地面的垂直距离应为 1.4~1.6m。移动式配电箱、开关箱应装设在支架上,其中心点与地面的垂直距离宜为 0.8~1.6m;支架应用较为结实的材料制作,应坚固、稳定。

图 2—84 配电箱安装示意图

四、配电箱与开关箱的制作

(1) 材质的要求

①配电箱、开关箱应采用冷轧钢板制作,钢板的厚度应为 1.2～2.0mm,其中开关箱箱体钢板厚度不得小于 1.2mm,配电箱箱体钢板厚度不得小于 1.5mm,箱体表面应做防腐处理。

②配电箱内安装电器的安装板,应为金属或非木质阻燃绝缘电器安装板;金属电器安装板与箱体应做电气连接。

(2) 电器设置的基本要求

①配电箱内的电器安装板上必须分别设置工作零线(N 线)端子板和保护接零线(PE 线)端子板。N 线端子板必须与金属电器安装板绝缘;PE 线端子板必须与金属电器安装板做电气连接。

②配电箱内的连接线应采用绝缘导线,导线的绝缘的颜色应符合相关标准的要求并排列整齐;接头不得采用螺栓压接,应采用焊接并作绝缘包扎,不得有外露带电部分。

③配电箱的金属箱体,金属电器安装板以及箱内电器的不应带电金属底座、外壳等必须作保护接零,金属门与金属箱体必须通过采用多股软铜线做电气连接。如图 2—85 所示。

图 2—85 电气连接示意图

④ 配电箱的箱体内电器的安装尺寸应符合相关要求。

（3）配电箱体结构

① 配电箱、开关箱外形结构应能防雨、防尘。如图2—86所示。

图2—86 配电箱、开关箱外形结构

②配电箱、开关箱中导线的进出口，应设在箱体的下底面，严禁设在箱体的上顶面、侧面、后面或箱门处。

③配电箱、开关箱的进出线口应配置进出线的固定线卡，进、出线应加护套分路或成束卡固在箱体上，不得与箱体进、出口直接接触。移动式电箱的进、出线必须采用橡皮绝缘电缆，不得有接头。

五、配电箱与开关箱内电器的设置

配电箱、开关箱内的电器必须可靠、完好，严禁使用破损、不合格的电器。

配电箱、开关箱的电源进线端严禁采用插头和插座做活动连接。

（1）总配电箱电器装置的选择

总配电箱电器应具备电源隔离，正常接通与分断电路，以及短路、过载、漏电保护功能。电器设置应符合下列原则：

①当总路设置总漏电保护器时，还应装设总隔离开关、分路隔离开关以及总断路器、分路断路器或总熔断器、分路熔断器。当所设总漏电保护器是同时具备短路、过载、漏电保护功能的漏电断路器时，可不设总断路器或总熔断器。

②当各分路设置分路漏电保护器时，还应装设总隔离开关、分路隔离开关以及总断路器、分路断路器或总熔断器、分路断路器。当所设分漏电保护器是同时具备短路、过载、漏电保护功能的漏电断路器时，可不设分路断路器或分路熔断器。

③隔离开关应设置于电源进线端，应采用分断时具有可见分断点，并能同时断开电源所有极的隔离电器。如采用分断时具有可见分断点的断路器，可不另设隔离开关。

④熔断器应选用具有可靠灭弧分断功能的产品。

⑤总开关电器的额定值、动作整定值应与分路开关电器的额定值、动作整定值相适应。

⑥总配电箱应装设电压表、总电流表、电度表及其他需要的仪表。

（2）分配电箱电器装置的选择

①分配电箱应装设总隔离开关、分路隔离开关以及总断路器、分路断路器或总熔断器、分路熔断器。

②分配电箱电器应具备电源隔离，正常接通与分断电路，以及短路、过载、漏电保护功能。

③分配电箱隔离开关应设置于电源进线端，应采用分断时具有可见分断点，并能同时断开电源所有极的隔离电器。如采用分断时具有可见分断点的断路器，可不另设隔离开关。

（3）开关箱电器装置的选择

①开关箱必须装设隔离开关、断路器或熔断器，以及漏电保护器。当漏电保护器是同时具有短路、过载、漏电保护功能的漏电断路器时，可不装设断路器或熔断器。

②开关箱中隔离开关，应采用分断时具有可见分断点，能同时断开电源所有极的隔离电器，并应设置于电源进线端。

③开关箱中的隔离开关只可直接控制照明电路和容量不大于 3.0kW 的动力电路，但不应频繁操作。容量大于 3.0kW 的动力电路应采用断路器控制，操作频繁时还应附设接触器或其他启动控制装置。

④开关箱中各种开关电器的额定值和动作整定值应与其控制用电设备的额定值和特性相适应。

（4）漏电保护器的选择

漏电保护器应装设在总配电箱、开关箱靠近负荷的一侧，且不得用于启动电气设备的操作。

①总配电箱内漏电断路器的额定漏电动作电流应大于 30mA、小于 100mA，额定漏电动作时间应不大于 0.1s，但其额定漏电动作电流与额定漏电动作时间的乘积应不大于 30mA·s；

②开关箱中漏电保护器的额定漏电动作电流应不大于 30mA，额定漏电动作时间应不大于 0.1s。

③使用于潮湿或有腐蚀介质场所的漏电保护器应采用防溅型产品，其额定漏电动作电流应不大于 15mA，额定漏电动作时间应不大于 0.1s。

④总配电箱和开关箱中漏电保护器的极数和线数必须与其负荷侧负荷的相数和线数一致。

⑤漏电保护器应按产品说明书安装、使用。对搁置已久重新使用或连续使用的漏电保护器应逐月检测其特性，发现问题应及时修理或更换。

（5）配电箱和开关箱的使用与维护

1）使用管理

①所有的配电箱、开关箱应有门，有锁；均应标明其名称、用途、编号，并标明责任人；配电箱、开关箱内多路配电应有分路标记及系统连接图。

②施工现场用电设备停止作业时，应将开关箱内隔离开关和漏电断路器断电；施工现场停止作业一小时以上，应将配电箱断电上锁，断电应断隔离开关。

③配电箱、开关箱内不得放置任何杂物，并保持整洁。

④所有的配电箱、开关箱在使用过程中，必须按以下操作顺序：

⑤送电操作顺序为：总配电箱-分配电箱-开关箱。

⑥停电操作顺序为：开关箱-分配电箱-总配电箱。

⑦但出现电气故障的紧急情况可除外。

⑧所有的配电箱、开关箱都应有其专有的用途，不得随意挂接其他用电设备；改变用途必须经主管人员同意，必须由专业电工作业。

2）维护的要求

①配电箱、开关箱应定期检查、维修，必须由专业电工作业。作业时必须按规定穿、戴绝缘鞋、手套，必须使用电工绝缘工具并应做检查、维修记录。

②配电箱、开关箱进行维修、检查时，必须将其前一级相应的隔离开关分闸断电，并悬挂"禁止合闸、有人工作"停电标志牌，严禁带电作业，工作时应有专人监护。

第8讲 机械和手持电动工具安全用电

一、一般规定

施工现场中电动建筑机械和手持电动工具的选购、使用、检查和维修必须遵守下列规定：

（1）选购的电动建筑机械、手持电动工具及其用电安全装置，符合相应的国家现行有关强制性标准的规定，且具有产品合格证和使用说明书。

（2）建立和执行专人专机负责制，并定期检查和维修保养；

（3）在建设工程施工现场的 TN-S 接零保护系统中，用电设备的金属外壳必须与保护零线（PE 线）可靠连接，运行时产生振动的设备的金属基座、外壳与 PE 线的连接点不得少于两处。

（4）每台电动建筑机械、手持电动工具均应装设漏电保护器，漏电保护器的额定漏电动作电流应不大于 30mA，额定漏电动作时间应不大于 0.1s。

（5）按使用说明书使用、检查、维修。

（6）塔式起重机、室外电梯、滑升模板的金属操作平台及需要设置避雷装置的物料提升机等，除应连接 PE 线外，还应做重复接地。设备的金属结构构件之间应保证电气连接。

（7）手持式电动工具中的塑料外壳Ⅱ类工具和一般场所手持式电动工具中的Ⅲ类工具可不连接 PE 线。

（8）电动建筑机械或手持式电动工具的负荷线应按其计算负荷选用无接头的橡皮护套铜芯软电缆。其中 PE 线应采用绿/黄双色绝缘导线。

（9）其性能应符合现行国家标准《额定电压 450/750V 及以下橡皮绝缘电缆》（GB5013.1~8-2008）的要求。电缆芯线数应根据负荷及其控制电器的相数和线数确定；三相四线时，应选用五芯电缆；三相三线时，应选用四芯电缆；当三相用电设备中配置有单相用电器具时，应选用五芯电缆；单相二线时，应选用三芯电缆。

（10）每一台电动建筑机械或手持式电动工具的开关箱内，除应装设过载、短路、漏电保护电器外，还应装设隔离开关。容量大于 3.0kW 的动力电路应采用断路器控制，操作频繁时还应附设接触器或其他启动控制装置，正、反向运转控制装置中控制电器应采用接触器、继电器等自动控制电器，不得采用手动双向转换开关作为控制电器。

二、起重机械

施工现场的起重机械主要有塔式起重机、施工升降机、物料提升机和流动式起重机等，设备安全用电的要求如下：

（1）塔式起重机

①塔式起重机的电气设备必须保证传动性能和控制性能可靠，在紧急情况下能切断电源安全停车。

在安装、维修、调整和使用中不得任意改变电路。电气元件的选择应考虑到起重机工作时震动大、接电频繁、露天作业等特点，不得购买假冒伪劣产品。电气连接应当接触良好，防止松脱。导线束应用卡子固定，以防摆动。

②塔式起重机应做好防雷接地；连接到塔式起重机的 PE 线应做重复接地。重复接地和防雷接地可共用同一接地体，接地电阻应≤10Ω。

轨道式塔式起重机应在轨道两端各设一组接地装置。道轨的接头处做电气连接，两条轨道端部应作环形电气连接。较长轨道每隔不大于 30m 应加一组接地装置。

③塔式起重机与外电线路的安全距离应符合规范要求。轨道式塔式起重机的供电电缆不得拖地行走。

④需要夜间工作的塔式起重机，应设置正对工作面的投光灯、塔式起重机应有良好的照明，照明应设专用电路，以保证供电不受塔式起重机停机的影响。塔身高于 30m 的塔式起重机，应在塔顶和臂架端部装设红色障碍信号灯。

⑤在强电磁波源附近工作的塔式起重机，操作人员应戴绝缘手套和穿绝缘鞋，并应在吊钩与机体间采取绝缘隔离措施，或在吊钩吊装场面物体时，在吊钩上挂接临时接地装置。

⑥塔式起重机的操纵系统应设音响信号，此信号应对工作场地起警报作用。

⑦塔式起重机应设置短路及过流保护、欠压、过压及失压保护、零位保护、电源错相及断相保护。

⑧塔式起重机必须设置紧急断电开关，在紧急情况下，应能切断起重机总动力电源。紧急断电开关应设在司机操作方便的地方。

⑨塔式起重机进线处宜设主隔离开关，或采取其他隔离措施。隔离开关应做明显标记。

⑩塔式起重机电源电缆应选用重型橡套五芯电缆，以满足 TN-S 供电系统的需要。

（2）桩工机械和水工机械

①电力驱动打桩机械的电气设备的金属外壳都应按规定接好保护零线（PE 线）和重复接地线，打桩机械的金属结构应接好防雷接地线。

②打桩机械电气控制操纵箱的电源进出线电缆，必须采取加强护套保护措施，防止因机械震动、磨擦导致绝缘损坏。

③潜水电机的负荷线应采用防水橡皮护套铜芯软电缆，长度不得小于 1.5m，且不得承受外力。潜水电机的出水和入水应配备专用提升绳索，严禁拉拽电缆提升潜水泵。

④潜水式钻孔机开关箱中的漏电保护器必须采用防溅型产品，其额定漏电动作电流应不大于 15mA，额定漏电动作时间应不大于 0.1s。

（3）夯土机械

①夯土机械必须设专用开关箱，开关箱中的漏电保护器必须采用防溅型产品。其额定漏电动作电流应不大于 15mA，额定漏电动作时间应不大于 0.1s。

②夯土机械的金属外壳连接保护零线（PE 线），连接点不得少于 2 处。

③夯土机械的负荷线应采用耐气候型的橡皮护套铜芯软电缆。

④使用夯土机械必须按规定穿戴绝缘防护用品，使用过程应有专人调整电缆。电缆长度应不大于 50m。电缆严禁缠绕、扭结和被夯土机械跨越。

⑤多台夯土机械并列工作时，其间距不得小于 5m；前后串列工作时，其间距不得小于 10m。⑥夯土机械的操作手柄绝缘应良好。

⑦夯土机械的控制开关不得使用倒顺开关，以防误操作。

三、焊接机械

（1）电焊机械应放置在防雨、干燥和通风良好的地方。焊接现场不得有易燃、易爆物品。

（2）交流弧焊机变压器的一次侧电源线长度应不大于 5m，其电源进线处必须设置防护罩。交流电焊机的金属外壳和二次侧连接焊接工件的一端必须接好保护零线（PE 线）。发电机式直流电焊机的换向器应经常检查和维护，应消除可能产生的异常电火花。

（3）电焊机械应配备专用开关箱，开关箱中应设短路和漏电保护，其漏电保护器的额定漏电动作电流应不大于30mA，额定漏电动作时间应不大于0.1s。交流电焊机还应配装防二次侧触电保护器。

（4）电焊机械的二次线应采用防水橡皮护套铜芯软电缆。电缆的长度应不大于30m，不准有接头，不得采用金属构件或结构钢筋代替二次线的地线。二次线跨越道路时必须采取安全防护措施，避免踩踏、轧压造成破断或短路。

（5）使用电焊机械焊接时必须穿、戴防护用品。严禁露天冒雨从事电焊作业。

四、手持式电动工具

（1）空气湿度小于75%的一般场所应选用Ⅰ类或Ⅱ类手持式电动工具，其金属外壳与PE线的连接点不得小于2处；除塑料外壳Ⅱ类工具外，相关开关箱中漏电保护器的额定漏电动作电流应大不于15mA，额定电动作时间应不大于0.1s。其负荷线插头应具备专用的保护触头。所用插头和插座在结构上应保持一致，避免导电触头和保护触头混用。

（2）在潮湿场所或金属构架上操作时，必须选用Ⅱ类或由安全隔离变压器供电的Ⅲ类手持电动工具，金属外壳Ⅱ类手持式电动工具使用时，其金属外壳与PE线的连接点不得小于2处，相关开关箱中漏电保护器的额定漏电动作电流应不大于15mA，额定电动作时间应不大于0.1s；其开关箱和控制相应设置在作业场所外面。在潮湿场所或金属构件上严禁使用Ⅰ类手持式电动工具。

（3）狭窄场所（锅炉、金属容器、地沟、管道内等），必须选用由隔离变压器供电的Ⅲ类手持电动工具，其开关箱和安全隔离变压器均应设置在狭窄场所外面，并连接PE线。开关箱中必须装设有防溅型漏电保护器，其额定漏电动作电流应不大于15mA，额定电动作时间应不大于0.1s。操作过程中，应有人在外面监护。

（4）手持式电动工具的负荷线必须采用耐气候型的橡皮护套铜芯软电缆，不得有接头。

（5）手持式电动工具的外壳、手柄、插头、开关、负荷线等必须完好无损，使用前必须作绝缘检查和空载检查，在绝缘合格和空载运转正常后方可使用。绝缘电阻不得小于表2—13规定的数值。

表 2—13 手持式电动工具绝缘电阻限值

测量部位	绝缘电阻（MΩ）		
	Ⅰ类	Ⅱ类	Ⅲ类
带电零件与外壳之间	2	7	1

注：绝缘电阻用500V兆欧表测量

（6）使用手持式电动工具时，必须按规定穿、戴绝缘防护用品。必要时要站在绝缘板或绝缘垫上工作。

五、其他电动建筑机械

（1）混凝土搅拌机、插入式振动器、平板振动器、地面抹光机、水磨石机、钢筋加工机械、木工机械、盾构机械、水泵等设备应配备专用开关箱，开关箱中应设短路和漏电保护，漏电保护器的额定漏电动作电流应不大于30mA，额定电动作时间应不大于0.1s。

（2）混凝土搅拌机、插入式振动器、平板振动器、地面抹光机、水磨石机、钢筋加工机械、木工机械、盾构机械的负荷线必须采用耐气候的橡皮护套铜芯软电缆，并不得有任何破损和接头。

（3）水泵的负荷线必须采用防水橡皮护套铜芯软电缆，严禁有任何破损和接头，并不得承受任何外力。

（4）盾构机械的负荷线必须固定，距地面高度不得小于2.5m。

（5）对混凝土搅拌机、钢筋加工机械、木工机械、盾构机械等设备进行清理、检查、维修时，必须首先将其开关箱分闸断电，呈现可见电源分断点，关门上锁后，才能进行设备的清理、检查和维修。

（6）混凝土搅拌机、插入式振动器、平板振动器、地面抹光机、水磨石机、钢筋加工机械、木工机械、盾构机械无人操作时应切断电源，锁好开关箱。

六、办公、生活用电器

建筑施工现场的临时办公和生活用电器设备主要指电脑、复印机、传真机、打印机、空调、电风扇、电冰箱、电炊具、热水器、消毒柜、排油烟机及办公与生活照明等。办公和生活用电器大多安装在人员活动较为集中的办公室、食堂、宿舍等场所，由于是临时办公与生活用电，且用电量较小，故用电安全容易被忽视，安全隐患较多，为避免触电事故和电气火灾事故的发生要特别注意以下几点：

（1）建筑施工现场的临时办公和生活用电的供电应采用TN-S接零保护系统，由于办公和生活用电器设备的电源电压大多是单相220V，因此，各用电回路的负荷要进行计算，尽量达到三相平衡，避免零点漂移。

（2）各用电场所的电气线路应按照现行国家标准进行布线，严禁私接乱拉。

（3）临时办公和生活用电应设专用配电箱。专用配电箱内应设隔离开关、短路、过电流及漏电保护装置。短路、过电流保护装置选用自动空气开关时，额定电流的选择和过电流保护的整定要符合要求。

（4）各用电场所应设专用开关箱。各专用开关箱内应设短路、过电流及漏电保护装置。短路、过电流保护装置选用自动空气开关时，额定电流的选择和过电流保护的整定要符合要求。漏电保护器的额定漏电动作电流，一般环境下，应不大于30mA，额定漏电动作时间应不大于0.1s；厨房、卫生间、冲凉房等潮湿环境漏电保护器的额定漏电动作电流应不大于15mA，额定漏电动作时间应不大于0.1s。

（5）办公和生活用电器设备具有金属外壳的，如电脑主机箱、电冰箱、洗衣机、柜式空调和各类炊具等的插排或插座，除引入单相220V的相线（L线）、工作零线（N线）外，还必须把保护零线（PE线）引入接好，保证办公和生活用电设备的金属外壳与保证零线有可靠的电气连接，避免间接触电事故的发生。

（6）引入办公和生活区的 PE 线，要在专用配电箱处做重复接地。重复接地装置的接地电阻值应不大于 10Ω。

（7）办公和生活区照明与动力用电必须分别设置，室内照明灯具的安装高度，距地面应不低于 2.5m，室外照明灯具的安装高度，距地面应不低于 3m，所有灯具应设开关控制。

（8）照明灯具的接线必须正确，螺口灯泡的螺口必须接工作零线（N 线），开关必须控制相线（L 线）。

（9）厨房、卫生间、冲凉房等潮湿环境以及室外露天，应选用密闭型防水照明器或配有防水灯头的开启式照明器。

（10）严禁装设床头开关和床头插座。严禁在宿舍使用不符合安全性能要求的电器。

（11）功率较大的电器，其开关、导线、插头和插座的选择一定要匹配，要留有充分的余量。不得使用破损的插头和插座，不得用拔、插插头的方法来开、关电器，更不要用湿手拔、插插头。

第 9 讲　照明

一、照明设置一般规定

（1）在坑、洞、井内作业、夜间施工或厂房、道路、仓库、办公室、食堂、宿舍、料具堆放场及自然采光差等场所，应设一般照明、局部照明或混合照明。

（2）停电后，操作人员需及时撤离的施工现场，必须装设自备电源的应急照明。

（3）动力配电箱和照明配电箱宜分别设置，如在同一配电箱内，动力和照明线路应分别配电；照明配电箱和照明配电线路必须装设隔离开关和漏电断路器（同时具有短路、过载、漏电保护功能）。

（4）照明器的选择必须按规定，按不同的环境条件选用。

①正常湿度的一般场所，可选用开启式照明器。

②潮湿或特别潮湿场所，以及室外露天，选用密闭型防水照明器或配有防水灯头的开启式照明器。

③含有大量尘埃但无爆炸和火灾危险的场所，选用防尘型照明器。

④有爆炸和火灾危险的场所，按危险场所等级选用防爆型照明器。

⑤存在较强震动的场所，选用防震型照明器。

⑥有酸、碱等强腐蚀介质场所，选用耐酸碱型照明器。

（5）对需要大面积照明的场所，应采用高压汞灯、高压钠灯或混光用的卤钨灯等。

（6）照明器具和器材的质量均应符合国家现行有关强制性标准的规定，不得使用绝缘老化或破损的器具和器材。

（7）无自然采光的地下大空间施工场所，如施工面积较大地下多层施工、施工环境复杂，以及较大面积的临建设施，应编制单项照明用电方案，且方案应有负荷计算、灯具选型、平面布置图、接线系统图等。

二、照明供电的安全措施

（1）一般场所宜选用额定电压为220V的照明器。

（2）下列特殊场所应使用安全特低电压照明器。

①隧道、人防工程、高温、有导电灰尘、比较潮湿或灯具离地面高度低于2.5m等场所的照明，电源电压应不大于36V。

②潮湿和易触及带电体场所的照明，电源电压不得大于24V。

③特别潮湿场所、导电良好的地面、锅炉或金属容器内的照明，电源电压不得大于12V。如图2—87所示。

图2—87 低压变压器

（3）照明变压器必须使用双绕组型安全隔离变压器，严禁使用自耦变压器。

（4）使用行灯（手持照明灯具）应按以下规定：

①电源电压不大于36V。

②灯体与手柄应坚固、绝缘良好并耐热耐潮湿。

③灯头与灯体结合牢固，灯头无开关。

④灯泡外部有金属保护网。

⑤金属网、反光罩、悬吊挂钩固定在灯具的绝缘部位上。

（5）照明系统宜保持三相负荷平衡，其中每一单相回路上，灯具和插座数量应不超过25个，负荷电流不宜超过15A。

（6）携带式变压器的一次侧电源引线应采用橡皮护套或塑料护套铜芯软电缆，

中间不得有接头，长度不宜超过 3m，其中绿/黄双色线只可作为 PE 线使用，电源插销应有保护触头。

三、照明线路及照明装置

（1）工作零线截面应按下列规定选择：

①单相二线及二相二线线路中零线截面与相线截面相同。

②三相四线制线路中，当照明器为白炽灯时，零线截面不小于相线截面的 50%；当照明器为气体放电体时，零线截面按最大负荷相的电流选择。

③在逐相切断的三相照明电路中，零线截面与最大负荷相线截面相同。

（2）照明装置选择

①照明灯具的金属外壳必须与 PE 线相连接，照明开关箱内必须装设隔离开关、短路与过载保护电器和漏电保护器。

②室外 220V 灯具距地面高度不得低于 3m，室内 220V 灯具不得低于 2.5m。

③普通灯具与易燃物距离不宜小于 300mm；聚光灯、碘钨灯等高热灯具与易燃物距离不宜小于 500mm，且不得直接照射易燃物；达不到要求时，应采取隔离措施。

④路灯的每个灯具应单独装设熔断器保护。灯头线应做防水弯。

⑤碘钨灯及钠、铊、铟等金属卤化物灯具的安装高度宜在 3m 以上，灯线应固定在专用的接线柱上，不得靠近灯具表面。如图 2—88 和图 2—89 所示。

图 2—88

图 2—89

⑥螺口灯头及其接线应符合下列要求：相线接在与中心触头相连的一端，零线接在与螺纹口相连的一端。灯头的绝缘外壳无损伤、无漏电。

⑦暂设工程的照明灯具宜采用拉线开关控制，开关安装位置应符合以下规定：拉线开关距地面高度为 2～3m，与出入口的水平距离为 0.15m～0.2m，拉线出口向下。其他开关与地面高度为 1.3m，与出入口的水平距离为 0.15m～0.2m。

⑧灯具的相线必须经开关控制，不得将相线直接引入灯具。

⑨对夜间影响飞机或车辆通行的在建工程及机械设备，必须设置醒目的红色障碍信号灯，其电源应设在施工现场总电源开关的前侧，并应设置外电线路停止供电

时的应急自备电源。

第 8 单元　现场施工消防安全

第 1 讲　消防人员配备及安全职责

一、机构建设、人员配备

施工企业的消防保卫工作必须按照"谁主管，谁负责"的原则，确定一名主要领导负责此项工作。实行施工总承包的，由总承包负责。分包企业向总包企业负责，接受总承包企业的统一领导和监督检查。施工现场应根据工程规模，建立相应的保卫、消防组织，配备保卫、消防人员。

二、消防安全职责

施工单位应当履行下列消防安全义务：
（1）制定并落实消防安全管理措施和消防安全操作规程。
（2）建立本项目消防安全责任考核奖惩制度。
（3）开展消防安全宣传教育和消防知识培训。
（4）进行经常性的内部防火安全检查，及时制止、纠正违法、违章行为，发现并消除火灾隐患。
（5）按规定配备消防设施、器材并指定专人维护管理，保证消防设施、器材的正常有效使用。
（6）按规定设置安全疏散指示标志和应急照明设施，保证消防安全疏散指示标志、应急照明处于正常状态。
（7）保证疏散通道、安全出口畅通。不得占用疏散通道或在疏散通道、安全出口上设置影响疏散的障碍物，不得在生产工作期间封闭安全出口，不得遮挡安全疏散指示标志。
（8）消防值班人员、巡逻人员坚守岗位，不得擅离职守。
（9）火灾发生后，及时报警、迅速组织扑救和人员疏散。不得不报、迟报、谎报火警，或者隐瞒火灾情况。
（10）制定并完善火灾扑救和应急疏散预案，并至少每半年进行一次演练。
（11）对项目施工人员至少每年进行一次消防安全培训。
（12）建立健全并统一保管消防档案。消防档案应当详实和全面反映本单位消防安全工作的基本情况，并根据情况变化及时补充、更新。
（13）严格落实有关动用明火的管理制度。公众聚集场所在营业期间禁止动火施工；在非营业期间施工需要使用明火时，施工单位和使用单位应当共同采取措施，将施工区和使用区进行防火分隔，清除动火区域的易燃物、可燃物，配备消防器材，专人监护，保证施工和使用范围的消防安全。

（14）在消防安全重点部位设置明显的防火标志，实行严格管理。

三、义务消防队组织

施工现场应当根据消防法规的有关规定，建立义务消防队，配备相应的消防装备、器材，并组织开展消防业务学习和灭火技能训练，提高预防和扑救火灾的能力。

（1）义务消防队组建原则

①义务消防队（组）的人员数，一般不得少于职工总人数的 5—10%的比例标准建队；火灾危险性较大的按不少于职工总数 30%；各种物资仓库不少于 70%的比例建队。

②义务消防队员力求精干，应选拔热爱消防工作，身体健康的生产骨干、班组长、特殊工种的职工群众参加。

③施工现场防火负责人是义务消防组织的组织指挥者。义务消防队一般应设正副队长，应由具有一定组织能力，熟悉消防基本知识的安全保卫部门人员担任。

④义务消防队可根据实际需要与可能建立防火宣传、检查、火灾扑救等小组。在进行火灾扑救时，一般分为：灭火组、抢救组、通讯组、警戒组等。

⑤义务消防队应建立必要的学习、训练、执勤制度。定期组织队员学习消防知识，训练扑救初起火灾的技能。每年至少集中整训一次。队员调离岗位要及时补充调整，使队伍保持充足的力量。

（2）义务消防队应达到的"两知，三会"标准

两知：知防火知识、知灭火知识。

三会：会报火警、会疏散自救、会协助救援。

第2讲　防火宣传标志、消防通道

施工现场要有明显的防火宣传标志。

一、宣传标语（每年市消防局下发的宣传标语）

施工现场应挂有宣传标语，主要有：

（1）预防为主，防消结合；

（2）遵守消防法律法规，减少火灾事故发生；

（3）增强防火意识，掌握逃生常识；

（4）严禁圈占消防设施，确保疏散通道畅通；

（5）居安思危，防患于未然；

（6）消除火灾隐患，构建和谐社会；

（7）隐患险于明火，防范胜于救灾。责任重于泰山；

二、宣传标志

（1）指示标志有：紧急出口、疏散通道方向、水泵结合器、火警电话、灭火设备、灭火器、地下消火栓。

（2）禁止标志：禁止阻塞、禁止吸烟、禁止烟火、禁止放易燃物、禁止燃放鞭炮等。

三、警告标志

当心火灾—易燃物质、当心火灾—氧化物。主要警告标志如图2—90和图2—91。

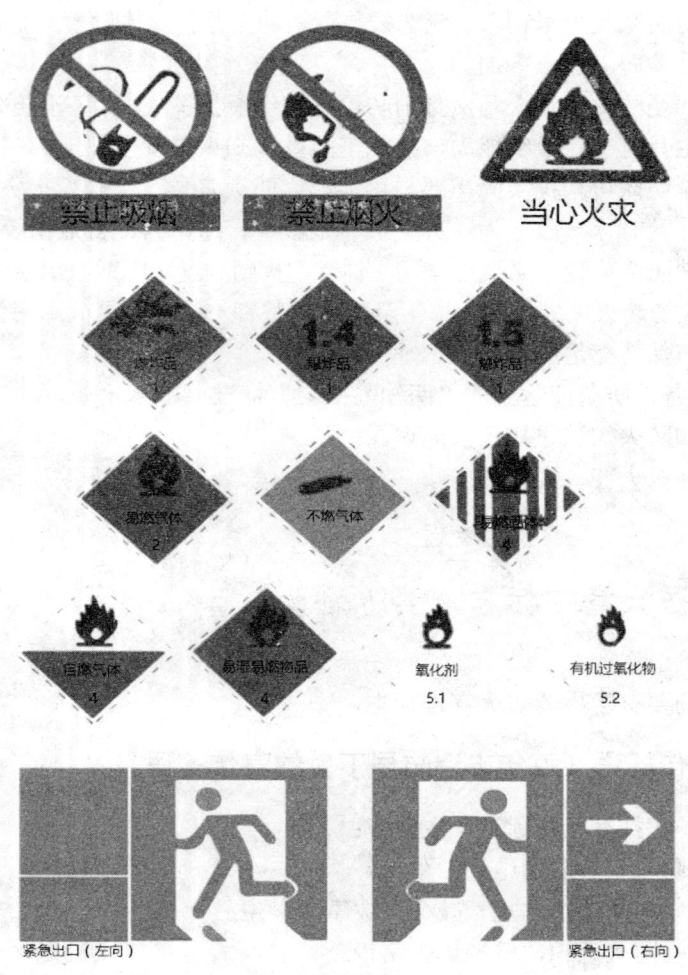

图2—90

图 2—91

第3讲 防火检查和巡查

一、防火巡查

施工单位必须明确专人应当进行每日防火巡查，并确定巡查的人员、内容、部位和频次。巡查的内容包括：

（1）用火、用电有无违章情况；

（2）安全出口、疏散通道是否畅通，安全疏散指示标志、应急照明是否完好；

（3）消防设施、器材和消防安全标志是否在位、完整；

（4）消防安全重点部位的人员在岗情况。

防火巡查人员应当及时纠正违章行为，妥善处置火灾危险，无法当场处置的，应当立即报告。发现初起火灾应当立即报警并及时扑救。

防火巡查应当填写巡查记录，巡查人员及其主管人员应当在巡查记录上签名。

二、防火检查

检查的内容应当包括：

（1）火灾隐患的整改以及防范措施的落实情况；

（2）安全疏散通道、疏散指示标志、应急照明和安全出口情况；

（3）消防车道、消防水源情况；

（4）灭火器材配置及有效情况；

（5）用火、用电有无违章情况；

（6）重点工种人员以及其他员工消防知识的掌握情况；

（7）消防安全重点部位的管理情况；

（8）易燃易爆危险物品和场所防火防爆措施的落实情况以及其他重要物资的防火安全情况；

（9）消防值班情况和设施运行、记录情况；

（10）防火巡查情况；

（11）消防安全标志的设置情况和完好、有效情况；

（12）其他需要检查的内容。

防火检查应填写检查记录。检查人员和被检查单位（部门）负责人应在检查记录上签名。

第4讲 施工现场消防安全管理问题

一、凡有下列行为之一为严重违章

（1）施工组织设计中未编制消防方案或危险性较大的作业如防水施工、保温材料安装使用、施工暂设搭建和冷却塔的安装及其它易燃、易爆物品的未编制防火措施。

（2）进行电焊作业、油漆粉刷或从事防水、保温材料、冷却塔安装等危险作业时，无防火要求的措施，也未进行安全交底。明火作业与防水施工、外墙保温材料等较大危险性作业进行违章交叉作业，存在较大火灾隐患的。

（3）明火作业无审批手续、非焊工从事电气焊、割作业，动火前未清理易燃物。

（4）施工暂设搭建未按防火规定使用非燃材料而采用易燃、可燃材料作围护结构的。

（5）在建筑工程主体内设置员工集体宿舍，设置的非燃品库房内住宿人员。

（6）在建筑物或库房内调配油漆、稀料。

（7）将在施建筑物作为仓库使用，或长期存放大量易燃、可燃材料。

（8）施工现场吸烟。

（9）工程内使用液化石油气钢瓶。
（10）冬季施工工程为采用炉火作取暖保温措施的。
（11）将住宿或办公区域安全出口上锁、遮挡、或者占用、堆放物品或者影响疏散通道畅通的。

二、凡下列问题为重大隐患

（1）施工现场未设消防车道。
（2）施工现场的消防重点部位（木工加工场所、油料及其它仓库等）未配备消防器材。
（3）施工现场无消防水源，或消火栓严重不足，未采取其他措施的。
（4）消火栓被埋、压、圈、占。因消火栓开启工具不匹配，不能及时开启出水的。
（5）施工现场进水干管直径小于100毫米，无其它措施的。
（6）高度超过24米以上的建筑未设置消防竖管，或在正式消防给水系统投入使用前，拆除或者停用临时消防竖管的。
（7）消防竖管未设置水泵结合器，或设置水泵结合器，消防车无法靠近，不能起灭火作用的。
（8）消防泵的专用配电线路，未引自施工现场总断路器的上端，不能保证连续不间断供电。
（9）冬季施工消火栓、消防泵房、竖管无防冻保温措施，造成设备、管路被冻，不能出水起到灭火作用的。
（10）将安全出口上锁、遮挡、或者占用、堆放物品或者影响疏散通道畅通的。
（11）消防设施管理、值班人员和防火巡查人员脱岗的。
（12）生活区食堂使用液化气瓶到期未检验，无安全供气协议；工程内或生产区域使用液化石油气的。

第5讲 明火作业的管理

一、对电、气焊规定如下

（1）电气焊作业人员必须经公安消防监督部门委托的单位考试合格后方能上岗。
（2）电、气焊作业前必须经单位防火负责人或保卫消防部门审批，办理动火证。用火审批人员要对用火地点情况明、底数清，不具备消防安全条件的不得开具用（动）火证，危险性较大的要到现场查看并采取严格的安全措施。作业人员必须按动火证限定的时间、地点、范围进行电气焊割作业，用火证当日有效。用火地点变换。要重新办理用火证手续，作业结束，交回动火证。

（3）电、气焊割作业前，必须仔细检查作业地点的安全状况，必须清除周围一切可燃物，备足必要的灭火器材或灭火用水，并设专人现场监护。

（4）焊、割存放过化学危险物品的容器或设备，在处于危险状况时，不得进行焊割。必须采取安全清洗后，方准进行焊割。

（5）焊割操作不准与油漆、喷漆、木工等易燃易爆操作同部位、同时间上下交叉作业。严禁在有火灾爆炸危险的场所进行焊割作业。

（6）电焊机必须设立专用地线，不准将地线搭接在建筑物、机器设备或各种管道、金属架上。

（7）氧气瓶导管、软管、瓶阀及减压阀不得与油脂、沾油物品接触。氧气瓶和乙炔瓶应分开放置，并不得倾倒和受热。

（8）焊工要严格遵守操作规程，点火前要检查焊割器具软管、接口螺丝是否处于安全状态。

（9）在遇有五级以上大风等恶劣气候时，高空、露天焊割作业应停止。

（10）作业完毕或焊工离开现场时，必须切断气源、电源，检查现场，确无火险，方可离去。

二、焊工的十不焊、割

（1）焊工没有操作证，不能进行焊割作业。

（2）未办理动火审批手续，不能擅自进行焊割作业。

（3）焊工不了解焊、割现场情况，不能盲目焊割。

（4）焊工不了解焊、割件内部是否安全，不能焊割。

（5）盛过有可燃气体、易燃液体、有毒物质的各种容器，未经彻底清洗前，大型油罐、气桶清洗后，未经气体测爆或测爆后间隔 2 小时以上时，不能焊割。

（6）用可燃材料作保温、隔音、隔热的部位，火花能飞溅到的地方，在未采取切实可靠的安全措施之前，不能焊割。

（7）有压力或密封的容器、管道不得焊割。

（8）焊割部位附近堆有易燃、易爆的物品，在未彻底清理或未采取安全有效措施前，不能进行焊割。

（9）与外单位相接触的部位，在没有弄清外单位有否影响，或明知存在危险又未采取有效的安全措施之前，不能焊割。

（10）焊割场所与附近其他工程互相有抵触时，不能焊割。

三、燃气用火规定

（1）不得在建设工程内和生产区域使用液化石油气。

（2）钢瓶到期应进行年检，并与供气单位签订安全供气协议，并留存为其供气的储罐站的燃气经营许可证。

(3) 不得在用可燃性材料作夹心的彩钢板房内使用液化石油气。

(4) 施工单位生活区食堂燃气用火必须符合燃气规定，用火点和燃气罐不能放置在同一房间内。

(5) 施工单位应当对室内燃气设施和用气设备进行日常检查，发现室内燃气或者用气设备异常、燃气泄露时，应当关闭阀门、开窗通风，禁止在现场动用明火、开关电器、拨打电话，并及时向燃气供应单位报修。

(6) 燃气罐运输和使用过程中的规定：

①禁止倒灌瓶装液化气；

②禁止摔、砸、滚动、倒置气瓶；

③严禁用烘、烤、煮、蒸等方法加热气瓶；

④禁止倾倒瓶内残液或者拆修瓶阀等附件；

⑤使用明火检查燃气泄漏；

⑥装卸时严禁抛撞；

⑦使用时要有专人管理，停火时要将总开关关闭，经常检查无泄漏。

(7) 地下建筑严禁储存和使用液化石油气。

(8) 严禁使用无年检合格证或已过使用期限报废的液化气瓶。

(9) 冬季施工严禁工程内采取明火保温施工，宿舍内严禁明火取暖。

(10) 施工现场内禁止吸烟。

(11) 施工现场严禁存放、燃放烟花爆竹。

第6讲 消防器材的配备

建筑灭火器的配置、配制场所的火灾种类及设置如下：

一、建筑灭火器的配置方法

(1) 确定各灭火器配备场所内的使用性质、危险等级、可燃物数量、火灾蔓延速度以及扑救难度等因素划分为三级。即：严重危险级、中危险级、轻危险级。要根据规范的要求（见《建筑灭火器配置设计规范》附录二）确定配置场所的危险等级。

(2) 确定各灭火器配置场所的火灾种类

火灾种类应根据物质及其燃烧特性划分为以下几类：

A类火灾：指含固体可燃物，如木材、棉、麻、纸张等燃烧的火灾；

B类火灾：指甲、乙、丙类液体，如汽油、煤油、柴油、甲醇、乙醚、丙酮等燃烧的火灾；C类火灾：指可燃气体，如煤气、天然气、甲烷、乙炔、氢气等燃烧的火灾；

D类火灾：指可燃金属，如钾、钠、镁、钛、锆、铝镁合金等燃烧的火灾；

E 类火灾：（带电火灾）指带电物体燃烧的火灾。

二、灭火器的选择

（1）扑救 A 类火灾应选用水型、泡沫、磷酸铵盐干粉、卤代烷型灭火器；

（2）扑救 B 类火灾应选用干粉、泡沫、卤代烷、二氧化碳型灭火器，扑救极溶性溶剂 B 类火灾不得选用化学泡沫灭火器；

（3）扑救 C 类火灾应选用干粉、卤代烷、二氧化碳型灭火器；

（4）扑救带电火灾应选用卤代烷、二氧化碳、干粉型灭火器；

（5）扑救 ABC 类火灾和带电火灾应选用磷酸铵盐干粉、卤代烷型灭火器。

三、灭火器的设置

（1）灭火器应设置在明显和便于去用的地点，且不得影响安全疏散。

（2）灭火器应设置稳固，其铭牌必须朝外。

（3）手提式灭火器宜设置在挂钩、托架上或灭火器箱内，其顶部离地面高度应小于 1.5 米；底部离地面高度不宜小于 0.15 米。

（4）一个灭火器配置场所内的灭火器不能少于 2 具。每个设置点的灭火器不宜多于 5 具。

四、灭火器的维护保养

（1）使用单位必须加强对灭火器的日常管理和维护，定期进行维护保养和维修检查。建立维护管理档案，明确维护管理责任人，并且对维护情况进行定期检查。灭火器的档案资料，应记明配置类型、数量、设置位置、检查维修单位（人员）、更换药剂时间等有关情况。

（2）单位应当至少每十二个月组织或委托维修单位对所有灭火器进行一次功能性检查。灭火器不论已经使用还是未使用，距出厂日期满 5 年，以后每隔 2 年，必须进行水压试验等检查，凡使用过和失效不能使用的灭火器，必须更换已损件和重新充装灭火剂和驱动气体。凡干粉灭火器距出厂日期满 10 年的，二氧化碳灭火器距出厂日期满 12 年的，均应予以强制报废，重新选配灭火器。

第 7 讲　消防设施配置及消防道路

消防设施的设置和配备要求如下：

一、消火栓

（1）施工现场消火栓应布局合理，消防干管直径不小于 100 毫米，消火栓处昼夜要设明显标志，配备足够的水龙带，周围 3 米内不得存放物品。

（2）地下消火栓必须符合防火规范，如图2—92。

图2—92

二、消防竖管设置、泵房的配置要求

（1）超过24米的建设工程，应当安装临时消防竖管，管径不得小于75毫米，每层设消火栓口，配备足够的水龙带。消防供水要保证足够的水源和水压，严禁消防竖管做为施工用水管线。

（2）消防竖管应设置水泵接合器，满足施工现场火灾扑救的消防消防供水要求。

（3）在正式消防给水系统投入使用前，不得拆除或者停用临时消防竖管，如图2—93。

图2—93

（4）消防泵房应用非燃材料建造，位置设置合理，便于操作，并设专人管理，保证消防供水。

（5）消防泵的专用配电线路，应引自施工现场总断路器的上端，要保证连续不间断供电。

依据公安部 61 号令规定：单位应当按照建筑消防设施检查维修保养有关规定的要求，对建筑消防设施的完好有效情况进行检查和维修保养。

三、施工现场消防道路

施工现场必须设置临时消防车道。其宽度不得小于 3.5 米，并保证临时消防车道畅通，禁止在临时车道上堆物、堆料或挤占临时消防车道，如图 2—94。

图 2—94

第 8 讲　易燃、易爆物品

施工材料、易燃可燃材料的存放、清理，易燃易爆物品的存放要求、防火措施，氧气、乙炔瓶的使用与存放要求如下：

1. 施工暂设和施工现场使用的安全网、围网和保温材料应当符合消防安全规范、不得使用易燃或者可燃材料。

2. 施工单位应当按照仓库防火安全管理规则存放、保管施工材料。

3. 建设工程内不准存放易燃易爆化学危险物品和易燃可燃材料。对易燃易爆化学危险物品和压缩可燃气体容器等，应当按其性质设置专用库房分类存放。

施工中使用易燃易爆化学危险物品时，应当制定防火安全措施；不得在作业场所分装、调料；不得在建设工程内使用液化石油气；使用后的废弃易燃易爆化学危险物料应当及时清除。

4. 在肥槽内防水施工作业应有双向疏散梯道。

5. 氧气瓶、乙炔瓶工作间距不得小于 5 米，两瓶与明火作业距离不得小于 10 米。建筑工程内禁止存放氧气瓶、乙炔瓶。

第 9 讲　施工现场临建消防

施工现场住宿及临建房屋消防规定如下：

1.在建建筑工程主体内不得设置员工集体宿舍及可燃材料库房，设置的非燃品库房内不得住宿人员。

2.在建设工程外设置宿设的，禁止使用可燃材料作分隔和使用电热器具。设置的应急照明和疏散指示标志应当符合有关消防安全要求。

3.临建房屋消防规定

（1）施工现场临建房屋要选非燃建材；用作办公、住宿的临建房屋设置区与作业区应当分开，并保持安全距离。

（2）临建房屋应由具备电工资格的人员统一安装电气线路，电气线路应采用金属管或经阻燃处理的难燃型硬质塑料管保护，且不应敷设在易燃可燃结构内。

（3）建设工程总承包单位负责施工现场临建房屋消防安全管理工作。总承包单位主要负责人是单位的消防安全责任人，对本单位的消防安全工作全面负责。

（4）施工总承包单位应结合临建房屋的性质，制定消防安全管理措施。

（5）办公区、宿舍区应制定火灾时人员应急疏散预案，并每年入冬前组织一次演练。

（6）施工单位应将施工作业区与生活区等分开设置。

建筑工程主体结构与非施工作业区临建房屋的防火间距不得小于 10 米。

生活区、办公区域内采用非燃材料搭建的临时房屋之间的防火间距不得小于 4 米。

（7）施工现场临建房屋内各房间建筑面积超过 60 平米时，至少设置 2 个疏散门。多层施工现场临建房屋的疏散楼梯不应少于两个且应分散布置，设置两部疏散楼梯确有困难时，可设置一部金属竖向梯作为第二安全出口。

（8）施工现场临建房屋内未经消防保卫人员和电气主管人员批准不得使用电热器具，严禁私接乱拉电线、明火取暖。

第 10 讲　保温材料管理

1.施工总承包单位对施工现场保温材料的消防安全使用情况负全责，并制定相应的消防安全管理制度，各分包单位要具体落实其各项安全制度。建设方指定分包的工程，建设方应对其分包的单位负责管理并承担管理责任。

2.施工单位应选用经过阻燃处理的保温材料（氧指数检测结果判定为 B1 级），并留存相关检测报告存档备查。

3.严格落实施工现场用火用电措施，总包单位统一开具动火证，并由安全员和看火人共同核查动火点周围环境后,10米范围内无可燃易燃物方可动火施工;保温材料施工周围10米范围内禁止动火作业;禁止动火动焊与铺设保温材料交叉作业,防止引发火灾事故。

4.施工期间,施工单位应加强保温材料的存放管理,随时清理遗留在施工现场废弃的保温材料。

5.保温作业应分区段施工,各区段间应保持一定的防火间距,同时做到边固定保温材料边涂抹水泥砂浆,尽量缩短保温材料裸露时间。如图2—95。

图2—95

第11讲 消防教育和培训

1.施工单位应开展下列消防安全教育工作

(1)施工单位应定期开展形式多样的消防安全宣传教育;

(2)建设工程施工前应对施工人员进行消防安全教育;

(3)在建设工地醒目位置、施工人员集中住宿场所设置消防安全宣传栏,悬挂消防安全挂图和消防安

全警示标识;对新上岗和进入新岗位的职工(施工人员)进行上岗前消防安全培训;

(4)对在岗的职工(施工人员)至少每年进行一次消防安全培训;

(5)施工单位至少每半年组织一次灭火和应急疏散演练;

(6)对明火作业人员进行经常性的消防安全教育。

2.总承包单位要组织分包单位管理人员、保安、成品保护人员以及施工人员等进行全员消防安全教育培训,教育培训应当包括:

(1)有关消防法规、消防安全制度和保障消防安全的操作规程;

(2)本岗位的火灾危险性和防火措施;

(3) 有关消防设施的性能、灭火器材的使用方法;
(4) 报火警、扑救初起火灾以及自救逃生的知识和技能。

3.施工单位应落实电焊、气焊、电工等特殊工种作业人员持证上岗制度,电焊、气焊等危险作业前,应对作业人员进行消防安全教育,强化消防安全意识,落实危险作业施工安全措施。

4.通过消防宣传进企业,职工要做到"三知三会",即知道本岗位的火灾危险性、知道消防安全措施、知道灭火方法;会正确报火警、会扑救初期火灾、会组织疏散人员。

第12讲 消防资料

施工单位应建立健全消防档案。消防档案应包括消防安全基本情况和消防安全管理情况,消防档案应详实,全面反映施工单位消防工作的基本情况,并附有必要的图表,根据情况变化及时更新。单位应对消防档案统一保管、备查。

一、消防安全基本情况应当包括以下内容

(1) 施工现场的基本情况和消防安全重点部位情况;
(2) 工程消防审批有关资料:
①送审报告(施工单位加盖公章的书面申请);
②《消防局建筑设计消防审核意见书》;
③《建筑工程施工现场消防安全审核申请表》;
④施工现场消防安全措施方案、防火负责人和消防保卫人员名单;
⑤施工组织设计和方案;
⑥保卫消防方案
(3) 消防管理组织机构和各级消防安全责任人;
(4) 消防安全责任协议;
(5) 消防安全制度;
(6) 消防设施灭火器材情况;
(7) 义务消防队情况;
(8) 与消防有关的重点工种人员情况;
(9) 新增消防产品、防火材料的合格证明材料(施工现场一般是指对临建房屋围护结构的保温材及现场使用的安全网、围网和施工保温材料的检测情况);
(10) 灭火和应急疏散预案。

二、消防安全管理情况应当包括以下内容:

(1) 公安消防机构填发的各种法律文书;

(2) 防火检查、巡查记录；
(3) 火灾隐患及其整改记录；
(4) 消防设施定期检查记录，灭火器材维修保养记录，燃气、电气设备监测（包括防雷、防静电）等记录资料；
(5) 消防安全培训记录；
(6) 明火作业审批手续；
(7) 易燃、易爆化学危险物品、防水施工、保温材料安装、使用、存放的审批手续和措施；
(8) 灭火和应急疏散预案的演练记录；
(9) 火灾情况记录；
(10) 消防奖惩情况记录；

第9单元 拆除工程

第1讲 拆除工程施工准备

一、安全管理协议

拆除工程的建设单位与施工单位在签订施工合同时，应签订安全生产管理协议，明确双方的安全管理责任。建设单位、监理单位应对拆除工程施工安全负检查督促责任；施工单位应对拆除工程的安全技术管理负直接责任。

二、资质等级要求

(1) 建筑拆除工程的施工企业必须具备"爆破与拆除工程专业承包企业资质"，并取得《安全生产许可证》。

(2) 严禁建设（开发）单位将拆除工程发包给个人或不具备上述要求的施工企业。严禁施工企业将拆除工程转包或违法分包。

(3) 建设单位应将拆除工程发包给具有相应资质等级的施工单位。

三、施工准备阶段所需的技术资料

(1) 建设单位应在拆除工程开工前15日，将下列资料报送建设工程所在地的县级以上地方人民政府建设行政主管部门备案。备案时应提供以下材料：
①《拆除工程备案表》；
②《房屋拆迁许可证》复印件；
③《拆除施工合同》复印件2份；

④施工单位及项目经理资格证明文件：

a.拆除工程承包单位资质证书和安全生产许可证复印件；

b.项目经理资格证书和安全生产考核合格证复印件 1 份

⑤拆除工程监理合同原件 1 份，复印件 2 份（拆除房屋的面积大于 3000 ㎡，或拆除机构复杂的建（构）筑物时必须提供）；

⑥监理单位及项目总监资质证明文件（拆除房屋的面积大于 3000 ㎡，或拆除机构复杂的建（构）筑物时必须提供）：

a.监理单位资质证书复印件；

b.总监理工程师资格证书复印件。

⑦经施工企业技术负责人、项目经理和项目总监签字认可的拆除施工组织方案文件（包括拟拆除建筑物、构筑物和可能危及毗邻建筑的安全防护措施；安全生产等专项施工方案和基础设施管线防护措施及进度计划；堆放、清除废弃物的措施）。

上述材料提交复印件的，复印件需加盖申请人印章并同时提交原件，原件核验后退回申请人。

（2）建设单位应向施工单位提供下列资料：

①拆除工程的有关图纸和资料；

②拆除工程涉及区域的地上、地下建筑及设施分布情况资料。

四、周边建筑及管线保护

（1）建设单位应当向施工单位提供施工现场及毗邻区域内基础设施管线资料。基础设施管线资料应当真实、准确、完整。

（2）建设单位应负责做好影响拆除工程安全施工的各种管线的切断、迁移工作。当建筑外侧有架空线路或电缆线路时，应与有关部门取得联系，采取防护措施，确认安全后方可施工。

（3）在拆除作业前，施工单位应检查建筑内各类管线情况，确认全部切断后方可施工。

五、制定专项施工方案

（1）拆除工程开工前，应根据工程特点、构造情况、工程量等编制施工组织设计或安全专项施工方案，应经技术负责人和总监理工程师签字批准后实施。施工过程中，如需变更，应经原审批人批准，方可实施。

（2）拆除工程施工过程中，当发生重大险情或生产安全事故时，应及时启动应急预案排除险情、组织抢救、保护事故现场，并向有关部门报告。

六、书面安全技术交底

（1）拆除工程施工前，必须对施工作业人员进行书面安全技术交底。

（2）拆除工程施工必须建立安全技术档案，并应包括下列内容：

①拆除工程施工合同及安全管理协议书;
②拆除工程安全施工组织设计或安全专项施工方案;③安全技术交底;
④脚手架及安全防护设施检查验收记录;
⑤劳务用工合同及安全管理协议书;
⑥机械租赁合同及安全管理协议书。

施工单位在施工中应严格执行施工组织设计或者专项施工方案规定的施工方法和措施。

七、划定危险区域设置警戒线

拆除工程施工现场应按规定设置不低于1.8米的硬质围挡,并在施工危险部位设置醒目的警示标志。

施工单位必须依据拆除工程安全施工组织设计或安全专项施工方案,在拆除施工现场划定危险区域,当拆除工程与交通道路的距离不能满足安全要求时,必须采取相应的隔离措施,设置安全警示标志并派人监管。

八、安全防护措施

(1)拆除施工采用的脚手架、安全网,必须由专业人员按设计方案搭设,由有关人员验收合格后方可使用。水平作业时,操作人员应保持安全距离。

(2)安全防护设施验收时,应按类别逐项检查,并有验收记录。

(3)作业人员必须配备相应的劳动保护用品,并正确使用。

(4)施工单位必须落实防火安全责任制,建立消防组织,明确责任人,负责施工现场的日常防火安全管理工作。

九、安全技术管理

(1)在恶劣的气候条件下,严禁进行拆除作业。

(2)当日拆除施工结束后,所有机械设备应远离被拆除建筑。施工期间的临时设施,应与被拆除建筑保持安全距离。

(3)从业人员应办理相关手续,签订劳动合同,进行安全培训,考试合格后方可上岗作业。

(4)施工现场临时用电必须按照国家现行标准《施工现场临时用电安全技术规范》(JGJ46-2005)的有关规定执行。

十、文明施工管理

(1)清运渣土的车辆应封闭或覆盖,出入现场时应有专人指挥。清运渣土的作业时间应遵守工程所在地的有关规定。

(2)对地下的各类管线、施工单位应在地面上设置明显标识。对水、电、气的检查井、污水井应采取相应的保护措施。

（3）拆除工程施工时，应有防止扬尘和降低噪声的措施。

（4）拆除工程完工后，应及时将渣土清运出场，如图 2—96。

图 2—96

（5）施工现场应建立健全动火管理制度。施工作业动火时，必须履行动火审批手续，领取动火证后，方可在指定时间、地点作业。作业时应配备专人监护，作业后必须确认无火源危险后方可离开作业地点。

（6）拆除建筑时，当遇有易燃、可燃物及保温材料时，严禁明火作业。

十一、法律责任

（1）施工单位未按照上述要求对管线采取专项防护措施的，市或者区县建委根据《建设工程安全生产管理条例》责令其限期改正；逾期未改正的，处 5 万元以上 10 万元以下的罚款。造成重大安全事故，构成犯罪的，依法追究刑事责任。

（2）监理单位未对施工组织设计中的安全技术措施或者专项施工方案进行审查、发现安全事故隐患未及时要求施工单位整改或者暂时停止施工、施工单位拒不整改、停止施工时未及时向有关主管部门报告的，市或者区县建委根据《建设工程安全生产条例》规定责令其限期改正；逾期未改正的，责令停业整顿，并处 10 万元以上 30 万元以下的罚款；情节严重的，降低资质等级，直至吊销资质证书。造成重大安全事故，构成犯罪的，对直接责任人员依法追究刑事责任。

（3）区县建委及其建设工程安全监督机构应当加强对拆除工程监督管理，对不办理拆除工程备案或者无资质、无安全生产许可证从事拆除工程施工的单位依法严肃处理：

①建设单位未将拆除工程的有关资料报送区县建委备案的，区县建委应当按照《建设工程安全生产管理条例》的规定，责令限期改正，给予警告。

②建设单位将拆除工程发包给不具有相应资质等级的施工单位的，按照《建设工程安全生产管理条例》规定，责令限期改正，处 20 万元以上 50 万元以下罚款；

造成重大安全事故，构成犯罪的，对直接责任人员，依照刑法有关规定追究刑事责任；造成损失的，依法承担赔偿责任。

③施工单位在拆除工程施工过程中违反安全生产管理规定和技术规范的，依法进行相应的行政处罚；造成重大安全事故，构成犯罪的，对直接责任人员，依照刑法有关规定追究刑事责任；造成损失的，依法承担赔偿责任。

第2讲 人工拆除

一、拆除顺序

（1）人工拆除施工应从上至下、逐层拆除分段进行，不得垂直交叉作业。作业面的孔洞应封闭。

（2）人工拆除建筑墙体时，严禁采用掏掘或推倒的方法。

（3）拆除建筑的栏杆、楼梯、楼板等构件，应与建筑结构整体拆除进度相配合，不得先行拆除。建筑的承重梁、柱，应在其所承载的全部构件拆除后，再进行拆除。

二、拆除方法

（1）进行人工拆除作业时，楼板上严禁人员聚集或堆放材料，作业人员应站在稳定的结构或脚手架上操作，被拆除的构件应有安全的放置场所。

（2）拆除梁或悬挑构件时，应采取有效的下落控制措施，方可切断两端的支撑。

（3）拆除柱子时，应沿柱子底部剔凿出钢筋，使用手动倒链定向牵引，再采用气焊切割柱子三面钢筋，保留牵引方向正面的钢筋。

（4）拆除管道及容器时，必须在查清残留物的性质，并采取相应措施确保安全后，方可进行拆除施工。

三、拆除物的存放与管理

（1）拆除物应当设专门人员管理，定期洒水和清扫，并配备必要的洒水、排水设施。拆除工地的垃圾应当及时清运，现场垃圾堆放总量不得超过60立方米。加强监管，防止渣土堆形成生活垃圾。

（2）渣土清运车辆应当按照规定装载，苫盖严密，沿途不得遗撒。拆除工程完毕后不能立即施工的，应当及时采取地面硬化措施，防止扬尘。

第3讲 机械拆除

一、拆除顺序

（1）当采用机械拆除建筑时，应从上至下，逐层分段进行；应先拆除非承重结构，再拆除承重结构。

拆除框架结构建筑，必须按楼板、次梁、主梁、柱子的顺序进行施工。对只进行部分拆除的建筑，必须先将保留部分加固，再进行分离拆除。

（2）拆除桥梁时应先拆除桥面的附属设施及挂件、护栏等。

二、结构状态的监测

施工中必须由专人负责监测被拆除建筑的结构状态，做好记录。当发现有不稳定状态的趋势时，必须停止作业，采取有效措施，消除隐患。

三、拆除物的存放与管理

进行高处拆除作业时，以较大尺寸的构件或沉重的材料，必须采用起重机具及时吊下。拆卸下来的各种材料应及时清理，分类堆放在指定场所，严禁向下抛掷。

四、钢结构的拆除

拆除钢屋架时，必须采用绳索将其拴牢，待起重机吊稳后，方可进行气焊切割作业。吊运过程中，应采用辅助措施使被吊物处于稳定状态。

五、塔式起重机在拆除作业中的安全保障措施

（1）拆除施工时，应按照施工组织设计选定的机械设备及吊装方案进行施工，严禁超载作业或任意扩大使用范围。供机械设备使用的场地必须保证足够的承载力。作业中机械不得同时回转、行走。

（2）采用双机抬吊作业时，每台起重机载荷不得超过允许载荷的80%，且应对第一吊进行试吊作业，施工中必须保持两台起重机同步作业。

（3）拆除吊装作业的起重机司机，必须严格执行操作规程。信号指挥人员必须按照现行国家标准《起重吊运指挥信号》（GB5082—1985）的规定作业。

第4讲 爆破拆除

一、安全技术措施

（1）爆破拆除施工时，应对爆破部位进行覆盖和遮挡，覆盖材料和遮挡设施

应牢固可靠。

（2）爆破拆除应采用电力起爆网路和非电导爆管起爆网路。电力起爆网路的电阻和起爆电源功率，应满足设计要求；非电导爆管起爆应采用复式交叉封闭网路。爆破拆除不得采用导爆索网路或导火索起爆方法。

（3）装药前，应对爆破器材进行性能检测。试验爆破和起爆网路模拟试验应在安全场所进行。

（4）爆破拆除工程的实施应在工程所在地有关部门领导下成立爆破指挥部，应按照施工组织设计确定的安全距离设置警戒。

（5）爆破拆除工程的实施除应符合本规范关于爆破拆除的要求外，必须按照现行国家标准《爆破安全规程》（GB6722—2014）的规定执行。

二、安全评估

（1）从事爆破拆除工程的施工单位，必须持有工程所在地法定部门核发的《爆炸物品使用许可证》，承担相应等级的爆破拆除工程。

（2）爆破拆除工程分为A、B、C三级，分级条件为：

①有下列情况这一者，属A级：

a.环境十分复杂，爆破可能危及国家一、二级文物保护对象，极重要的设施，极精密仪器和重要建（构）筑物。

b.拆除的楼房高度超过10层，烟囱的高度超过80m，塔高超过50m。

c.一次爆破的炸药量多于500kg。

②有一列情况之一者，属B级：

a.环境复杂，爆破可能危及国家三级或省级文物保护对象，住宅楼和厂房。

b.拆除的楼房高度5~10层，烟囱的高度50~80m，塔高30~50m。

c.一次爆破的炸药量200~500kg。

③符合下列情况之一者，属C级：

a.环境不复杂，爆破不会危及周围的建（构）筑物。

b.拆除的楼房高度低于5层，烟囱的高度低于50m，塔高低于30m。

c.一次爆破的炸药量少于200kg。

不同级别的爆破拆除工程有相应的设计施工难度，本条规定爆破拆除工程设计必须按级别进行安全评估和审查批准后方能实施。

三、报审

爆破拆除工程应根据周围环境作业条件、拆除对象、建筑类别、爆破规模，按照现行国家标准《爆破安全规程》（GB6722—2014）将工程分为A、B、C三级，并采取相应的安全技术措施。爆破拆除工程应做出安全评估并经当地有关部门审核批准后方可实施。

四、施工单位及人员的资质

爆破拆除设计人员应具有承担爆炸拆除作业范围和相应级别的爆破工程技术人员作业证。从事爆破拆除施工的作业人员应持证上岗。

五、爆破器材的使用管理

（1）运输爆破器材时，必须向工程所在地法定部门申请领取《爆炸物品运输许可证》，派专职押运员押送，按照规定路线运输。

（2）爆破器材临时保管地点，必须经当地法定部门批准。严禁同室保管与爆破器材无关的物品。

（3）爆破器材必须向工程所在地法定部门申请《爆炸物品购买许可证》，到指定的供应点购买，爆破器材严禁赠送、转让、转卖、转借。

六、临近建筑的保护

（1）为保护临近建筑和设施的安全，爆破振动强度应符合现行国家标准《爆破安全规程》（GB6722-2014）的有关规定。建筑基础爆破拆除时，应限制一次同时使用的药量。

（2）爆破拆除的预拆除施工应确保建筑安全和稳定。预拆除施工可采用机械和人工方法拆除非承重的墙体或不影响结构稳定的构件。

（3）对烟囱，水塔类构筑物采用定向爆破拆除工程时，爆破拆除设计应控制建筑倒塌时的触地振动。

必要时应在倒塌范围铺设缓冲材料或开挖防振沟。

第3部分

建筑施工安全检查、验收与评价

第1单元 施工现场安全检查与验收

第1讲 施工现场安全检查

一、安全检查的主要依据

（1）国家、地方政府的安全法律、法规及要求。
（2）上级和政府部门的检查和监督指令。
（3）公司安全管理规范、标准、制度等。
（4）施工作业的安全技术方案、安全交底等。

二、安全检查的主要要求

（1）安全检查必须贯彻领导和群众相结合、自查与互查相结合、检查与整改相结合的原则。
（2）对关键部位、重要环节，项目部安全组要落实专人加强监控，每月至少进行一次专项重点检查。
（3）工程项目工地安全检查每周组织一次以上；班组安全检查每日进行。日常施工生产过程中，由各级安全监督员负责实施日常检查和监督。
（4）安全管理部门会同有关部门或有关部门会同安全管理部门，根据上级和地方政府要求，以及施工生产的需求和季节的变化，进行专业性的安全检查和不定期的安全检查。
（5）在安全检查中发现不安全因素，必须做到"三定"（定整改措施、定整改责任人、定整改期限）并由各级安全管理人员列出明细，逐个消号。需公司和其他单位帮助，可上报公司安全部门，协助解决。
（6）对查出构成事故隐患的问题，必须严格执行《事故隐患整改制度》。
（7）安全检查应与安全教育、隐患整改、违章处罚等环节相辅相成，形成有教育、有检查、有整改、有处罚的模式。

三、安全检查的重要作用

安全检查的目的是为了预知危险，发现隐患，以便提前采取有效措施，消除危险。也是为了对施工现场的安全状况和业绩进行日常的例行检查，掌握施工现场安全生产活动和结果的信息，是保证安全管理目标实现的重要手段。其重要作用主要体现在以下几个方面：

（1）通过检查，发现生产工作中人的不安全行为和物的不安全状态，以及管理缺陷的问题，从而采取对策，消除不安全因素，保障安全生产。

（2）通过检查，预知危险、清除危险，把伤亡事故频率和经济损失率降低到社会容许的范围内，从而达到国际同行业先进水平。

（3）增强领导和群众的安全意识，纠正违章指挥、违章作业，提高搞好安全生产的自觉性和责任感。

（4）通过安全检查可以互相学习、总结经验、吸取教训、取长补短，有利于进一步促进安全生产工作。

（5）利用检查，进一步宣传、贯彻、落实安全生产方针、政策和各项安全生产规章制度。

（6）掌握安全生产动态，分析安全生产形势，为研究加强安全管理提供信息依据。

（7）通过安全检查对施工生产中存在的不安全因素进行预测、预报和预防。

四、安全检查的主要内容

安全检查的内容主要是查思想、查制度、查隐患、查措施、查机械设备、查安全设施、查安全教育培训、查操作行为、查劳保用品使用、查伤亡事故处理等，主要对人的不安全意识和行为、物的不安全状态进行分析，发现不符合规定和存在隐患的设施、设备，制订有针对性的措施进行纠正处置，并跟踪复查。

安全检查，主要体现在安全检查落实情况；项目安全目标的实现程序；遵守适用法律法规、规范标准和其他要求的情况；生产活动是否符合施工现场安全生产保证体系文件的规定；重点部位和重大环境因素监控、措施、方案、人员、记录的落实情况等方面。

不同类型和层次的安全检查监督应有其各自的内容和重点，按监督检查计划具体执行，一般情况下安全检查包括以下内容。

（1）专业性安全检查。项目部所在的公司每季应对临时用电、脚手架、危险物品、消防设施、起重机具、机运车辆、防尘防毒等分别进行专业性安全检查。

（2）公司级安全检查的内容：

1）安全教育、培训情况。

2）安全管理体系运行情况。

3）岗位安全职责履行情况。
4）是否达到标化工地要求。
5）消防管理是否落实到位。
6）安全计划、措施的制订和实施情况。
7）各类机具设备、设施和安全防护设施是否完好无损。
8）施工生产现场直接作业环节安全规章制度的执行情况。
9）各类安全见证资料的记录情况，台账管理情况。
10）项目部安全日活动和安全讲话是否认真进行，并有记录。
11）节假日前、后和节假日加班施工期间，是否开展检查和落实人员管理。
12）各类事故是否按"四不放过"的原则进行处理，是否有隐瞒不报情况。
13）施工现场、生活基地的环境和秩序是否存有不安全因素和事故隐患，以及整改情况。
14）根据季节变化，防雷、防暑降温、防火、防台、防汛、防冻保温、防滑等措施的落实情况。

（3）工程项目安全检查的内容。
1）消防设施是否完好无损。
2）是否达到文明施工要求。
3）各岗位、各部门的安全责任制是否落实。
4）检查班组是否进行自检、互检和交接检。
5）工程项目安全保证体系是否建立、运转。
6）各类机具、设施和安全防护设施是否完好无缺。
7）检查班组和有关人员是否切实落实安全技术措施。
8）本周是否有违章违纪、未遂事故、事故的发生，以及处理情况。
9）针对影响安全施工的季节性自然因素，所采取的防范的措施。
10）检查工程项目施工作业环境和秩序是否存有不安全因素，以及不安全因素的整改情况。
11）安全日活动和安全讲话是否如期进行，是否有针对性、有记录；管理人员参加班组安全活动有否评语及签到。

（4）班组安全检查的内容：
1）工具、设备是否完好无损。
2）安全技术措施是否落实到施工作业中。
3）施工作业环境是否整洁安全、使用是否规范。
4）劳动保护用品配备是否齐全、使用是否规范。

五、安全检查的主要形式

安全检查的形式有多种，从检查组织上分为国家及各级政府组织的检查及部、委组织的行业检查和企业组织的自行检查；从具体进行的方式上分为定期检查、专业检查、达标检查、季节检查、经常性检查和验收检查等。工程项目部常见的安全检查形式如下：

（1）由安全管理小组成员、安全专兼职人员和安全值日人员进行日常的安全检查。

（2）由安全管理小组、职能部门人员、专职安全员和专业技术人员组成对电气、机械设备、脚手架、登高设施等专项设施设备、高处作业、用电安全、消防保卫等进行专项安全检查。

（3）对塔机等起重设备、井架、龙门架、脚手架、电气设备、吊篮、现浇混凝土模板及支撑等设施设备在安装搭设完成后进行安全验收、检查。

（4）季节更换前由安全生产管理小组和安全专职人员、安全值日人员等组织季节劳动保护安全检查。

（5）工地（项目）每周或每旬由主要负责人带队组织定期的安全大检查。

（6）生产施工班组每天上班前由班组长和安全值日人员组织班前安全检查。

六、安全检查的组织与管理

（1）班组。班组各岗位的安全检查及日常管理，应由各班组长按照作业分工组织实施。

（2）专职安全员。在施工生产过程中的专职安全管理人员负责进行经常性的安全检查及日常管理。

（3）项目部。项目部负责按月或按季节、节假日组织的安全检查，由项目部安全管理部门协助项目经理组织成立检查组，对本项目工程的安全管理情况进行检查。

（4）公司。公司负责按月或按季节、节假日组织的安全检查，由公司各部门（处、科）协助公司安全主管经理组织成立检查组，对公司安全管理情况进行检查。

七、安全检查的基本程序

（1）安全检查范围和内容的确定。公司安全检查的范围和内容，应根据施工生产的实际情况和安全管理的具体需求进行确定：公司的检查范围和内容，应由公司各部门或科室提出建议，安全主管经理审批确定；各项目分公司的检查范围和内容，由本项目安全管理部门提出建议，主管经理审批确定。

（2）安全检查的实施。

1）召开首次会议，由检查组组长介绍检查的目的、范围和时间安排，确定检查的方法、程序和陪检人员。

2）按照检查计划规定，并经受检单位确认的检查范围、内容和时间安排，进行现场安全管理情况和安全内部管理资料的检查，及时记录安全检查的结果。

3）在现场检查的基础上，对检查收集到的客观依据、材料汇总核实后，进行分析评价，确定整改项目，签发隐患整改通知单，并经受检单位有关人员签字确认。

4）召开末次会议，由检查组组长介绍检查情况，宣布检查结论，确定隐患整改时间、整改人和复查时间。

（3）安全检查结果通报。公司级安全检查由公司安全检查组长指定专人草拟检查情况通报，报主管领导签准后下发、上报。项目级安全检查，由项目专职安全员草拟检查情况通报，经项目经理签准后下发分包队或作业班组。

八、工程项目安全检查的实施

在建筑工程施工项目生产过程中，为了及时发现安全事故隐患，排除施工中的不安全因素，纠正违章作业，监督安全技术措施的执行，堵塞漏洞，防患于未然，必须对安全生产中易发生事故的主要环节、部位、工艺完成情况等，由专门专业安全生产管理机构进行全过程的动态监督检查，以不断改善劳动条件，防止工伤事故、设备事故的发生。安全检查的要求主要有以下几点：

（1）在进行每种安全检查前都应有明确的检查项目和检查目的、内容及检查标准、重点环节、关键部位。对于具有相同内容的大面积或数量多的项目可采取系统的观感和一定数量的测点相结合的检查方法。要求采用检测工具进行检查，用数据说话。不仅要对现场管理人员和操作人员是否有违章指挥和违章作业行为进行检查，而且还应进行"应知应会"的抽查，以便彻底地了解管理人员及操作人员的安全素质。

（2）及时发现问题、解决问题，对检查出来的安全隐患及时进行处理。

（3）检查人员可以当场指出施工过程中发生的违章指挥、违章作业行为，责令其就地解决、立即改正。

（4）要认真、全面地进行系统、定性、定量分析，进行详细的安全评价，以便于受检单位根据安全评价研究对策，进行整改和加强管理。

（5）必须登记在安全检查过程中发现的安全隐患，作为整改的备查依据，提供安全动态分析，根据隐患记录和安全动态分析，指导安全管理的决策。

（6）针对安全检查中发现的安全隐患，应发出整改通知书，引起整改单位重视。一旦发现有即发性事故危险的隐患，检查人员应责令其立即停工整改。

（7）针对整改部位整改完成后要及时通知有关部门，派专人进行复查，经复查整改合格后，方可进行销案。整改工作应包括隐患登记、整改、复查、销案。

（8）要认真、详细地填写检查记录，特别要具体地记录安全隐患，如隐患的部位、危险性程度及处理意见等。采用安全检查评分表的，应记录每项扣分的原因。

（9）被检查单位领导应高度重视安全隐患问题，对被查出的安全隐患，应立即组织制订整改方案，按照"三定"（即定整改人、定整改期限、定整改措施），把整改工作落到实处。

（10）针对大范围、全面性的安全检查，应明确检查内容、检查标准及检查要求，并根据检查要求配备力量，要明确检查负责人，抽调专业人员参加检查，并进行明确分工。

九、安全设施、设备检查验收要点

（1）凡特种作业人员必须经有关部门培训考核合格，审定发证，并持证上岗。

（2）中小型机械使用前，由机管员、安全员、施工员负责检查，填写书面验收记录，合格挂牌后方可使用。

（3）临时用电设施、装置，通电前必须由电气负责人、安全员验收合格后方可通电使用，并做好验收记录。

（4）大型机械设备，必须持有建设行政主管部门核发的有效许可证，严禁无证单位承接任务，安装完毕须经公司安全部门、动力设备部门、施工现场的安全员、机管员、电气负责人共同组织验收。由公司安全部门签发验收记录，并经机械检测中心检测合格后方能使用。

（5）施工现场所有的临边、洞口、通道等安全防护设施搭设前，必须按专项技术方案由技术员、施工员对架子工进行安全技术交底。搭设完毕后，由技术员、施工员和安全员共同参与验收，不合格的安全设施必须整改，符合要求后方可投放使用，每次验收都须做好验收记录。

（6）井架搭设前，由施工员、技术员按专项施工技术方案进行井架搭设安全技术交底，接受人领会安全交底内容，并签字确认后，方可搭设。井架搭设完毕后，经企业与项目部安全员、项目技术负责人共同参加验收，做好验收记录，挂上验收合格牌后，方可使用。

十、安全检查记录

（1）省、自治区、直辖市建设厅（建委）、总公司（集团）和企业（分公司）的三级定期建筑施工安全检查执行国家现行《建筑施工安全检查标准》（JGJ 59-2011）。

（2）分公司、工程处、施工队、项目管理单位的安全生产检查可参照《建筑施工安全检查标准》的内容执行。

（3）各类经常性安全检查及季节、节假日安全检查记录可在相应的"工作日志"上记载。

（4）脚手架和井架（龙门架）的搭设、大型机械设备安装、施工用电线路架设等专检、自检及交接验收检查记录使用专用表格。

第2讲 现场施工安全验收

一、验收原则

必须坚持"验收合格才能使用"的原则。

二、验收的范围

(1) 各类脚手架、井字架、龙门架、堆料架。
(2) 临时设施及沟槽支撑与支护。
(3) 支搭好的水平安全网和立网。
(4) 临时电气工程设施。
(5) 各种起重机械、路基轨道、施工电梯及其他中小型机械设备。
(6) 安全帽、安全带和护目镜、绝缘手套、绝缘鞋等个人防护用品。

三、验收程序

(1) 脚手架杆件、扣件、安全网、安全帽、安全带以及其他个人防护用品,必须有出厂证明或验收合格的单据,由技术负责人、工长、安全员、材料保管人员共同审验。
(2) 各类脚手架、堆料架,井字架、龙门架和支搭的安全网、立网由项目经理或技术负责人申报支搭方案并牵头,会同工程部和安全主管部门进行检查验收。
(3) 临时电气工程设施,由安全主管部门牵头,会同电气工程师、项目经理、方案制定人、工长、安全员进行检查验收。
(4) 起重机械、施工用电梯由安装单位和使用工地的负责人牵头,会同有关部门检查验收。
(5) 路基轨道由工地申报铺设方案,工程部和安全主管部门共同验收。
(6) 工地使用的中小型机械设备,由工地技术负责人和工长牵头,会同工程部进行检查验收。
(7) 所有验收,必须办理书面验收手续,否则无效。

四、隐患控制与处理

(1) 项目经理部应对存在隐患的安全设施、过程和行为进行控制,组装完毕后应进行检查验收,确保不合格设施不使用、不合格物资不放行、不合格过程不通过。
(2) 检查中发现的隐患应进行登记,不仅作为整改的备查依据,而且是提供安全动态分析的重要信息渠道。如多数单位安全检查都发现同类型隐患,说明是"通病",若某单位在安全检查中重复出现隐患,说明整改不彻底,形成"顽症"。根据检查隐患记录分析,制定指导安全管理的预防措施。
(3) 安全检查中查出的隐患,还应发出隐患整改通知单。对凡存在即发性事故危险的隐患,检查人员应责令停工,被查单位必须立即进行整改。
(4) 对于违章指挥、违章作业行为,检查人员可以当场指出,立即纠正。
(5) 被检查单位领导对查出的隐患,应立即研究制定整改方案,组织实施整改。按照"五定",即定整改责任人、定整改措施、定整改完成时间、定整改完成

人、定整改验收

人，限期完成整改，并报上级检查部门备案。

（6）事故隐患的处理方式。

1）停止使用、封存。

2）指定专人进行整改以达到规定要求。

3）进行返工，以达到规定要求。

4）对有不安全行为的人员进行教育或处罚。

5）对不安全生产的过程重新组织。

（6）整改完成后，项目经理部安监部门必要时对存在隐患的安全设施、安全防护用品整改效果进行验证，再及时通知企业主管部门等有关部门派员进行复查验证，经复查整改合格后，即可销案。

第2单元　施工安全检查评价标准

第1讲　施工安全检查分类与评价方法

一、检查分类

（1）对建筑施工中易发生伤亡事故的主要环节、部位和工艺等的完成情况做安全检查评价时，应采用检查评分表的形式，分为安全管理、文明工地、脚手架、基坑工程与模板支架、高处作业、施工用电、物料提升机与施工升降机、式起重机与起重吊装、施工机具共10项分项检查评分表和一张检查评分汇总表。

（2）在安全管理、文明施工、脚手架、高处作业基坑工程与模板支架、施工用电、物料提升机与施工升降机、塔式起重机、起重吊装9类18张检查评分表中，设立了保证项目和一般项目　保证项目应是安全检查的重点和关键。

二、检查评分方法

（1）建筑施工安全检查评定中，保证项目应全数检查。

（2）各评分表的评分应符合下列规定：

1）分项检查评分表和检查评分汇总表的满分分值均应为100分，评分表的实得分值应为各检查项目所得分值之和。

2）评分应采用扣减分值的方法，扣减分值总和不得超过该检查项目的应得分值。

3）当按分项检查评分表评分时，保证项目中有一项未得分或保证项目小计得分不足40分，此分项检查评分表不应得分。

4）检查评分汇总表中各分项项目实得分值应按下式计算：

$$A_1 = \frac{B \times C}{100}$$

式中　A_1——汇总表各分项项目实得分值；
　　　B——汇总表中该项应得满分值；
　　　C——该项检查评分表实得分值。

5）当评分遇有缺项时，分项检查评分表或检查评分汇总表的总得分值应按下式计算：

$$A_2 = \frac{D}{E} \times 100$$

式中　A_2——遇有缺项时总得分值；
　　　D——实查项目在该表的实得分值之和；
　　　E——实查项目在该表的应得满分值之和。

6）脚手架、物料提升机与施工升降机、塔式起重机与起重吊装项目的实得分值，应为所对应专业的分项检查评分表实得分值的算术平均值。

三、检查评定等级

（1）应按汇总表的总得分和分项检查评分表的得分，对建筑施工安全检查评定划分为优良、合格、不合格三个等级。

（2）建筑施工安全检查评定的等级划分应符合下列规定：

1）优良：分项检查评分表无零分，汇总表得分值应在 80 分及以上。

2）合格：分项检查评分表无零分，汇总表得分值应在 80 分以下，70 分及以上。

3）不合格：
①当汇总表得分值不足 70 分时；
②当有一分项检查评分表得零分时。

（3）当建筑施工安全检查评定的等级为不合格时，必须限期整改达到合格。

第 2 讲　检查评分表计分内容

一、汇总表内容

"建筑施工安全检查评分汇总表"是对各项检查结果的汇总，主要包括安全管理、文明施工、脚手架、基坑工程与模板支架、高处作业、施工用电、物料提升与施工升降机、塔式起重机、起重吊装、施工机具 10 项内容，利用该表所得分作为对施工现场安全生产情况，进行安全评价的依据。

（1）安全管理主要是对施工安全管理中的日常工作进行考核，发生事故由于管理不善是造成伤亡事故的主要原因之一。在事故分析中，事故大多不是因技术问题解决不了造成的，都是因违章所致。所以应做好日常的安全管理工作，并保存记录，为检查人员提供对该工程安全管理工作的确认资料。

（2）文明施工是根据现行国家标准《建设工程施工现场消防安全技术规范》（GB 50720-2011）和《建筑施工现场环境与卫生标准》（JGJ 146-2005）的规范要求，施工现场不但应做到遵章守纪，安全生产，同时还应做到文明施工，整齐有序，变过去施工现场"脏、乱、差"为施工企业文明的"窗口"。

（3）脚手架。

1）落地式脚手架包括从地面搭起的各种高度的钢管扣件式脚手架、碗扣式脚手架。

2）悬挑式脚手架包括从地面、楼板或墙体上用立杆斜挑的脚手架，以及提供一个层高的使用高度的外挑式脚手架和高层建筑施工分段搭设的多层悬挑式脚手架。

3）门型脚手架是指定型的门型框架为基本构件的脚手架，由门型框架、水平梁、交叉支撑组合成基本单元，这些基本单元相互连接，逐层叠高，左右伸展，构成整体门型脚手架。

4）挂脚手架是指悬挂在建筑结构预埋件上的钢架，并在两片钢架之间铺设脚手板，提供作业的脚手架。

5）吊篮脚手架是指将预制组装的吊篮悬挂在挑梁上，挑梁与建筑结构固定，吊篮通过手（电）动葫芦钢丝绳带动，进行升降作业。

6）附着式升降脚手架是指将脚手架附着在建筑结构上，并利用自身设备使架体升降，可以分段提升或整体提升，也称整体提升脚手架或爬架。

（4）基坑工程及模板支架。近年来施工伤亡事故中坍塌事故比例增大，其中因开挖基坑时未按地质情况设置安全边坡和做好固壁支撑，拆模时楼板混凝土未达到设计强度、模板支撑未经设计验算造成的坍塌事故较多。

（5）高处作业要求。在施工过程中，必须针对易发生事故的部位，采取可靠的防护措施，或补充措施，同时按不同作业条件佩戴和使用个人防护用品。

（6）施工用电。是针对施工现场在工程建设过程中的临时用电而制定的，主要强调必须按照临时用电施工组织设计施工，有明确的保护系统，符合三级配电两级保护要求，做到"一机、一闸、一漏、一箱"，线路架设符合规定。

（7）物料提升机与施工升降机。施工现场使用的物料提升机和人货两用电梯是垂直运输的主要设备。由于物料提升机目前尚未定型，多由企业自己设计制作使用，存在着设计制作不符合规范规定的现象，使用管理随意性较大的情况；人货两用电梯虽然是由厂家生产，但也存在组装、使用及管理上不合规范的隐患，所以必须按照规范及有关规定，对这两种设备进行认真检查，严格管理，防止发生事故。

（8）塔式起重机。塔式起重机因其高度、高幅度大的特点大量用于建筑工程施工，可以同时解决垂直及水平运输，但由于其作业环境、条件复杂多变，在组装、拆除及使用中存在一定的危险性，使用、管理不善易发生倒塔事故造成人员伤亡。所以要求组装、拆除必须由具有资格的专业队伍承担，使用前进行试运转检查，使用中严格按规定要求进行作业。

（9）起重吊装是指建筑工程中的结构吊装和设备安装工程。起重吊装是专业性强且危险性较大的工作，所以要求必须做专项施工方案，进行试吊，有专业队伍和经验收合格的起重设备。

（10）施工机具种类较多，施工现场除使用大型机械设备外，也大量使用中小型机械和机具，这些机具虽然体积较小，但仍有其危险性，且因量多面广，有必要进行规范，否则造成事故也相当严重。

二、分项检查表结构

分项检查表的结构形式分为两类，一类是自成整体的系统，如脚手架、施工用电等检查表，列出的各检查项目之间有内在的联系，按其结构重要程度的大小，对其系统的安全检查情况起到制约的作用。在这类检查评分表中，把影响安全的关键项目列为保证项目，其他项目列为一般项目；另一类是各检查项目之间无相互联系的逻辑关系，因此没有列出保证项目，如施工机具检查表。

凡在检查表中列在保证项目中的各项，对系统的安全与否起着关键作用，为了突出这些项目的作用，而制定了保证项目的评分原则：即遇有保证项目中有一项不得分或保证项目小计得分不足40分时，此检查评分不得分。

（1）"安全管理检查评分表"是对施工单位安全管理工作的评价。检查的项目应包括：安全生产责任制、施工组织设计及专项施工方案、安全技术交底、安全检查、安全教育、应急救援。一般项目应包括：分包单位安全管理、持证上岗、生产安全事故处理、安全标志。通过调查分析，发现有89%事故都不是因技术解决不了造成，而是由于管理不善，没有安全技术措施、缺乏安全技术知识、不作安全技术交底、安全生产责任不落实、违章指挥、违章作业等造成的。因此，把管理工作中的关键部分列为"保证项目"，保证项目能够做好，整体的安全工作也就有了一定的保证。

（2）"文明施工检查评分表"是对施工现场文明施工的评价。检查的项目包括：现场围挡、封闭管理、施工场地、材料管理、现场办公与住宿、现场防火。一般项目应包括：综合治理、公示标牌、生活设施、社区服务。

（3）"脚手架检查评分表"为扣件式钢管脚手架、碗扣式钢管脚手架、悬挑式脚手架、门式钢管脚手架、承插型盘扣式钢管脚手架、悬挑式脚手架、高处作业吊篮、附着式升降脚手架、满堂脚手架共8项内容。近几年来，从脚手架上坠落的事故已占高处坠落事故的50%以上，脚手架上的事故如能得到控制，则高坠事故可以大量减少。按照安全系统工程学的原理，将近年来发生的事故用事故树的方法进行分析，问题主要出现在脚手架倒塌和脚手架上缺少防护措施上。从两方面考虑，找到引起倒塌和缺少防护的基本原因,由此确定了检查项目,按每分项在总体结构中的重要程度及因为它的缺陷而引起伤亡事故的频率,确定了它的分值。

(4)"基坑工程安全检查评价表"是对施工现场基坑支护工程的安全评价。基坑工程检查评定保证项目应包括:施工方案、基坑支护、降排水、基坑开挖、坑边荷载、安全防护。一般项目应包括:基坑监测、支撑拆除、作业环境、应急预案。

(5)"模板支架安全检查评分表"是对施工过程中模板工作的安全评价。模板支架检查评定保证项目包括:施工方案、支架基础、支架构造、支架稳定、施工荷载、交底与验收。一般项目包括:杆件连接、底卒与托撑、构配件材质、支架拆除。

(6)高处作业检查评定项目应包括:安全帽、安全网、安全带、临边防护、洞口防护、通道口防护、攀登作业、悬空作业、移动式操作平台、悬挑式物料钢平台。

(7)"施工用电检查评分表"是对施工现场临时用电情况的评价。检查的保护项目包括:外电防护、接地与接零保护系统、配电线路、变配箱和开关箱,一般项目应包括配电室与配电装置、现场照明、用电档案。临时用电也是一个独立的子系统,各部位有相互联系和制约的关系。但从事故的分析来看,发生伤亡事故的原因不完全是相互制约的,而是哪里有隐患哪里就存在着发生事故的危险,根据发生伤亡事故的原因分析定出了检查项目。其中由于施工碰触高压线造成的伤亡事故占30%;供电线在工地随意拖拉、破皮漏电造成的触电事故占 16%;现场照明不使用安全电压造成的触电事故占 15%。如能将这三类事故控制住,触电事故则可大幅度下降。因此把三项内容作为检查的重点列为保证项目。在临时用电系统中,保护零线和重复接地是保障安全的关键环节,但在事故的分析中往往容易被忽略,为了强调它的重要也将它列为保证项目。检查项目的扣分标准是根据施工现场的通病及其危害程度、发生事故的概率确定的。

(8)"物料提升机检查评分表"是对物料提升机的设计制作、搭设和使用情况的评价。物料提升机检查评定保证项目应包括:安全装置、防护设施、附墙架与缆风绳、钢丝绳、安拆、验收与使用。一般项目应包括:基础与导轨架、动力与传动、通信装置、卷扬机操作棚、避雷装置。龙门架、井字架在近几年建筑中是主要的垂直运输工具,也是事故发生的主要部位。每年发生的一次死亡 3 人以上的重大伤亡事故中,属于龙门架与井字架上的就占 50%,主要由于选择缆风绳不当和缺少限位保险装置所致。因此检查表中把这些项目都列

为保证项目,扣分标准是按事故直接原因,现场存在的通病及其危害程度确定的。在龙门架与井字架的安装和拆除过程中极易发生倒塌事故,这个过程在检查表中没有列出,可由各地自选补充。但应注意的是,龙门架与井字架所使用的缆风绳一定要使用钢丝绳,任何情况下都不能用麻绳、棕绳、再生绳、8 号铅丝及钢盘所代替。

(9)"施工升降机检查评分表"是对施工现场外用电梯的安全状况及使用管理的评价。施工升降机检查评定保证项目应包括:安全装置、限位装置、防护设施、

附墙架、钢丝绳、滑轮与对重、安拆、验收与使用。一般项目应包括：导轨架、基础、电气安全、通信装置。

（10）"塔式起重机检查评分表"是塔式起重机使用情况的评价。塔式起重机检查评定保证项目应包括：载荷限制装置、行程限位装置、保护装置、吊钩、滑轮、卷筒与钢丝绳、多塔作业、安拆、验收与使用。一般项目应包括：附着、基础与轨道、结构设施、电气安全。由于高层和超高层建筑的增多，塔式起重机的使用也逐渐普遍。在运行中因力矩、超高、变幅、行走、超载等限位装置不足、失灵、不配套、不完善等造成的倒塔事故时有发生，因此将这些项目列为保证项目，并且增大了力矩限位器的分值，以促使各单位在使用塔式起重机时保证其齐全有效，以控制由于超载开车造成的倒塔事故。塔式起重机在安装和拆除中也曾发生过多起倾翻事故，检查表中也将它列出。

（11）"起重吊装安全检查评分表"是对施工现场起重吊装作业和起重吊装机械的安全评价。起重吊装检查评定保证项目应包括：施工方案、起重机械、钢丝绳与地锚、索具、作业环境、作业人员。一般项目应包括：起重吊装、高处作业、构件码放、警戒监护。

（12）"施工机具检查评分表"是对施工中使用的平刨、圆盘锯、手持电动工具、钢筋机械、电焊机、搅拌机、气瓶、翻斗车、潜水泵、振捣器、桩工机械等施工机具安全状况的评价。

参 考 文 献

[1] 中华人民共和国住房和城乡建设部. 建筑与市政工程施工现场专业人员职业标准（JGJ/T 250-2011）[S]. 北京：中国建筑工业出版社，2011.

[2] 北京土木建筑学会. 安全员必读.[M]. 北京：中国电力出版社，2013.

[3] 本书编委会. 建筑施工手册[M].5版.北京：中国建筑工业出版社，2012.

[4] 江苏省建设教育协会. 安全员专业基础知识[M]. 北京：中国建筑工业出版社，2014.

[5] 中华人民共和国住房和城乡建设部.混凝土结构工程施工规范（GB 50666-2011）[S]. 北京：中国建筑工业出版社，2011.

[6] 本书编委会. 现行建筑施工规范大全. 第5册.质量验收·安全卫生[M]. 北京：中国建筑工业出版社，2014.